Karl König

Landwirtschaft und Gemeinschaft

Karl König

Landwirtschaft und Gemeinschaft

Heilende Impulse für Mensch und Erde

Herausgegeben von Richard Steel

Verlag Freies Geistesleben

Karl König Werkausgabe
Abteilung 4: Landwirtschaft und Naturwissenschaft

Karl König Archive
Camphill

in Zusammenarbeit mit dem

Ita Wegman Institut für
anthroposophische Grundlagenforschung
Arlesheim

1. Auflage 2010

Verlag Freies Geistesleben
Landhausstraße 82, 70190 Stuttgart
Internet: www.geistesleben.com

Frontispiz: Karl König pflanzt einen Baum,
Camphill Murtle Estate, 1952

Weitere Informationen zur Karl König Werkausgabe
finden Sie unter: www.karl-koenig-archive.net

ISBN 978-3-7725-2414-1

Layout & Herstellung: Bianca Bonfert
Druck und Bindung: Freiburger Graphische Betriebe
Printed in Germany

Inhalt

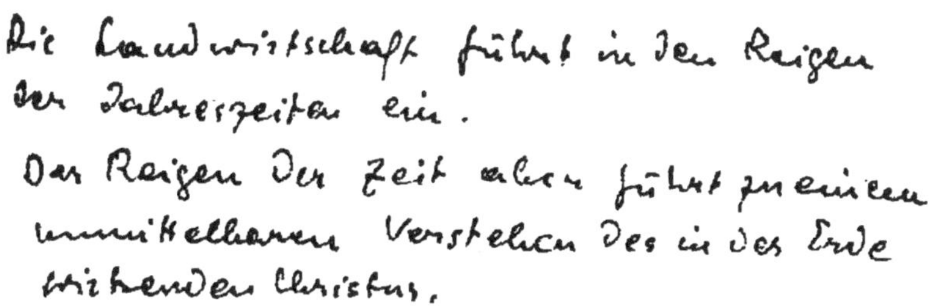
Die Landwirtschaft führt in den Reigen
der Jahreszeiten ein.
Der Reigen der Zeit aber führt zu einem
unmittelbaren Verstehen des in der Erde
wirkenden Christus.

Eine Notiz Karl Königs zur Vorbereitung des Vortrags «The Signs of our Times», London 2. Juni 1939

Thomas Weihs lehrt Pflügen 1949 in Newton Dee.
Foto von Edith Tudor Hart

Zur Gestaltung des vorliegenden Bandes

Die Texte und Zeichnungen Karl Königs, die hier zusammengefasst werden, sind alle neu mit den Mitschriften, mit Hörernotizen und mit Königs eigenen Vorbereitungsnotizen verglichen worden. Die Aufsätze erscheinen so, wie sie von König verfasst worden sind, und auch der einzige der Vorträge, der auf Deutsch gehalten worden ist (die Ansprache von 1964) hatte König noch für die Vervielfältigung selbst überarbeitet. Die anderen Vorträge, die auf Englisch gehalten wurden, sind neu übersetzt worden, wobei die Reihe *Über die Hüllen der Präparate* bereits etwa 1960 ins Deutsche übersetzt und als Arbeitsmaterial für Landwirte intern verteilt wurde. In diesem Falle waren nur geringe Korrekturen anzubringen. Dies ist auch die einzige der Nachschriften, die König selbst (in der englischen Fassung) überarbeitete, weil sie gleich nach der Tagung, 1947 vom «Experimental Circle of Anthroposophical Farmers and Gardeners» in Clent als Heft herausgegeben wurde. 1968 gab es in Glencraig, Irland einen Nachdruck. Insofern sie sich auf die Vortragsinhalte direkt beziehen, sind die Notizen der anschließenden Gespräche mit abgedruckt. Lediglich die weiteren Gespräche über praktische Organisationsfragen, die nach dem Vortrag in Botton Village 1964 stattfanden, werden hier nicht wiedergegeben.

Die Texte sind nicht ganz in chronologischer Folge zusammengestellt, sondern so, dass am Anfang des Buches einige mehr allgemeine Ausführungen stehen (Vortrag 1961 und die Ansprache 1964). Da König aber meist die von den Landwirten gewählten Sachthemen besprach, wurden einige ergänzende, in anderen Zusammenhängen vorgetragene Aussagen in der Einleitung «Karl Königs Heilerwillen für Mensch und Erde» dargestellt. Hierzu gehört aber auch besonders der Vortrag in Botton 1964, der als Faksimile im Anhang zu finden ist. Der Vortrag vom 1.2.1961 war nur eine Einleitung für die Tagung, auf der Thomas Weihs, Lieven Blockhuys und Peter Roth die thematischen Vorträge hielten.

Die drei Hauptkurse für die Landwirte sind *Über die Hüllen der Präparate, Insekt und Pflanze* und *Der Mensch und das Haustier.* Dazwischen sind die Aufsätze abgedruckt, die König zwischen 1929 und 1964 über Rehe, Horn und Geweih geschrieben hat. Sie ergänzen die Ausführungen in *Über die Hüllen der Präparate.* Diese drei Vortragsreihen und der Aufsatz «Über Horn- und Geweihbildungen» wurden im Jahre 1982 bei Bio-Dynamic Literature, Rhode Island USA von Hartmut von Jeetze auf Englisch herausgegeben.

Da König seine Bemühungen stets im Zusammenhang mit dem Impuls Rudolf Steiners gesehen hat und diesen fördern wollte, scheint es wesentlich, diesen auch einleitend entsprechend zu beschreiben, was dankenswerter Weise Peter Selg übernommen hat. Abgesehen von der Zusammenarbeit mit Alfons Limbrunner und Thomas van Elsen, die mir bei der Herausgabe zur Seite standen und Königs Impuls im Kontext der gesamten Entwicklung und Gegenwartsfragen der Landwirtschaft deutlich machen können, möchte ich mich auch für die fachliche Beratung des Försters und Präparate-Experten German-Michael Hahn besonders bedanken. Mein Dank gilt auch Helga Voss für die Hilfe bei den Übersetzungen aus dem Englischen und Prof. Dr. R. J. Fäth, der die meisten Zeichnungen rekonsturiert hat.

Karl König Archiv,
Ostern 2010

Richard Steel

Thomas Weihs lehrt Pflügen 1949 in Newton Dee.
Foto von Edith Tudor Hart

Karl Königs Heilerwillen für Mensch und Erde

Eine Einleitung

von Richard Steel

Karl König nahm gerne an landwirtschaftlichen Tagungen teil. Im Verlaufe seiner Biographie als Gründer und Gestalter der Camphill Bewegung war er zunehmend initiativ, Landwirte, Gärtner, aber dazu auch Ärzte und andere Berufsgruppen zusammen zu rufen. Er sprach zu ihnen aus seiner Liebe für die Tiere und Pflanzen – vor dem Medizinstudium hatte er mit Botanik und Zoologie begonnen – und als Arzt, aber auch aus einem umfassenderen Anliegen, das mit Heilen, mit Spiritualisierung zu tun hat. Gehören nicht die Worte Heilen und Heiligen zusammen – nicht nur etymologisch, sondern auch tatsächlich in der Geschichte, die so weit hinter uns liegt, jenseits der Industrialisierung, der Bodenspekulation, des fortschreitenden Egoismus? Sehr früh hatten sich Königs Gewissenskräfte gegenüber dem geregt, was er als ungerecht und krankhaft in der Welt erlebte – vor allem im Zusammenleben der Menschen, in den Gesellschaftsverhältnissen selbst[1] und in ihren Auswirkungen für die Erde, damit auch auf die Produktionsgrundlagen des Landes.

Heilung heißt Geistbegegnung

Als Arzt wurde König aus Sicht seiner Patienten mehrfach eine besondere Fähigkeit attestiert, sowohl im diagnostischen wie auch im heilerischen Prozess, eine seelisch-geistige Ebene erreichen zu können.[2] So wurde er nicht nur als Berater in vielen Lebenssituationen aufgesucht und zu Problemschülern in Schulen und Familien geholt, sondern dieses Element spielte auch in der Gemeinschaftsbildung um ihn herum eine große Rolle. Anke Weihs, Mitbegründerin der Camphill-Bewegung, nannte dies «den schöpferischen Blick».[3] Dieser durchschauende, durch und durch wissende Blick – also *dia-gnosis* – zeigte sich auch gegenüber den Landschaften, mit denen König sich beschäftigte. Ein besonderes Beispiel finden wir bei seinem ersten und schicksalsprägenden Besuch 1928 in Gnadenfrei, wo er seine zukünftige Frau, Tilla Maasberg besuchte, ihre tuberkulosekranke Schwester behandelte und einen unmittelbaren Eindruck empfing, der in gewisser Weise die Weichen für den zukünftigen Weg stellte. Er schrieb an Tilla Maasberg danach, im Mai 1928:

> Es war wie ein erstes Tauen, das über die innerste Eiskruste meines Herzens ging, als wir miteinander waren. Das innerste Christentum Ihrer Seele und die tiefe Geistigkeit der umgebenden Landschaft vermochten es.[4]

Was in diesem Falle Seele und Landschaft mitgeprägt hatten, waren die religiös-sozialen Bemühungen der hier wirkenden Herrnhuter Gemeinschaft, die fortan in Königs eigenen gemeinschaftsbildenden Versuchen eine große Rolle spielten. Zu dieser inneren Verbindung kam gleichzeitig seine äußere Bindung mit Tilla. Mit Albrecht Strohschein und dem Maler Hermann Kirchner,[5] begannen sie mit dem Aufbau eines neuen Heimes im nahe gelegenen Schloss Pilgramshain. Diese Gründung band König vielfach an die noch recht neuen landwirtschaftlichen Impulse, die sich durch die Beratungen und Vorträge Rudolf Steiners als «biologisch-dynamische Anbauweise» ab 1924 entfaltete.[6] Das eine Motiv erlebte er durch Strohschein, der zu der ursprünglichen, Steiner einladenden Gruppe von jungen Heilpädagogen gehörte und somit unmittelbar mit der Geburtssituation der anthroposophischen Heilpädagogik verbunden war. Der Kurs zur Begründung der Heilpädagogik[7] begann kurz nach dem *Landwirtschaftlichen Kurs*, als Rudolf Steiner wieder in Dornach war. Ein zweites Motiv hing mit dem Jugendimpuls zusammen. Als Steiner die Darstellungen für die Landwirte in Koberwitz abgehalten hatte, gab es noch eine der zahlreichen Zusammenkünfte für die Jugend am gleichen Ort. Seine dortige Ansprache endete mit der Feststellung, dass Anthroposophie gerade dem Ruf der Jugend nach Heilung und Erneuerung nahe ist:

> Anthroposophie (möchte) ihrerseits auch einiges tun, weil sie glaubt, den konkreten Geist in allen Einzelheiten zu vernehmen: in den Wurzeln der Pflanzen, in den Taten des Lichtes über den

> Pflanzen, in den seelischen Segnungen der Wärme durch die Pflanzen hindurch, – weil sie glaubt, dass alles dasjenige, was wie ein mahnender Ruf zugleich der Menschheit beigegeben worden ist: die Tierheit, weil sie glaubt, dass an dieser Tierheit mannigfaches zu heilen ist. Tiere sind auf der Erde um der Menschen willen. Dass wir uns gegenüber den Tieren wie gegenüber aller Natur in der richtigen Weise verhalten, dazu ist notwendig, dass wir in aller Natur die einzelnen geistigen Wesen fühlen, empfinden und zuletzt auch erkennen. Das kann auch heute gefühlt werden, wenn die Notwendigkeit vorliegt, nicht im Allgemeinen über den Geist zu sprechen, sondern wenn die Notwendigkeit vorliegt, das geistige Wirken bis in die einzelnen Maßnahmen des landwirtschaftlichen und des sonstigen heutigen natürlichen Betriebes zu suchen. Deshalb war es mir durchaus in tiefster Seele sympathisch, als da kam von Euch die Meinung, es könnte heute noch der eine oder andere Gedanke gewechselt werden.[8]

Dies sind Worte, die dem Herzen und dem heilenden Willen Königs sehr nahe waren. Der Arbeit Steiners für die Jugend verband er sich tief; waren es auch Worte einer Jugendansprache, die er während des Einzugs der Besatzungstruppen 1938 in Wien mit den jungen, später Camphill gründenden Menschen las, die das Ziel ihrer gemeinsamen Zukunft als Hoffnungsschimmer in der Seele weckten.[9]

Schlesische Jahre und der Sozialimpuls

Die Worte Steiners über den *konkreten Geist,* gesprochen am 17. Juni 1924, waren für viele Zuhörer wohl schicksalswendend. Am nächsten Tag, dem 18. Juni, reiste Rudolf Steiner nach Jena, um die heilpädagogische Arbeit der drei jungen Leute – Franz Löffler, Siegfried Pickert und Albrecht Strohschein – anzuschauen. Den dortigen Garten pflegte

Werner Pache, der auch am *Landwirtschaftlichen Kurs* teilgenommen hatte. Einen Tag nach dem Johannifest, am 25. Juni, waren sie mit ihm in Dornach für den *Heilpädagogischen Kurs*. König war es stets ein Anliegen, den 18. Juni als «Lauensteintag» zu bedenken. Dass die Verwandtschaft dieser Impulse für eine neue *heilende* Landwirtschaft und für eine neue Heilpädagogik für ihn mehr bedeutete als nur zufällig synchrone Ereignisse, bezeugt zum Beispiel eine Ansprache, die König vierzig Jahre danach, am 19. Juni 1964 in der Dorfgemeinschaft Botton hielt. Leider besitzt das Archiv davon keine Nachschrift; Königs Vorbereitungsnotizen seien aber deswegen im Anhang dieses Buches in Faksimile angefügt.

War diese erste Verbindung eine *zeitliche und menschliche,* so war der zweite Tatbestand, der König in Pilgramshain mit dem landwirtschaftlichen Impuls verband, eine *menschliche und räumliche.* Vor allem brachte diese Schicksalsbegegnung König geographisch in unmittelbare Nähe zu der Stätte der Anfänge selbst: Die Gegend von Gnadenfrei und Pilgramshain ist heute in einer Autostunde von Koberwitz zu erreichen, alles Orte, die zum schlesischen Breslau-Umkreis gehörten. Das Schloss mit Grundstück, Hof und Nebengebäuden, das für das neu aufzubauende heilpädagogische Heim angeboten wurde, gehörte Joachim und Dorothea von Jeetze. Sie waren beide bei dem Koberwitzer Kurs und waren unter den ersten, die ihren Hof auf die biologisch-dynamischen Methoden umstellten. Nach Übernahme des Gutes als «Heil- und Erziehungsinstitut Pilgramshain» wurde der Hof – mit Beteiligung der Betreuten – weitergeführt. Der Landwirt war Immanuel Voegele, einer der beiden Jungbauern (mit dem Breslauer Erhard Bartsch zusammen), die den Anstoß für den Kurs Rudolf Steiners gegeben hatten.[10] Ebenfalls auf dem Gut Pilgramshain war zu der Zeit noch die Auskunftsstelle für biologisch-dynamische Landwirtschaft, geführt von Kurt-Theodor Willmann.

So entwickelte sich bald auf dem schlesischen Gut eine rege gemeinsame Forschungs- und Arbeitstätigkeit in Kunst, Wissenschaft, Medizin und Pädagogik. Innerhalb der sieben Jahre, die König dort verbrachte, waren zahlreiche Gäste aus ganz Europa zu verzeichnen. Es gab viele Privatpatienten, aber auch Freundes- und Arbeitsbesuche, unter anderen von Ita Wegman, Elisabeth Vreede, Ehrenfried Pfeiffer, Graf Ludwig Polzer-Hoditz, Walter Johannes Stein, Friedrich Rittelmeyer, Hugo Wetzel und Wilhelm Kempff. Eine enge Beziehung knüpfte sich besonders zwischen der Familie von Jeetze und König. Die innere und äußere Tragik der 30er Jahre, die schrittweise auch die Arbeit dort betraf, bewirkte zunächst 1936 den Weggang der Königs,[11] dann die Schließung des Heims 1940 und dessen Zerstörung im Jahre 1946. Die Verbindung zwischen den Familien wirkte aber nach und als ob dies ein inneres Zeichen dieser Verbundenheit wäre, starb Joachim von Jeetze im Jahre 1962, an dem Tag, da in Schottland der Grundstein des für Königs soziale und kulturelle Anliegen so wichtigen Saalbaues gelegt wurde.[12] König legte eine Widmung in den Pentagon-Dodekaeder-Grundstein, die die Begegnung des Christus mit der Samariterin am Brunnen beschreibt; Christus sagt zu ihr: «Das Wasser, das ich gebe, wird im Menschen zu einem Quell des Wassers werden, das in das wahre Leben strömt» (Johannes 4:14). Joachims Frau, Dorothea von Jeetze, verbrachte ihre verbleibenden Jahre in der Camphill-Dorfgemeinschaft Copake im Staate New York. Vier der fünf Kinder verbanden ihr Leben mit den Camphill Gemeinschaften. Der älteste Sohn, Hartmut, zugleich Landwirt, wurde an vielen Orten Pionier der Sozialtherapie und der biologisch-dynamischen Wirtschaftsweise. Er war es auch, der eine erste Buchausgabe mit einigen von Königs landwirtschaftlichen Arbeiten fertigte.[13]

Während der sieben schlesischen Jahre verstärkte sich das soziale Engagement Königs, teilweise in Zusammenarbeit mit Ita Wegman, bei der König in der Arlesheimer Klinik und in der Heilpädagogik gearbeitet hatte. Sie unterstützte ihn sehr in seinem Einsatz für den weitreichenden Sozialimpuls.[14] Es wird ihm nicht entgangen sein, dass es Rudolf Steiners Intention gewesen war, die Landwirtschaft in der von ihr geführten «Medizinischen Sektion» der Dornacher Hochschule unterzubringen. Dazu kam es – wohl tragischerweise – nicht mehr. Es wurden öffentliche Tagungen der «Sozialen Hilfe» Wegmans und des von König gegründeten Vereins der «Freien Schule für Soziale Arbeit» an sozialen Brennpunkten, zum Beispiel in Hamburg und Berlin, in Zusammenarbeit mit Wissenschaftlern, Ärzten, Künstlern, Lehrern und Pfarrern der Christengemeinschaft durchgeführt. Ernährung und Landwirtschaft wurden häufig thematisiert, auch durch den ebenfalls aus Wien stammenden Chemiker und späteren Wala-Gründer Rudolf Hauschka.[15]

Der neue medizinische Impuls und die Landwirtschaft als Grundlagen der heilenden Gemeinschaft

Die Verbindung zwischen dem *Anbau* der Lebensmittel und dem *Verbrauch* – nämlich bis in die Einzelheiten des geheimnisvollen Verdauungsvorgangs hinein – war für König etwas ganz Wesentliches. Auf der einen Seite geht es darum, wie der *konkrete Geist* in den schöpferischen Prozess der Arbeit mit Erde, Pflanze und Tier neu einbezogen werden kann, damit auf der anderen Seite der *Abbau* der Stoffe im menschlichen Körper sich optimal gestaltet und das Geistige der eigentlichen Nahrung zur individuellen Entwicklung des Menschengeistes beitragen kann. Erst dann ist der Kreislauf zu verstehen – die Inkorperierung des Geistigen in den Stoff und die Wiederbefreiung des Geistes aus dem Stoff – und die einzelne Maßnahme zu finden, die konkret ergriffen werden kann, ob im Landbau, der Tierzucht oder in der gezielten Ernährung. Daher überschneiden sich diese Themen im Werk Königs, und deswegen erscheinen die beiden Bände der Werkausgabe gleichzeitig.[16] Drei Vortragskurse, die in dem Ernährungsband veröffentlicht werden, sind eigentlich für Landwirte gewesen; selbst derjenige über die *meteorologischen Organe*, so dass die beiden Themen unzertrennbar miteinander verknüpft sind.[17]

Ein Beispiel, wie König diese Prozesse in der ihm eigenen und den vorurteilsfreien Zuhörern ergreifenden bildhaften Art und Zusammenschau darstellen konnte, findet sich in dem Abschlussvortrag der Reihe über die

Präparate und ihre «Hüllen». Über das Bereiten des Komposthaufens nach biologisch-dynamischen Methoden sagt er zusammenfassend:

> Wenn wir dies verstehen, bemerken wir, wie weitreichend der Prozess ist; wenn wir nämlich alles in der richtigen Weise tun, beleben wir diejenigen Menschen, die sich mit dem ernähren, was wir als Landwirte produzieren [...] Das führt zu einer Erneuerung unserer ganzen physischen Existenz.

Durch den Wiener Arzt Eugen Kolisko war König zu schicksalsbestimmenden Erlebnissen mit Goethes naturwissenschaftlichen Schriften gekommen, die ihn sowohl in seinen eigenen Arbeitsansätzen bestätigten, als auch den Weg zur Anthroposophie ebneten. Zudem verband die beiden das tiefe Interesse für Tiere. Kolisko hatte damals schon einiges über Zoologie und Goetheanismus veröffentlicht und war von Rudolf Steiner als Arzt und Forscher geschätzt. Es ist außerdem interessant zu erfahren, wie Steiner ihn – obwohl er ihn erst vor wenigen Monaten als Schularzt an die neu-gegründete erste Waldorfschule als Arzt und Pädagoge berufen hatte, nun eigens mit einer tierärztlichen Aufgabe betraute. Es ging um die Behandlung von Kühen, denn in Baden-Württemberg grassierte die Maul- und Klauenseuche. So wurde Kolisko längerfristig freigestellt und anfangs begleitete ihn Steiner persönlich in die Ställe, bis er die neue Behandlungsmethode gründlich gelernt hatte![18] Schon 1936 emigrierte Kolisko, musste aber bald erleben, dass sein Plan für eine freie Hochschule in London scheiterte. König hielt mit ihm Kontakt und hoffte auf die Zusammenarbeit in Schottland. Doch starb Kolisko tragischerweise bereits im November 1939.

König hatte die kurze und tumultuarische Zeit zwischen seiner Flucht aus Wien im August und der Ankunft im britischen Exil im Dezember 1938 genutzt, die Ideen der Wiener Jugendarbeit in konkrete Worte zu fassen. Man staunt, wie weit er ausgreift, um seine Ideen aber auch die praktischen Vorhaben mit der therapeutischen Gemeinschaft zu erläutern. Er schildert den Zusammenhang der ganzen Gesellschaftsentwicklung – über die Jagd- und Ackerbaustufen bis hin zur städtischen und industrialisierten Entwicklung – mit der Frage des Umgangs mit den Bedürftigen und sozial Schwachen. Schon im Konzept weist er auf deren zivilisatorische Bedeutung hin:

> Für diese Menschen gilt das Wort, das Christus seinen Jüngern sagte, als sie ihn fragten, ob der Blindgeborene, den er geheilt, sündig war: Es hat weder dieser gesündigt, noch seine Eltern, sondern dass die Worte Gottes offenbar würden an ihm.

Das Motiv des von ihm 1945 geschriebenen «Karfreitagspiels» vorwegnehmend, beschreibt er dann, wie eine *autark wirtschaftende Siedlung,* eine *diesen Menschen gemäße Gemeinschaft* entstehen könne. Wieder staunt man, angesichts der totalen äußeren Unsicherheit der Fluchtsituation, wie detailliert nicht nur die soziale Gestaltung, sondern auch deren Grundlage beschrieben wird:

> Die notwendige Grundlage einer solchen Gemeinschaft ist eine zielsicher geführte Landwirtschaft. Diese Landwirtschaft müsste so gegliedert sein, dass sie alle Zweige einer landwirtschaftlichen Tätigkeit in sich einschließt. Es müsste sowohl Brotgetreide wie Futtermittel angebaut werden. Es müsste ein genügender Viehstand vorhanden sein, der einer Milchproduktion dient, von der aus die ganze Siedlung erhalten werden kann und noch so viel Überschuss abwirft, dass aus der Restmilch eine Butterei und Käserei gespeist werden kann. Eine große Gärtnerei müsste die notwendigsten Gemüse und die gebräuchlichsten Obst- und Beerenfrüchte selbst liefern.

Im Weiteren werden noch Schweine, Schafzucht und Hühnerfarm erwähnt, dann wird festgestellt, dass sich die Notwendigkeit angegliederter

Handwerker und Lehrwerkstätten ergibt. Letztlich werden Rhythmus und Ordnung des Lebens beschrieben, so dass man beinahe eine aus der Anthroposophie heraus erneuerte Ortschaft der Herrnhuter vor sich sieht. Das Ganze mündet dann in die Aussage:

> Es kann der Sinn des ganzen Werkes nur der sein, dem strebenden Menschen zu dienen, dass er ein immer stärkerer Christ wird, in Opfer und Hingabe und das Heil als Heilendes empfängt [...] Eine solche Institution wäre eine heutig einzig dastehende und könnte dem Land, in dem sie errichtet wird, zur Zierde gereichen.[19]

Diese Worte klingen zwar vor dem Hintergrund des drohenden Krieges (mit dem Missbrauch des Wortes «Heil») hoffnungsvoll, fanden aber trotzdem noch kein Ohr. Weder Irland noch Zypern (damals noch unter britischer Herrschaft) waren dafür offen und der Versuch, in Frankreich Fuß zu fassen, musste schnell wieder aufgegeben werden. König verlor die Landwirtschaft aber nie aus dem Blick. – Durch König wurde den landwirtschaftlichen Tagungen oft ein ärztlich-therapeutisches Gepräge gegeben; auffallend ist, was er von Landwirten und Gärtnern in Bezug auf Organ- und Stoffwechsel-Kenntnis verlangt hat. Doch war ihm die soziale Tragweite und die gesamtsoziale Aufgabe stets ein zentrales Anliegen. Auch wenn dies erst später, durch den Aufbau der «Dorfgemeinschaften», sichtbarer wurde, klingt dieses Motiv von Anfang an mit. Schon der erste Vortrag, den König nach seiner Emigration in England hielt, am 2. Juni 1939, zeugt von diesem Anliegen. Den Vortrag *Signs of our Time* (*Die Signatur unserer Zeit*) hielt er in London, noch keine Woche nach der offiziellen Eröffnung der Keimzelle der Camphill-Arbeit, die am 28. Mai, noch in Kirkton House stattfand. Da keine Nachschrift existiert, wird Königs Vortragsmanuskript als Faksimile hier angefügt (s. Seiten 24 – 27). Für den Vortrag hatte sich König notiert:

> Die ärztliche Frage ist eine Ernährungsfrage,
> Die Ernährungsfrage ist eine landwirtschaftliche Frage,
> Die landwirtschaftliche Frage ist eine soziale Frage.[20]

Vortrag, London 2. Juni 1939

I. 1.) Meine Ausführungen mache ich als Arzt & sie wollen nur so gewertet werden
denn man als Arzt die

2.) ~~Der~~ Zustände des Menschen in d. heutigen Zeit. [illegible] betrachtet, dann ist er völlig anders als früher. In einem Zwischenreich. Kino, Radio, Lichtreklame, bus, underground usw. sie halten ihn in einer Welt, die eine Welt der aufgebrochenen Erdenkräfte ist.

3.) Der Krieg war die Taufe der Menschheit mit diesen Kräften. Und seither werden alle Menschen Refugee's.

4.) Die wahren Beziehungen des Menschen zur Natur sind 3fach

Sinne
Atmung
Nahrung.

Die Zwischenwelt & die 3 Beziehungen. Schlechte Nahrung, künstliche Nahrung.

5.) Was ist Landwirtschaft?

Jäger & Sucher
↓
Tierzüchter
↓
Ackerbauer

II.

1.) Was ist das? Nicht nur das Eindringen der Tiefenkräfte in die Landwirtschaft, sondern das Unverständnis für das, was menschliche Ernährung ist.

2.) Heizung, Ernährung, Kalorien.
3 Stöße: 1.) Vitamine
2.) Pawlow'sche Versuche
3.) Nahrung ist Gift.
Aber niemand hat Ernst mit diesen Befunden gemacht.

3.) Wahrheit über die Ernährung:
N. v. Feue / Th. v. Konnersreuth.
Ernährung ist Frage — Milch
Stoffwechsel ist Antwort. — Wurzel, Blatt
kosmischer Ernährungsstrom. — Blüte

4.) Heute muß jeder Diät halten, weil er sonst zerstört wird vom Essen.
Der kosmische Ernährungsstrom hört im Menschen so zu fließen auf, wie die ~~Nat~~ Fruchtbarkeit der Erde aufhört, da zu sein & zu wirken.

5.) Das aber ist eine Bewußtseinsfrage auch.
Darm – Gehirn.

6) Sir W. Raleigh. 1588 Irland
1708 Schottland
Goethe: unseliger Kartoffelgenuß.

III. 1.) Das Wesen der Stadt.
Die Findung des Xristuswesens im eigenen Herzen.

2.) Die Tiefenkräfte erzeugen eine Gegenkraft, die den Mensch finden kann in sich selbst.

3.) In den Städten entsteht die Frage nach der Ernährung. Aber sie darf nicht allein eine Frage nach der Quantität, sondern eine nach der Qualität auch sein. Das ist eine Frage, die für die Erwerbung der menschlichen Freiheit genauso wichtig ist, wie jede andere Frage.
Die soziale Frage ist auch eine Frage nach der wahren Ernährung.

4.) Die Rückwanderung ins Land hat begonnen. Die Menschen, die das Schicksal der Stadt durchlitten haben, werden das Land wieder finden. Dort werden sie den Jahreszeiten & damit dem Kleid Xristi begegnen. Das ist die neue Tradition der Landwirtschaft.

5.) Demeter & Persephoneia.
Das ist eine Lösung der englischen Weltaufgabe. Der geistigen Aufgabe des Westens.

kr

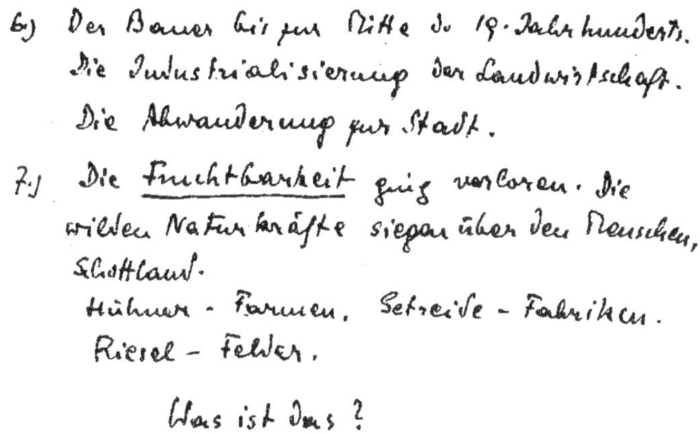
6.) Der Bauer bis zur Mitte d. 19. Jahrhunderts.
Die Industrialisierung der Landwirtschaft.
Die Abwanderung zur Stadt.
7.) Die Fruchtbarkeit ging verloren. Die wilden Naturkräfte siegen über den Menschen, Schottland.
Hühner-Farmen, Getreide-Fabriken.
Riesel-Felder.
Was ist das?

Real-Utopische Anfänge

In Schottland angekommen, erfuhr König erst nach und nach, was sich in dieser Weltgegend geschichtlich zugetragen hatte – von den iro-schottischen Mönchen, die ein esoterisches Christentum gepflegt und dann über Europa getragen hatten, und von den Tempelrittern, die dort eine ihrer letzten Wirkensstätten hatten, wo das Gut «Camphill» ihn mit seiner Pioniergruppe später aufnehmen und der werdenden, christlich-sozial strebenden Bewegung den Namen verleihen sollte. Die karge Exillandschaft wurde zu einer Art «Samarien» für König und die Anfangsgruppe. Mit Liebe beschrieb er die Landschaft – man staunt, welchen Raum dies in seinem autobiographischen Fragment einnimmt.[21] Doch war es auch eine harte Schulung, hatten die Mitglieder der Gemeinschaft doch fast nur dasjenige zu essen, was sie selbst anbauten, abgesehen von den von Nachbarn geschenkten Kartoffeln. Aus dieser idyllischen, wenn auch kräftefordernden Pionierphase wurde die Gruppe durch den baldigen Kriegsausbruch herausgerissen und am Pfingstsonntag 1940 wurden die Männer, mit zweistündiger Vorwarnung, von der Polizei abgeholt.

Als erster wurde König im Oktober 1940 aus dem Internierungslager entlassen. Die Frauen hatten den Umzug und den Anfang in Camphill House gemeistert. Nun schrieb er den anderen Männern:

> Ich versuche Tag um Tag mit Euch zu leben u. Euch bei aller Arbeit, die hier geschieht, dabei zu haben. Die Hauptarbeit ist jetzt im Garten u. draußen überhaupt. Ich bin vor allem Gärtner, Knecht u. Hausdiener [...] Am Montag haben wir Kartoffelernte gehabt u. alles in einem Tag hereingebracht. In der Frühdämmerung um 4 h standen die Pferde vom Farmer am Pflug, dampfend im zarten Nebel u. wir alle waren mit den Kindern draußen haben Furche um Furche ausgenommen. Das obere Feld hat einen recht guten Ertrag gegeben, das untere fast gar keinen. Dieses Feld muss vollständig umgearbeitet u. reichlich gedüngt werden für das nächste Jahr.[22]

Bald durften auch die anderen nach Camphill ziehen und zwei Jahrzehnte des starken Aufbaus folgten, in denen möglichst viel Land erworben und biologisch-dynamisch bewirtschaftet wurde – und zwar weitgehend ohne Traktoren und motorisierte Gerätschaften. Dies eher aus Überzeugung als aus Geldmangel! Wichtige Schritte waren zum Beispiel der Erwerb des Gutes «Murtle Estate» 1944, wo einige Zeit der Ingenieur Emil Roth, Vater der Mitbegründer Alix und Peter Roth, den Hof betreute. 1945 kam dann der große, noch heute bewirtschaftete Gutshof «Newton Dee» dazu, den der junge und hochbegabte, ebenfalls aus der Wiener Gruppe stammende Arzt Thomas Weihs mit großer Begeisterung und Kraftaufwand mit den jugendlichen Betreuten zusammen übernahm.[23] Es war sicher eine strenge Schulung, doch mit viel Hingabe zur Erde und den ihr eigenen pädagogisch-therapeutischen Möglichkeiten. John Fischer, eines der letzten Kinder, die der Judenverfolgung in Deutschland entkommen konnten, fand nach Absolvierung der Schulzeit in England Unterschlupf bei Familie Weihs und schilderte nostalgisch die andächtige, wenn auch anstrengende Arbeit, die ihm in den letzten Kriegsmonaten wieder Sinn und Orientierung im Leben verlieh.[24] Der noch Vierzehnjährige durfte alles mitmachen – melken, mit der Sense mähen, ernten und sogar die Arbeitspferde versorgen … aber nicht säen. Nur Erwachsene durften dies tun, was immer von Hand, aus einer extra dafür hergestellten Schürze, geschah. Schließlich war man als Pubertierender nicht zeugungsfähig und somit durfte man nicht die Lebenssaat spenden! Das war wohl eine Anordnung von Dr. König gewesen.

Eine Tagung, die leider nicht mitgeschrieben wurde, fand vom 5. – 12. August 1945 statt. Sie war eigentlich als medizinische Tagung angekündigt und Ärzte, Schwestern, Pfarrer, Psychologen und Lehrer wurden eingeladen – über fünfzig nahmen daran teil. Abgesehen davon, dass König die Schulferienzeit optimal nutzte und gleich anschließend eine große Tagung über Goethe abhielt, war auch die erste eigentlich eine Doppeltagung. Für die Tagungs-Teilnehmer gab es vormittags Vorträge über Anatomie und nachmittags über heilpädagogische Fragen. Abends waren dann noch offene Vorträge, die uns hier besonders interessieren, weil sie von einem Lieblingsthema Königs handelten: über die sonnenverwandten Bienen. Zu diesen Abendvorträgen waren über hundert Menschen anwesend – und das noch 1945 im Norden Schottlands! Bemerkenswert ist aber auch, wie König die Themen im Laufe der Woche so zusammenführte, dass sie am letzten Abend in eine Ausführung mündeten, die er in seinem Tagebuch wie folgt beschrieb:

> Im letzten Vortrag sprach ich über das Wirken Christi in Zusammenhang mit dem Prozess des Goldes in uns.

Auch deshalb ist diese Tatsache bemerkenswert, weil während dieser Tagung – am 6. August, als König begann, über die Bienen zu sprechen, und dann am 9. August, als er begann, über die heilende Wirkung der Substanzen im «Menschentempel» zu sprechen – die Atombomben über Japan abgeworfen wurden. Die Worte Trumans vom 7. August kamen einem Gegenbild der von König geschilderten Prozesse recht nahe:

> Die Kraft, aus der die Sonne ihre Macht bezieht, ist auf diejenigen losgelassen worden, die dem Fernen Osten den Krieg brachten.[25]

Unmittelbar nach den Tagungen schrieb König etwas auf, was er als das «Erste Memorandum» bezeichnete, und das er zu Michaeli 1945 den engsten Mitarbeitern übergab. Aus dem ersten Teil sei hier angeführt:

> Alle diejenigen, die in den Camphill-Rudolf-Steiner-Schools oder in künftigen, mit diesen Schulen verbundenen Einrichtungen so arbeiten, dass sie auf keine Bezahlung im üblichen Sinne Anspruch erheben, sondern
> Aus Liebe zu der Arbeit,
> die an den Kindern,
> den Kranken,
> den Leidenden,
> aus Liebe zu der Arbeit,
> die für den Boden,
> den Gärten, Feldern, Wäldern
> und allem, was im Bereich
> der Gemeinschaft liegt,
> ihr Werk tun;
>
> Aus Demut zu Christus,
> der im Ätherreich der Erde
> wiedererschienen ist,
> ihre Hände Werk tun wollen
> und dadurch für den

wahren Fortschritt
der Menschheit
zu wirken gewillt sind und damit
ihren Eigenwillen dem
Geisteswillen opfern wollen [...]
alle diese, die so strebend ihre Arbeit tun wollen, können sich Mitglieder der Camphill Community nennen.[26]

Hoffnungssamen im Herzen ...

Die drei Vortragsreihen, die in diesem Buch nun veröffentlicht werden, sind bei Tagungen gehalten worden. Die erste landwirtschaftliche Tagung innerhalb von Camphill ist allerdings hier nicht aufgenommen worden; sie fand schon im Oktober 1943 in Heathcot House statt und wurde gemeinsam mit dem «Versuchsring anthroposophischer Landwirte und Gärtner» gestaltet, der in England mit den Anfängen der heilpädagogischen Arbeit im südenglischen Sunfield verknüpft war. Neben König waren die Redner Ernst Lehrs, Walter Johannes Stein, Alfred Heidenreich und Emil Roth. Der Inhalt der Vorträge Königs ist so stark an der Ernährung orientiert, dass sie in dem Band *Kosmische und irdische Ernährung* erscheinen. Im Jahre 1947 konnte wieder eine Tagung gemeinsam mit den Freunden in Clent stattfinden; diesmal eine sehr konkrete Fortbildung über die «Hüllen» der von Rudolf Steiner angegebenen Präparate.

Zu Königs Freude lebte ab 1959 der landwirtschaftliche Impuls innerhalb Camphills wieder stark auf, was mit bestimmten Personen zusammenhing, die vom Schicksal in die sich ausweitende Camphill-Bewegung zusammengeführt wurden – vor allem aber mit dem Hinzukommen des Belgiers Lieven Blockhuys, der sehr aktiv war und viel für den Zusammenhalt und die Weiterbildung der Interessierten sorgte. In seinem Bericht vom «Movement Council» sprach Karl König von *zwei neuen Knospen am Camphill-Baum*, von denen starke Impulse für das Soziale ausgehen könnten. Die erste *Knospe* war die Architektur – Gabor Tallo hatte die Fundamente gelegt für das bis heute bestehende Büro der «Camphill Architects». Und die zweite *Knospe* war die Landwirtschaft. Hatte König ein Jahr zuvor auf die Frage: «Ist die Camphill-Bewegung alleine mit der heilpädagogischen Arbeit gleichzusetzen?» geantwortet: «Da, wo das Menschenbild bedroht und erniedrigt wird, ist das Aufgabenfeld der Bewegung», so konnte er die Aussage nun erweitern: «Da, wo das Bild des Menschen und der Erde bedroht und erniedrigt wird, wird das Aufgabenfeld der Bewegung sein.»[27]

Bevor die Zusammenarbeit mit anderen Höfen wieder aufgenommen werden konnte, wurde erst einige Zeit intensiv Camphill intern gearbeitet. Für die Tagung 1961 in Botton wurden auch die *Ärzte, Krankenschwestern, Köchinnen, Lehrer und alle, die auf dem Land arbeiteten* aus der sich ausweitenden Bewegung eingeladen. Die Entwicklung der sozialtherapeutischen «Dorfgemeinschaft» spielte in der weiteren Intensivierung eine wesentliche Rolle; der reale therapeutische Beitrag des Lebens mit dem Land, den Rhythmen, Pflanzen und Tieren; doch auch die dadurch gegebene Möglichkeit, das Land in einer heilenden Weise zu pflegen. Der Vortrag 1964 in Botton wurde leider nicht mitgeschrieben, doch Königs Notizen (im Anhang dieses Buches) zeigen seine Überzeugung. Für Karl König war die Bedeutung der gegenseitigen Befruchtung der Arbeitsgebiete Sozialtherapie und Landwirtschaft und ihrer «modellhaften» Aufgabe innerhalb der modernen Gesellschaft ganz deutlich. Den dritten und letzten Kurs für die Mitarbeiter der «Dörfer» im Januar des gleichen Jahres 1964 hatte er schließlich mit seinen hoffnungsvollen Worten beendet:

> ... dann könnte nach und nach dieses Experiment – der kleine Same der sozialen Dreigliederung – allmählich wachsen und Heilung in die Krankheit unseres Daseins und unserer Zeit ausströmen.[28]

... und der Wille zu fernen Zielen

Mit der Erweiterung der Camphill-Bewegung nach Deutschland konnte König an dasjenige neu anschließen, was der Ausgangspunkt vor der Flucht gewesen ist: der geistige Impuls Mitteleuropas, der mit der sozialen Verwirklichung der modernen Geisteswissenschaft zu tun hat – bis hinein in die wirtschaftlichen und irdischen Verhältnisse. In diesen letzten Lebensjahren verstärkten sich die Hoffnungen, dass Camphill nicht nur im Bereich Heilpädagogik in die sozialen Verhältnisse hineinwirken wird. König sprach von der Vision einer «pädagogischen Provinz» am Bodensee, mit therapeutischen Gemeinschaften, Höfen, Fabriken, einem Altersheim und einer Klinik.

Mit der Ansprache aus dem Jahre 1964[29] knüpfte König wieder an das Ideal der weit ausgreifenden Zusammenarbeit an; nicht nur für die Camphill-Höfe und Gärtnereien am Bodensee, zu denen damals Brachenreuthe, Föhrenbühl und Lehenhof gehörten, denn diese war ja schon im Entstehen. Die Aufsätze *Über Horn- und Geweihbildungen* (in diesem Band) und *Über das Zusammenwirken von Darm und Gehirn* (in dem Band *Kosmische und irdische Ernährung*) waren in diesem Sinne als Arbeitspapiere für die Bodensee-Gruppe gedacht. Dazu kam aber auch die anvisierte Kooperation mit umliegenden Höfen in der Bodensee-Gegend, wo bereits biologisch-dynamisch gearbeitet wurde. Damit war die Zukunftshoffnung geknüpft, dass eine eigenständige Ausbildung entstehen möge.

Zunächst musste er jedoch einen ähnlichen Schicksalsschlag erleben, wie dies mit dem plötzlichen Ableben von Eugen Kolisko der Fall gewesen war: König hatte eine intensive Zusammenarbeit mit Erhard Bartsch und Dr. Nikolaus Remer über Landwirtschaft und den Sozialimpuls begonnen, doch wurde diese Initiative zunächst jäh unterbrochen. Ende Mai 1964 trafen sie sich zu Beratungen und Anfang September starb Bartsch unerwartet. Landwirte in Großbritannien um Michael Schmundt, sowie auch Reinhard Böhm, der bei Bartsch seine Lehre gemacht hatte und die Lehenhof-Höfe aufbaute, hielten weiterhin den

Kontakt zu Remer, der zusammen mit Hartwig Ehlers eine Kooperation von in diesem Sinne arbeitenden norddeutschen Höfen gründete. So war die Verbindung zunächst hauptsächlich eine innere, die aber als solche aktiv weitergeführt wurde. Erst vierzehn Jahre nach der ergreifenden Ansprache Königs wurde aus dem Zusammenschluss am Bodensee – vor allem durch die Initiative von Bernard Phillips in Brachenreuthe – 1978 die «Freie Landbauschule Bodensee» gegründet.[30]

Am Bodensee hatte König wieder ein besonderes Landschaftserlebnis gehabt. Er sah den von Mönchen durchchristeten Boden und erlebte tief den heilenden Impuls, den sie – tausend Jahre zuvor – von Schottland mitgebracht hatten. Er rief auf zur Zusammenarbeit mit dem *Genius loci*, den er im Lukas-Evangelium verkörpert sah, und sah erneut eine innere Verbindung zu der Samariterin aus dem Evangelium. Zu den letzten Äußerungen seines Lebens gehörte es, dass er den Zusammenhang zwischen dem Bodenseeraum und zwei der von ihm geschriebenen Spiele betonte.[31] *Das Buch von Kells*, das Spiel, dass im Jahre 1958 für den «Hiroshima-Tag», den 6. August, geschrieben wurde, basiert auf Aussagen, die Rudolf Steiner im Bodensee-Umkreis gemacht hatte[32] – in der Stadt, die den Namen eines der iro-schottischen Mönche trägt: Sankt Gallen. Das *Spiel für Karsamstag*, in dem die Samariterin am Brunnen erscheint, ist ein Spiel, das auf die Bedeutung dessen hinweist, dass nun Christus die Erdleiblichkeit durchdrungen hat und im Bereich der Lebenskräfte, des Lebenswassers wirksam ist. Vielleicht können wir dies nun – im Sinne des *konkreten Geistes* – mit der schon angeführten Aussage Königs über die Kompostpräparate in Verbindung sehen:

> Was Rudolf Steiner einmal «Phantom» nannte, ist verbunden mit der Urpflanze im Menschen, die im Laufe der Zeit mit Hilfe des Christusimpulses auf Erden aufgebaut werden muss. Wenn wir in die Praxis umsetzen, was Rudolf Steiner in Koberwitz gab, dienen wir diesem Ziel.[33]

Der therapeutische Impuls von Koberwitz

von Peter Selg

Der Priester der Christengemeinschaft und Teilnehmer des Koberwitzer Landwirtschaftskurses Rudolf Meyer betonte, dass sich die acht Vorträge Rudolf Steiners in der Zeit vom 7. bis zum 16. Juni 1924 in die «Annalen der Kulturgeschichte» eingeschrieben hätten – und zwar als ein *«dem Untergang des Abendlandes abgerungener Neubeginn»*.[1] Man kann sich fragen, ob Meyers Formulierung überzogen ist oder welche Beziehungen zwischen Vortragsdarstellungen, die die Landwirtschaft betreffen, und dem Zustand des mitteleuropäischen Abendlandes bestehen, seinem etwaigen «Untergang» und «Neubeginn».

Daran, dass sich die Landwirtschaft in einer negativen Entwicklungsrichtung befand, ließ Rudolf Steiner 1924 keinen Zweifel. Er wies nicht nur auf die Gefahren der immer weitergehenden Ausbeutung des Bodens durch maximale Bewirtschaftung, Profitsteigerung, Technisierung und den Einsatz chemischer Produkte hin, sondern beschrieb den realen Qualitätsverlust der landwirtschaftlichen Erzeugnisse – «Die wenigsten Menschen wissen ja, dass im Laufe der letzten Jahrzehnte sich innerhalb der Landwirtschaft das ergeben hat, dass alle Produkte, von denen der Mensch eigentlich lebt, degenerieren, und zwar in einem außerordentlich raschen Maßstab degenerieren.»[2] Diese «Degeneration» – oder Erkrankung – sah Rudolf Steiner wie Rudolf Meyer in einem größeren Zusammenhang, und sagte in Koberwitz:

> Es ist schon so, dass nicht etwa bloß die moralische Entwickelung der Menschheit in der Gegenwart [...] im Degenerieren ist, sondern es ist dasjenige, was der Mensch mit seinen Maßnahmen aus der Erde und aus dem, was unmittelbar darüber ist, gemacht hat, in einem raschen Degenerieren, das statistisch heute festgestellt ist, das besprochen wird in landwirtschaftlichen Vereinigungen zum Beispiel, dem gegenüber eben nur die Menschen machtlos sind. [...] Also es handelt sich dabei durchaus um eine Frage, die im allereminentesten Sinne eine, ich möchte sagen, kosmisch-irdische Frage ist. Gerade bei der Landwirtschaft zeigt es sich, dass aus

> dem Geiste heraus Kräfte geholt werden müssen, die heute ganz unbekannt sind, und die nicht nur die Bedeutung haben, dass etwa die Landwirtschaft ein bisschen verbessert wird, sondern die die Bedeutung haben, dass überhaupt das Leben der Menschen – der Mensch muss ja von dem leben, was die Erde trägt –, eben weitergehen könne auf Erden auch im physischen Sinne.[3]

Es geht, so Rudolf Steiner 1924, um die Zukunft des Lebens auf der Erde überhaupt, seinen möglichen Fortgang und die Bedingungen seiner Erhaltung; Steiner sprach von der Notwendigkeit, «aus dem Geiste heraus Kräfte» zu holen und von einer «kosmisch-irdischen» Frage. Vor dem Hintergrund seiner Kursausführungen gelesen, bedeutet dies, dass die Einführung oder Wiedereinführung makrokosmischer Betrachtungsweisen in den Landbau – mit *konkreten* Konsequenzen für das praktisch-landwirtschaftliche Vorgehen – von essentieller Bedeutung für den Fortbestand des irdischen Lebens ist. In einem anderen Koberwitzer Vortrag sagte Rudolf Steiner über die Signatur des geschichtlichen Umbruchs:

> Dieses Minderwertigwerden [der Produkte] hängt nämlich – nehmen Sie mir meinetwegen die Bemerkung übel oder nicht – ebenso wie die Umwandlung der menschlichen Seelenbildung mit dem Ablauf des Kali Yuga im Weltenall zusammen in den letzten Jahrzehnten und in den Jahrzehnten, die kommen werden. Wir stehen auch vor einer großen Umwandlung des Innern der Natur. Das, was aus alten Zeiten zu uns herübergekommen ist, was wir auch immer fortgepflanzt haben, sowohl an Naturanlagen, an naturvererbten Kenntnissen und dergleichen, wie auch dasjenige, was wir von Heilmitteln herüberbekommen haben, verliert seine Bedeutung. Wir müssen wiederum neue Kenntnisse erwerben, um in den ganzen Naturzusammenhang solcher Dinge hineinzukommen. Die Menschheit hat keine andere Wahl, als entweder auf den verschiedensten Gebieten aus dem ganzen Natur-

> zusammenhang, aus dem Weltenzusammenhang heraus wieder etwas zu lernen, oder die Natur ebenso wie das Menschenleben absterben, degenerieren zu lassen. Wie in alten Zeiten es notwendig war, dass man Kenntnisse hatte, die wirklich hineingingen in das Gefüge der Natur, so brauchen auch wir heute wieder Kenntnisse, die wirklich hineingehen in das Gefüge der Natur.[4]

Nicht an vielen Stellen seiner Koberwitzer-Ausführungen – vor praktischen Landwirten, die mit konkreten Fragen in das Schloss von Keyserlingk gekommen und der Anthroposophie unterschiedlich verbunden waren – ging Rudolf Steiner in dieser Weise (andeutend) auf die Dimension des geschichtlichen Wandels ein. 1899 war nach esoterischer Lehre eine große Entwicklungsepoche im weltgeschichtlichen Werden der Menschheit zu Ende gekommen (das sogenannte «Kali Yuga» oder «Finstere Zeitalter»). Mit dem Jahr 1900 hatte nicht nur ein neues Jahrhundert begonnen, sondern eine andere Zeit, mit anderen Möglichkeiten, aber auch anderen Erfordernissen. Die wirksame Tradition war damit weitgehend außer Kraft gesetzt und Steiner sprach von einer «Umwandlung» in der Natur selbst, die eine Neugenerierung menschlichen Wissens – und damit auch neuer Heilmittel oder Landwirtschaftspraktiken – notwendig machte. Den «Untergang» des Abendlands, von dem Meyer in Anschluss an Oswald Spengler schrieb, bedeutete demgegenüber die Tendenz, an Denkformen und Vorgehensweisen des 19. Jahrhunderts, als der Kulmination des Materialismus und des toten Denkens[5], festzuhalten, d.h. den eingetretenen Umbruch zu ignorieren und die Eroberung des Erdplaneten im Sinne des 19. Jahrhunderts weiterzuführen. Dass dies zu Katastrophen führen würde, betonte Rudolf Steiner nicht erst in Koberwitz – und in seinen medizinischen Vorträgen vor Ärzten führte er wiederholt aus, wie Krankhaftes – Pathogenes – durch das Wirken von Kräften und Prinzipien am falschen Ort oder zum falschen Zeitpunkt entsteht.[6] Was im 19. Jahrhundert zumindest teilweise berechtigt oder notwendig war, bringt – unverändert beibehalten – im

20. Jahrhundert «Untergänge» mit sich. «Wenn Ihr werden lasst das 20. Jahrhundert materialistisch, wie es das 19. war, dann habt Ihr vieles nicht nur von Eurer, sondern von der Menschlichkeit der ganzen Zivilisation verloren», sagte Rudolf Steiner in einer Jugendansprache am Ende des Koberwitzer Kurses.[7]

*

Der Erwerb neuer Kenntnisse, «die wirklich hineingehen in das Innere der Natur», und ihre praktischen Konsequenzen für den Landbau, bildeten vor diesem Hintergrund das Zentrum der Koberwitzer Ausführungen. Hätte Rudolf Steiner mehr Vorträge zur Verfügung gehabt und wäre es ihm möglich gewesen, einen landwirtschaftlichen *Ausbildungskurs* für junge Menschen zu halten, so spricht vieles dafür, dass er den Schulungsaspekt zur Gewinnung von eigenen *Einsichten* in das Wirken der Naturkräfte, im Boden, in den Pflanzen und Tieren, im Gesamtorganismus der Landwirtschaft, noch weitaus umfangreicher entwickelt hätte. Auch vor den anthroposophischen Ärzten hatte Rudolf Steiner wiederholt Rede und Antwort zu medizinischen Fragen gestanden, die sich in den einzelnen Praxen ergaben – und seine Vortragsausführungen an den konkreten Erfordernissen seiner Hörer orientiert. Erst die im Januar und April 1924, kurz vor Koberwitz, auf eine studentische Initiative hin veranstalteten Kurse «Moral des medizinischen Studiums und der Praxis (esoterisch und exoterisch)» hatten dann die genuine Schulungsdimension der Medizin in fundamentaler Weise eröffnet, den realen Entwicklungsweg des Arztes zur Gewinnung medizinischer Erkenntnisse.[8] Wie deutlich Rudolf Steiner diese Ebene der Erkenntnisgewinnung auch in Koberwitz – wenn auch nur in exemplarischer und behutsamer Weise – anzuschlagen versuchte, zeigt das genauere Studium seiner Vorträge.[9] Immer wieder erläuterte er, dass das alte landwirtschaftliche Empfinden und die aus ihm hervorgehenden Handlungsvorgaben – bis hin zum «Bauernkalender» – für die Gegenwart keinen Grund und

Boden mehr bieten; mit dem «Absterben» der im Bauerntum lebenden Geistigkeit aber ist, so Steiner, in der Landwirtschaft vieles zum Ende gekommen – und die «Erschöpfung der Traditionen» geht mit der «Erschöpfung des Bodens» einher. In dieser Situation gehe es um die Ausbildung neuer Organe der Wahrnehmung, der aufzufindenen Einsicht in die wirkenden Lebenskräfte und Gesetze, die durch sorgsame Studien im Umgang mit der Natur gefunden und Eingang in das Gefühlsleben des Landwirts halten können, in sein «empfindendes Erkennen» als Voraussetzung eines neuen, persönlichen Verhältnisses zum Boden, den Pflanzen und Tieren, ihren Wachstums- und Werde-Bedingungen. Der Landwirt, so Steiner, könne auf der Basis einer geisteswissenschaftlichen Neubegründung der Landwirtschaft in Zukunft wieder im Einklang mit dem ganzen Kosmos positiv und *heilsam* wirken. Am Ende seines ersten Koberwitzer Vortrages sagte er in einer exemplarischen Ausführung:

> Es ist [...] schon von Bedeutung, wenn einer einen Eichbaum pflanzen will und er sich gut versteht auf Marsperioden. Denn ein Eichbaum, richtig angepflanzt in der entsprechenden Marsperiode, wird ja anders gedeihen, als wenn man ihn gedankenlos, einfach wenn es einem passt, in die Erde hineinversetzt. Oder haben Sie Anlagen von Nadelholzwäldern, wo die Saturnkräfte eine so große Rolle spielen, wird ganz anderes entstehen, wenn man in einer sogenannten Aufgangsperiode des Saturn oder in einer anderen Periode den Nadelwald anpflanzt. Und derjenige, der solche Dinge durchschaut, der kann ganz genau sagen, in den Dingen, die wachsen wollen oder nicht wachsen wollen, ob man das mit dem Verständnis des Kräftezusammenhanges gemacht hat oder nicht. Denn dasjenige, was nicht so offen fürs Auge zutage tritt, das tritt in den intimeren Verhältnissen des Lebens doch recht zutage.
>
> Nehmen wir zum Beispiel an, wir verwenden Holz von Bäumen, die unverständig in Bezug auf die Weltperioden auf die Erde

> gepflanzt sind, zum Brennen, so gibt uns das keine so *gesunde Wärme*, als wenn wir Hölzer verwenden, die mit Verständnis gepflanzt sind. Gerade in den intimeren Verhältnissen des täglichen Lebens, in das diese Dinge so hineinspielen, gerade da zeigt sich die ungeheuer große Bedeutung einer solchen Sache, aber das Leben ist heute für die Leute schon fast ganz gedankenlos geworden.[10]

Die «gesunde», dem Menschen zureichende, ihm angepasste und förderliche Wärme werde nur durch einen Baum- und Holzanbau ermöglicht, der Rücksicht auf die makrokosmischen Konstellation nimmt, d.h. eine reale Einsicht in die Zusammenhänge hat und ihnen gemäß handelt. So können aus dem Geiste heraus Kräfte geholt und in die irdische Zivilisation gebracht werden.

*

Dabei waren Steiners Koberwitzer Ausführungen durchweg von der Voraussetzung bestimmt und getragen, dass es zur eigentlichen Aufgabe des Landwirtes gehört, Sorge für den richtigen Vollzug des Naturprozesses zu tragen. Die in Koberwitz intendierte Landwirtschaft sollte den Naturprozess nicht herrschaftlich reglementieren, manipulieren oder gar substituieren, sondern ihn durch die Einsicht in die wirkenden Kräfte als solchen optimieren, ihm das Feld bereiten und ihn fördern. Es gehe darum, so sagte Rudolf Steiner bereits im einleitenden ersten Kursvortrag, das Wachstum der Pflanzen «in die Hand zu nehmen». Später hieß es weiter erläuternd:

> Das ist eigentlich erst wirkliche Wissenschaft. Denn ausprobieren die Dinge, so wie man es heute macht, ist ja keine Wissenschaft, ist ja nur eine Notierung von einzelnen Dingen, von einzelnen Fakten, ist keine Wissenschaft. Wirkliche Wissen-

schaft entsteht erst dann, wenn man die Wirkungskräfte in die Hand bekommt.[11]

Im Vorfeld des Kurses hatte ein junger Landwirt, Immanuel Voegele, an Rudolf Steiner in diesem Sinne fragend geschrieben. Wie die Medizinstudenten um Helene von Grunelius[12] erlebte Voegele den Umbruch, der sich in seinem Lebens- und Arbeitsfeld realiter ereignete, und hatte eine Empfindung für die angebrochene neue Zeit und ihre Erfordernisse. Aus ihr heraus hatte er sich Anfang des Jahres 1924 bittend an Rudolf Steiner gewandt:

> Aus anthroposophischer Weltanschauung glaube ich entnehmen zu müssen, dass es des Landwirts Aufgabe ist, durch seine Tätigkeit, den geheimen Naturkräften, die in Mineral-, Pflanzen- u. Tierreich wirken, Bedingungen zu schaffen, durch welche es diesen Kräften möglich ist, sich in einer Art auszuwirken, wie es ohne sein Zutun nicht möglich wäre u. wobei die Ergebnisse gleichzeitig die Bedingungen abgeben, die von Seiten der Landwirtschaft zu einer wirklichkeitsgemäßen Entwicklung der Menschheit notwendig sind.[13]

Genau in dieser Richtung entfaltete Rudolf Steiner einige Monate später seine Ausführungen in Koberwitz, die therapeutischer Natur waren – für die Natur und die Naturwesen, aber auch für den Menschen und die Menschheit, ihre «wirklichkeitsgemäße Entwicklung» im Sinne Voegeles. Von den Möglichkeiten, das Wesen einer günstigen Landwirtschaft sorgsam konstellieren und das Pflanzenwachstum im guten Sinne «regulieren» zu können, im Wechselverhältnis von Wald, Wiese und Feld, im Umgang mit allen Tier- und Pflanzenwesen, sprach Rudolf Steiner in Koberwitz in eindrucksvoller Weise – ebenfalls von einer naturgemäßen Schädlingsbekämpfung ohne Einsatz von chemischen Giften. Die Tier- und Pflanzen-Krankheiten waren in der Zeit vor Koberwitz ein intensiv bewegtes Thema im Kreis der späteren Kursteilnehmer gewesen – wie ihre schriftlich an Rudolf Steiner eingereichten Fragen im Detail beleuchten.[14] Nun erfolgte ein echter Therapieimpuls auf der Basis einer Einsicht in die wirkenden Kräfte der Natur, eine Einsicht, die die Durchsicht auf das eigentlich Heilsame ermöglicht.

*

Den Herzbereich des Koberwitzer Kurses, seine zeitliche wie inhaltliche Mitte und seinen Höhepunkt, aber bildete Rudolf Steiners Beschreibung von neuen Formen organischer Düngung – durch Präparate, die den Rhythmen von kosmischen und irdischen Kräften im Sommer und Winter zur Anreicherung lebensfördernder Kräfte ausgesetzt werden und der *Verlebendigung* der Erde dienen. Die Herleitung und Beschreibung der dafür geeigneten Substanzen, ihrer Kräfte und Zubereitungen, waren außerordentlich eindrucksvoll und beeindruckten die Zuhörer tief und nachhaltig. Zu Ehrenfried Pfeiffer, der auf sein Anraten hin bereits vor Koberwitz Erfahrungen mit den organischen Düngepräparaten gesammelt hatte – im Garten des Heilpädagogischen Institutes «Sonnenhof» in Arlesheim, einer Therapie-Einrichtung Ita Wegmans –, sagte Steiner bald nach seiner Rückkehr aus Schlesien:

> Es kommt vor allem darauf an, dass die Segnungen der Präparate möglichst großen Landflächen über die ganze Erde hin zugeführt werden, zur Heilung der Erde, und um die Nahrungsqualität der Feldfrüchte in umfassendstem Maß zu verbessern.[15]
> Um die Mitte des Jahrhunderts muss die geisteswissenschaftliche Erkenntnis Lebenspraxis geworden sein, um unsagbares Unheil an der Gesundheit der Natur und des Menschen zu verhindern.[16]

In diesem Sinne war Koberwitz ein entschiedener – aber auch *letztentschiedener* – Versuch, den Zerstörungsprozessen im Bereich des industrialisierten und hochtechnisierten Landbaus etwas Wirksames entgegenzusetzen, für das Leben der Erde und der von ihr abhängigen Naturreiche, zu denen auch der Mensch gehört, dessen Inkarnationsbedingungen sich sukzessive verschlechtern. Ebenfalls zu Ehrenfried Pfeiffer, der ihn gefragt hatte, warum der seelisch-geistige Schulungsweg der Anthroposophie in den Menschen so wenig wirksam werde, sagte Steiner:

> Dies ist ein Ernährungsproblem. So wie die Ernährung heute gestaltet ist, gibt sie den Menschen gar nicht mehr die Kraft, das Geistige im Physischen manifest zu machen. Die Brücke vom Denken zum Wollen und Handeln kann nicht mehr geschlagen werden. Die Nahrungspflanzen enthalten gar nicht mehr die Kräfte, welche sie den Menschen geben sollten.[17]

*

In den Pausengesprächen, am Tisch des Grafen Keyserlingk, wurde Rudolf Steiner in Koberwitz wiederholt nach der Zukunft Mitteleuropas gefragt und beschrieb düstere Perspektiven – den Zusammenbruch der Wirtschaft, aber auch kriegerische Entwicklungen. Er sprach wenige Monate nach Hitlers erstem Putschversuch in München von einem «Vulkan», auf dem Europa sitze, und von der Zerstörung der mitteleuropäischen Städte.[18] In seinen Landwirtschaftsvorträgen, Karmavorträgen und Jugendansprachen stellte Rudolf Steiner dagegen das Therapeutische, Heilsame und Weiterführende ins alleinige Zentrum seiner Betrachtungen. Er legte Keime für eine Zukunftskultur, skizzierte ihre konkreten Perspektiven und den Weg zu ihrer Erlangung und Umsetzung – «Aufschluss und Hilfe», so Immanuel Voegele, hatten sich die Menschen von Rudolf Steiner erhofft und sie bekamen sie auch. Im Schloss des Grafen Keyserlingk war die erste Menschen-Weihehandlung der Christengemeinschaft Schlesiens gehalten worden; in diesem Haus zeigte Steiner nun die Mysterien einer Landwirtschaft der Zukunft auf, die eine Beziehung zum Kultus hat und aus dem Motiv der Heilung lebt.[19] An der Ausarbeitung der landwirtschaftlichen Forschungen sollte nach Steiners Willen in Zukunft die ganze Dornacher Hochschule beteiligt sein, insbesondere aber die Medizinische Sektion unter Ita Wegman.[20]

Auch zwei esoterische Stunden über die innere Haltung des Landwirts hielt Steiner im Schloss, die jedoch nicht mitgeschrieben wurden. Über die erste Stunde vom Pfingstsonntagmorgen hielt Johanna von Keyserlingk fest:

> Rudolf Steiner sprach von Meditationen, die der Bauer für sich und seine Erde praktizieren soll, von Wesenheiten, die sich in die Menschengemeinschaft eines Hofes heruntersenken und auf die Erde, die Pflanzen und im Umkreis des Hofes wirken – und wie es Menschen dann möglich sein würde, über ihre moralischen Willenskräfte das Wetter zu beeinflussen. Eindringlich sprach er über die Degeneration der Nahrungsmittel und wie nötig es sei, neue Pflanzen zu züchten. Und es sei nötig, eine ganz neue Wissenschaft zu begründen, die nicht durch sich selbst, sondern durch esoterische Wahrheiten wirksam wird. [...] Er sprach über Engelchöre, die sich über Orten bilden, wo man sich in Gemeinschaft vorbereite auf das Hereinfließen erhabener Geistwesen, die sich helfend dem Menschen verbinden wollen. Dann würde man die Möglichkeit bekommen, Beziehung zu jenen Hierarchien zu finden, denen die Naturgeister dienen, so dass sie heilend einfließen können in das Leben der Pflanzen.[21]

In dieser Selbstlosigkeit, Hinwendung und Hingabekraft an das Leben und Weben der Natur sollte die künftige Landwirtschaft einer *lebendigen Erde* betrieben werden, der sich unterstützende Kräfte und Wesenheiten in Liebe zuwenden können. Es war ein reales Pfingst-Geschehen, das sich in Koberwitz vollzog,[22] und von dem in der Folge – trotz vieler

Schwierigkeiten[23] – heilende Kräfte der Gemeinschaft ausgingen, in einem Ausmaß, das vor Koberwitz nicht denkbar gewesen wäre. Auch Rudolf Steiner war von dem Kurs, seinem Inhalt, seinem Werden und seiner Kraft, die sich vor und mit den Zuhörern entfaltete, überrascht und bewegt – er selbst war in das Pfingstgeschehen einbezogen und gewann Gesundheitskräfte, nachdem er schwer krank und leidend nach Koberwitz gekommen war.[24]

Nach dem Ende seiner Vorträge fuhr Rudolf Steiner von dort nach Jena und weihte den «Lauenstein» ein – durch seine Anwesenheit, seine Kinderbegegnungen und Kinderbesprechungen. Auch auf dem Lauenstein und im Verlauf des *Heilpädagogischen Kurses* lehrte Rudolf Steiner seine Zuhörer, wie man ganz aus dem Sein des Gegenüber arbeiten kann, in der Hinwendung zu *seinen* Lebenskräften und im fördernden Ermöglichen einer guten Entwicklung. Die praktische Ehrfurcht vor dem Leben (Albert Schweitzer) stand in Koberwitz und auf dem Lauenstein im Zentrum von Rudolf Steiners Ausführungen und Taten; um dieses Zentrum herum bildeten sich nach seinen Kursen Gemeinschaften, die den Beginn schützten und durch ihre Arbeit in die Zukunft tragen wollten – inmitten eines 20. Jahrhunderts, das auf der anderen Seite gewaltige Zerstörungskräfte in Ausbeutung und Vernichtung bereit hielt und entfachte. Den Zukunftsgemeinschaften, die die heilende Flamme schützen wollten, fühlte sich Karl König zugehörig und verpflichtet.

Landbau und Sozialarbeit

Wegzeichen zu einer Sozialen Landwirtschaft

von Alfons Limbrunner

Seit der Vertreibung aus dem Paradies, dem Garten Eden, ist das Leben mühselig geworden. Von nun an mussten die Menschen, so steht das sinngemäß in der Bibel, den Ackerboden mit seinen Dornen und Gestrüpp im Schweiße des Angesichts bearbeiten, um vom Kraut des Feldes essen zu können. Und wenn die Menschen von damals nicht gerade rackerten, jagten oder kämpften, halfen sie sich gegenseitig in ihren Ansiedlungen und Gemeinschaften bei der Bewältigung des alltäglichen Lebens. Das sind, freilich sehr verkürzt und simpel, die Urbilder des Landbaus und der Sozialarbeit.

Aus dem einen Strang hat sich im langen kulturellen Prozess eine hoch technisierte Landwirtschaft entwickelt. In ihr sind Menschen tätig, die die Erde bearbeiten, Pflanzen ziehen, Tiere züchten, Landschaftspflege betreiben, um damit die Grundlagen unserer Ernährung zu sichern. Das, was sie tun und erzeugen, ist meist ein zähl- und messbares Gut, das auf dem Markt angeboten, mit dem gewirtschaftet wird. Der traditionelle Ort des Geschehens ist der ländliche Raum. Im historischen Wandel löste sich die Erzeugung landwirtschaftlicher Güter weitgehend vom Alltag der meisten Menschen. Aufmerksam wird man in der Regel nur, wenn es um die unerfreulichen Entwicklungen geht: Rinderwahnsinn, Geflügelpest, verseuchte Böden, Milchdumping, Agrarfabriken, Überschussproduktion.

Auch aus dem anderen Strang, dem der alltäglichen gegenseitigen Hilfe, haben sich über viele Stadien hinweg Helfer-Professionen in den verschiedensten Ausprägungen entwickelt. Ausgangspunkt waren zunächst großstädtische Ballungsräume mit ihren sichtbaren Folgen der Industrialisierung. Soziale Arbeit ist eine Profession der Neuzeit. Ob im Kindergarten, Hort, in der Schulsozialarbeit, der Jugendarbeit, in besonderen Lebenslagen, bei Krankheit, Arbeitslosigkeit, Familienproblemen oder gar im Alter, greift das Netz organisierter sozialer Hilfen und Sozialarbeit unterstützend ein. Soziale Arbeit erzeugt im Gegensatz zur produktbezogenen Landwirtschaft eher immaterielle Güter, die sich einem damit verbundenen wirtschaftlichen Mehrwert bzw. dessen Messbarkeit nicht ohne Weiteres erschließen.

Längst besteht Einigkeit darüber, dass Arbeit, vermutlich jegliche Form der Betätigung, wenn sie unter menschenwürdigen Bedingungen gestaltet wird, nicht nur ein Mittel zur Existenzsicherung, sondern auch eine Grundlage für soziale, pädagogische und therapeutische Zielsetzungen ist. Bereits zu Beginn des 19. Jahrhunderts schildert der erste fest angestellte Siechenhaus-Physikus Johann Christian Roller «im Waisen-, Toll-, Zucht- und Arbeitshaus in Pforzheim seine rein pädagogische Aufgabe: Er bemühte sich, Wahnsinnige als ungezogene böse Kinder zu behandeln» und mit Gartenarbeit, Holzspalten, Sägen, Mostobstbereiten, Spinnen, Stricken, Nähen, Waschen und Küchenarbeit zu beschäftigen (Hohenlohe, 1994, S. 11). In den großen Landeskliniken und Bezirkskrankenhäusern existierten die einst «agricolen Kolonien», die sich im Laufe der Zeit zu Arbeits- und Beschäftigungstherapie-Modellen wandelten, bis weit in die Mitte des letzten Jahrhunderts hinein. Ähnlich verhielt es sich im deutschen Strafanstaltswesen.

In einem ganz anderen Zusammenhang stand Anton S. Makarenko, der große ukrainische Sozialpädagoge im postrevolutionären Russland. Unter härtesten Bedingungen begann er, der puren Not gehorchend, entwurzelte Jugendliche mittels landwirtschaftlicher Arbeit zu integrieren. Das Kapitel «Saatgut» in seinem Buch *Ein pädagogisches Poem* (1971a, S. 299), schildert dies anschaulich. In *Erziehung zur Arbeit*, schreibt er: «Wir konnten nicht nur gut essen und uns gut kleiden, sondern waren auch in der Lage, unser Schulinventar und die Bibliothek beträchtlich zu ergänzen sowie eine gute Bühne zu erbauen und auszustatten. Mit unserem Geld erwarben wir Instrumente für das Blasorchester, einen Filmapparat, alles, was wir in den zwanziger Jahren nach keinem Haushaltsplan hätten haben dürfen» (Makarenko, 1971b, S. 412). Im reformpädagogischen Ansatz der Hermann-Lietz-Landschulheime der Weimarer Zeit, gehörte Land- und Gartenbau teilweise zum pädagogischen Alltag (Pausewang, 1994, S. 13). Man stelle sich jene Epoche vor: Der Erste Weltkrieg mit seinen verheerenden Folgen, ein zerrissenes Deutschland, Industriealisierung, Hunger, Krankheit, Arbeitslosigkeit, die Zerschlagung der Donaumonarchie. Wer Stefan Zweigs *Die Welt von gestern* liest, bekommt eine Ahnung von jener fernen Zeit, in der Europa umgestülpt wurde. Professionelle Sozialarbeit entstand. In Wien wirkte Ilse Arlt und in Berlin Alice Salomon, die zusammen mit Siddy Wronsky das Buch *Soziale Therapie* verfasste.

Ein zentraler, bis heute anhaltender Impuls entstand, freilich indirekt, durch Rudolf Steiner ebenfalls in jener Zeit. Der vielschichtige Verständniszugang zu Welt und Mensch, den die Anthroposophie bietet, ließ Menschen aus dem Umkreis von Rudolf Steiner mit Beginn des 20. Jahrhunderts nach praktischen Umsetzungsmöglichkeiten, auch auf dem Gebiete der Pädagogik, Heilpädagogik und Landwirtschaft fragen. Fünf Jahre nach der Gründung der ersten Waldorfschule hielt Steiner auf Gut Koberwitz bei Breslau den sogenannten *Landwirtschaftlichen Kurs*. Im ersten Vortrag heißt es, dass sich zeigen wird, «wie die Interessen der Landwirtschaft nach allen Seiten hin mit dem größten Umkreise des menschlichen Lebens verwachsen sind und wie es eigentlich kaum ein Gebiet des Lebens gibt, das nicht zu der Landwirtschaft gehört» (1985, S. 27). Auf dem Weg von Breslau nach Dornach besuchte Steiner das Heil- und Erziehungsinstitut auf dem Lauenstein bei Jena und beriet die Aufbauarbeit. Kurz danach gab er in Dornach den *Heilpädagogischen Kurs*. Seither gehören vom Selbstverständnis her in heilpädagogischen und sozialtherapeutischen Einrichtungen fast immer gärtnerische und landwirtschaftliche Tätigkeiten zum Angebot, so wie heute noch zur Waldorfschule der Gartenbauunterricht und Praktika in der Landwirtschaft gehören. Lore Wilmar erinnert sich an die Zeit in Schloss Pilgramshain, wie sich die heilpädagogische Arbeit mit der biologisch-dynamischen Wirtschaftsweise verband. Der Arzt Karl König, der einige Jahre dort arbeitete, kehrte nach Wien zurück, sah sich dann allerdings als Jude gezwungen zu emigrieren. Der optimistische Versuch, die Verbindung von Heilpädagogik und Landwirtschaft zunächst in Frankreich zu realisieren, scheiterte. Der Weg über England und das schottische Camphill, geriet über die Jahrzehnte zum Segen für die weltweite Camphill-Bewegung. In der Dorfgemeinschaft Brachenreuthe am Bodensee sprach er 1964 von den beiden Strömen, die aus der erneuerten Landwirtschaft und aus einer umfassenden Heilpädagogik kommend, sich begegnen und wie daraus der Dorf-Impuls entstand (König, in Müller-Wiedemann, 1992, S. 474). Seine gesamte Vortragstätigkeit in Sachen Landwirtschaft und einer weit gefassten Heilpädagogik und Sozialtherapie lässt sich, ausgehend von Rudolf Steiner, als Versuch begreifen, einen spirituellen Impuls zu entwickeln. Im «Verband für anthroposophische Heilpädagogik, Sozialtherapie und soziale Arbeit», zu dem auch die zwölf deutschen Camphill-Einrichtungen gehören, registriert man derzeit fast zweihundert Mitgliedsorganisationen. Davon bieten über die Hälfte unter anderem Tätigkeiten in der Landwirtschaft und im Gartenbau an.

Mensch und Natur als Entwicklungsaufgabe

Verschiedene Menschen und Gruppen sind seit längerem angetreten, um die Verbindung von Landbau und Sozialarbeit neu zu beleben. Ob ohne oder mit dem Etikett «Grüne Sozialarbeit» oder «Soziale Landwirtschaft», ob anthroposophisch orientiert oder nicht, gemeinsam ist allen, dass sie von der Stärke, die in dieser Verbindung liegt, überzeugt sind und damit einen potenten Arbeits-, Lebens- und Kulturimpuls ins Gespräch bringen wollen. Was Soziale Landwirtschaft ist, lässt sich nur ungefähr und vorläufig beschreiben. Sie umfasst landwirtschaftliche Betriebe und Gärtnereien, die Menschen mit körperlichen, geistigen oder seelischen Beeinträchtigungen integrieren, Höfe, die eine Perspektive bieten für sozial benachteiligte, suchtkranke oder langzeitarbeitslose Menschen, für straffällige oder lernbehinderte Jugendliche, alte Menschen sowie Schul- und Kindergartenbauernhöfe. Das Erfahrungsfeld, der Lern- und Entwicklungsort Landwirtschaft hat viel zu bieten. Vorsorge, Inklusion, Rehabilitation, Erziehung, Bildung und mehr Lebensqualität sind

Aspekte dieses Ansatzes. Wesensmerkmal ist, dass bei all dem nicht nur das erwirtschaftete materielle Produkt eine Rolle spielt, sondern auch das immaterielle Ziel der Entwicklung des individuellen Menschen, der diese Arbeit tut. Dabei geht es nicht nur um pure Arbeit, sondern auch um ergänzende soziale, pädagogische, therapeutische, künstlerische und kulturelle Begleitangebote.

Die Träger, die sich dieser Idee verschrieben haben, sind, wie im Bereich aller sozialen Hilfen, vielfältig. Die bundesweit geschätzten dreihundert Einrichtungen verteilen sich auf Diakonie, Caritas, Arbeiterwohlfahrt, Kirchen, Orden, freigemeinnützige und private Träger. Im hochkomplexen und schier unübersichtlichen Netz sozialer Arbeit, in dem mehr als eine Million Menschen beschäftigt sein dürften, bildet dieser Bereich, wie sich denken lässt, (noch) ein randständiges und unbeachtetes Dasein. Und das, obgleich es überzeugende Beweise gibt, die die positiven Wirkungen der Arbeit in der Landwirtschaft belegen. Durch die abwechslungsreichen, der Jahreszeit entsprechenden Tätigkeiten wird das Interesse für natürliche Kreisläufe geweckt. Immer wieder wird die Ganzheitlichkeit betont, die beim Erleben jahreszeitlicher Zyklen, dem Wachstum der Pflanzen, den Gefühlsäußerungen von Tieren und beim Umgang mit den Elementen erreicht wird. Durch die Wertschätzung der Arbeit wird das Selbstwertgefühl der Beschäftigten gestärkt und verborgene Fähigkeiten geweckt. Das Schaffen individueller Betätigungsfelder für jeden Mitarbeiter fördert die Eigenständigkeit, das Verantwortungsbewusstsein sowie die Arbeitsmotivation. Dabei spielt die Versorgung von Nutztieren eine besondere Rolle. Damit Soziale Landwirtschaft ihre positiven Wirkungen entfalten kann, müssen aber auch die persönlichen, sachlichen und materiellen Voraussetzungen stimmen. Und natürlich gibt es Dilemmata, insbesondere die Gratwanderung zwischen betriebswirtschaftlichen Zwängen und dem, was pädagogisch, sozial und therapeutisch sinnvoll und notwendig wäre. Auch ist darauf zu achten, dass Menschen nicht ausgebeutet und missbraucht werden. Denn in der Geschichte, insbesondere in der Dunkelheit der NS-Zeit und in den ersten Jahrzehnten danach, gibt es Beispiele, die kein rühmliches Licht auf die Verbindung von Sozialarbeit und Landbau bzw. ganz allgemein auf das Fürsorgewesen werfen. Die Diskussion um die «ehemaligen Heimkinder» ist nur ein Beispiel dafür. Dabei geht es im Kern um die harschen, drillorientierten und unwürdigen Methoden und Haltungen jener, denen diese Menschen ausgeliefert waren.

Landbau, insbesondere die biologische und biologisch-dynamische Wirtschaftsweise produziert nicht nur hochwertige Nahrung, sondern versteht sich auch als Anwalt der Natur. Soziale Arbeit vertritt in vielerlei Gestalt das Recht und die Würde von Menschen. Die Idee Soziale Landwirtschaft fühlt sich der Erde, den Pflanzen und Tieren, der Natur und dem Menschen verbunden. Die Frage dabei ist nicht nur, wie kann ich die Natur nutzen, sondern auch, wie kann ich *der* Natur nutzen! Eine so verstandene Soziale Landwirtschaft ist ein Wesen, das sich im Werden befindet.

Die Idee Sozialer Landwirtschaft in Europa und ihre Perspektiven

von Thomas van Elsen

Soziale Landwirtschaft als europäisches Thema

Soziale Landwirtschaft ist eine Perspektive multifunktional verstandener Landwirtschaft: Hauptprodukte sind neben den Verkaufsfrüchten auch Gesundheit und Beschäftigung, Bildung oder Therapie. Der Landbau bietet Möglichkeiten, Menschen an den vielfältigen Tages- und Jahresrhythmen, in Gartenarbeit oder der Arbeit mit landwirtschaftlichen Nutztieren teilhaben zu lassen. Soziale Landwirtschaft umfasst landwirtschaftliche Betriebe und Gärtnereien, die Menschen mit körperlichen, geistigen oder seelischen Beeinträchtigungen integrieren, Höfe, die eine Perspektive bieten für sozial schwache Menschen, für straffällige oder lernschwache Jugendliche, Drogenkranke, Langzeitarbeitslose und aktive Senioren, Schul- und Kindergartenbauernhöfe und viele andere mehr. Vorsorge, Inklusion und mehr Lebensqualität sind Aspekte Sozialer Landwirtschaft (van Elsen & Kalisch 2008).

Heute wird europaweit durch die Gesellschaft entdeckt, was Camphill-Dorfgemeinschaften seit vielen Jahrzehnten erfolgreich tun: Landwirtschaft mit sozialen Zielsetzungen zu verbinden. Im Jahr 2004 gründete sich die europäische Arbeitsgemeinschaft *Farming for Health*; nach zwei Treffen in den Niederlanden fanden mit wachsender Teilnehmerzahl Tagungen in Norwegen, Belgien und Italien statt. Der Name «Farming for Health» war von Holländern erfunden worden und wurde auf der ersten Tagung von Engländern gleich als Einmischung in ihre Sprachhoheit in Frage gestellt, mit einer interessanten Begründung: *Farming today means exploitation of the land!* Heute sei «Landwirtschaft» gleichbedeutend mit «Ausbeutung» der Natur! «Landwirtschaft» mit «Gesundheit» in Zusammenhang zu bringen, das wurde von den englischen Teilnehmern als merkwürdig empfunden. – Die schlagfertige Antwort der pragmatischen Holländer auf diesen Einwand war, dass dies doch kein Argument gegen den Begriff *Farming for Health* sein könne, sondern vielmehr Gelegenheit und Anlass, den Begriff *Farming* neu zu denken: «Landwirtschaft» künftig vermehrt dahingehend zu entwickeln, dass diese tatsächlich zur Gesundheit von Mensch und Natur beiträgt, dass sie multifunktional wird, dass sie soziale Aufgaben integriert, Kulturlandschaft entwickelt und Biodiversität erhält.

In ganz Europa entwickeln sich Höfe, die die geforderte «Multifunktionalität» der Landbewirtschaftung mit Inhalt füllen, die durch soziale Dienstleistungen zur Schaffung von Arbeitsplätzen im ländlichen Raum beitragen: *Care Farms* in den Niederlanden, bei denen meist die Landwirtsfrau eine sozialpädagogische Ausbildung absolviert hat und mit der Betreuung von Klienten einen Heimarbeitsplatz ausfüllt, der nicht unerheblich zur Einkommenssicherung des Betriebes beiträgt. Höfe in den Bergregionen Frankreichs, auf denen Initiativen Kindern und Jugendlichen mit Behinderung ein Leben und Teilhaben an der Natur und Landwirtschaft ermöglichen und schon aufgegebene Kulturlandschaften neu beleben. Und «rote und weiße Initiativen» in Italien, Kooperativen, die einst aus sozialistischem bzw. kirchlichem Hintergrund mit fast identischen Zielen gegründet wurden und sich in der Integration psychisch Kranker und Behinderter in die Landwirtschaft engagieren. Eindrücke von der Entwicklung in Europa vermitteln zwei Sammelbände, die Beiträge der Tagungen in den Niederlanden und Belgien enthalten (Hassink & van Dijk 2006, Dessein 2008).

Aus der Arbeitsgemeinschaft *Farming for Health* ging das EU-Projekt *SoFar – Social Farming* hervor, in dem 20 Wissenschaftler aus Italien, den Niederlanden, Deutschland, Belgien, Frankreich, Slowenien und Irland zusammen arbeiteten (Website: www.sofar-d.de). Übergreifende Projektziele waren, die institutionellen Rahmenbedingungen für Soziale Landwirtschaft und den Austausch zwischen Forschung und Praxis zu verbessern und Empfehlungen für die Politik zur Förderung Sozialer Landwirtschaft in Europa zu erarbeiten (di Iacovo & O'Connor 2009). – Eine weitere Aktivität auf EU-Ebene war die COST Action 866 *Green Care in Agriculture*, die anstrebte, die wissenschaftlichen Grundlagen für die Praxis der Einbeziehung von *Green Care* in die Landwirtschaft zu verbessern, mit dem Ziel, die mentale und physische Gesundheit von Menschen und ihre Lebensqualität zu steigern. Drei thematische Arbeitsgruppen arbeiteten parallel: (1.) an Konzepten, Methoden und Theorien zum Wirksamkeitsnachweis von *Green Care,* (2.) am Thema «Ökonomie von *Green Care*» und (3.) an der Thematik «Politik und *Green Care*» (Braastad et al. 2007). – Aktuell hat das Projekt DIANA (Disability in sustainable Agriculture) («Behinderung in Nachhaltiger Landwirtschaft») begonnen, das die oft einseitigen fachlichen Ausbildungen in der Sozialen Landwirtschaft tätiger Menschen ergänzen möchte. Ziel ist die Entwicklung innovativer Ausbildungsansätze für Anleiter, Betreuer und Praktiker auf Sozialen Höfen.

Es hat sich gezeigt, dass sich europaweit ökologisch wirtschaftende Betriebe in besonderem Maße für die Integration von zunächst landwirtschaftsfremden Menschengruppen eignen und vielfach genutzt werden. Im Vergleich zur konventionellen Landwirtschaft hat der Ökologische Landbau den maßgeblichen Vorteil, dass auf den vergleichsweise vielfältiger strukturierten Betrieben mehr Handarbeit anfällt und weniger Gefahrenquellen (etwa durch den Verzicht auf Pestizide) existieren. Die Integration sozialer Aktivitäten kann sogar Anlass zur Umstellung konventioneller Betriebe auf Ökologischen Landbau sein, indem die Integration von Klienten eine vielfältigere Betriebsstruktur und mehr Handarbeit zur Beschäftigung fördern.

Status Quo und Perspektiven Sozialer Landwirtschaft in Deutschland

Das SoFar-Projekt bot die Möglichkeit, viele soziale Höfe und deren Situationen in Deutschland kennenzulernen. Im Oktober 2007 wurde eine erste öffentliche Tagung zum «Mehrwert Sozialer Landwirtschaft» am Fachbereich Ökologische Agrarwissenschaften der Universität Kassel in Witzenhausen organisiert, die auf großes Interesse der Teilnehmer stieß, die begeistert die Gelegenheit zum Erfahrungsaustausch nutzten. Weiter war vorschlagen worden, ein Positionspapier zum Mehrwert Sozialer Landwirtschaft zu erstellen. Während der Tagung wurde die Idee vorgestellt und im Plenum verabredet, im Nachgang ein solches Papier in einem partizipativen Prozess gemeinsam mit den Tagungsteilnehmern zu erarbeiten.

Mit dem «Witzenhäuser Positionspapier zum Mehrwert Sozialer Landwirtschaft» (van Elsen & Kalisch 2008) stellen die Unterzeichner Forderungen zur Förderung der Sozialen Landwirtschaft in Deutschland an Entscheidungsträger in Wirtschaft, Verwaltung, Politik und Öffentlichkeit. Sein erster Abschnitt beleuchtet den Hintergrund – die Vielfalt Sozialer Landwirtschaft wird als eine Perspektive multifunktional verstandener Landwirtschaft vorgestellt, die im europäischen Ausland teilweise deutlich weiter entwickelt ist. In Deutschland sehen sich Landwirte und Menschen mit Hilfebedarf und deren Eltern, die selbst initiativ werden wollen, aber auch Therapeuten und Sozialarbeiter, die geeignete Höfe für ihre Klienten suchen, einem kaum durchschaubaren Dschungel an Gesetzen und Zuständigkeiten verschiedener Ansprechpartner, Kostenträger und Ministerien gegenüber, die sich zudem von Bundesland zu Bundesland unterscheiden. Schulbauernhöfe in freier Trägerschaft kämpfen um das wirtschaftliche Überleben, weil sie als außerschulische Erfahrungs- und Lernorte, die Kindern ein neues Verhältnis zu Tieren, Pflanzen und zur Ernährung eröffnen, kaum anerkannt sind. Mediziner und Therapeuten finden oftmals keine Adressen von geeigneten Höfen, die manchem Patienten neue Perspektiven eröffnen könnten. Und Höfe, die von hilfebedürftigen Personen oder deren Angehörigen angefragt werden, sind den Anforderungen selten gewachsen, weil dort für fachgerechte Betreuung die unterstützenden Strukturen fehlen. Es mangelt an Beratung, fachlicher Begleitung, an Aus- und Weiterbildungsmöglichkeiten, Strukturen und Förderinstrumenten, die die Entwicklung Sozialer Landwirtschaft fördern könnten. Im zweiten Teil des Positionspapiers werden sieben Forderungen aufgestellt und erläutert:

1. Anerkennung des Mehrwerts Sozialer Landwirtschaft für die Gesellschaft
2. Schaffung von Transparenz in gesetzlichen Rahmenbedingungen
3. Förderung von Kommunikation und Erfahrungsaustausch
4. Einrichtung einer zentralen Vernetzung und Beratung mit Koordinationsaufgaben
5. Förderung von Aus- und Weiterbildungsangeboten, Betreuung und Coaching
6. Unterstützung interdisziplinärer Forschung zur Sozialen Landwirtschaft
7. Förderung der europäischen Zusammenarbeit.

Der Ausblick fordert Politiker, Ministerien, Wissenschaftler, Verbraucher und die breite Öffentlichkeit auf, die Leistungen Sozialer Landwirtschaft wahrzunehmen, anzuerkennen, zu erhalten und zu fördern. Diese sollte nicht nur als eine weitere Spezialisierungsmöglichkeit für landwirtschaftliche Betriebe verstanden werden, sondern darüber hinaus als möglicher Baustein für eine sozialere Zukunft.

Auf der zwei Jahre später durchgeführten Witzenhäuser Tagung «Praxis und Ziele Sozialer Landwirtschaft in Deutschland» im Oktober 2009 wurde die Grundlage für die Gründung und Etablierung einer *Deutschen Arbeitsgemeinschaft Soziale Landwirtschaft* gelegt. Deren Ziel ist der gegenseitige Austausch und die Unterstützung der Entwicklung sozialer Landwirtschaftsbetriebe. Der Verbund möchte die Vielfalt Sozialer Landwirtschaft in Deutschland entwickeln und bereits bestehende Netzwerke integrieren. Wie auch in anderen Ländern ist nicht eine Institutionalisierung das Ziel, sondern ein lockerer Verbund, der durch einen Adressverteiler (Netzwerk) zusammengehalten wird und in dem einzelne «Prozessverantwortliche» Aufgaben übernehmen. Dieses von der europäischen Arbeitsgemeinschaft *Farming for Health* übernommene Konzept und Arbeitsprinzip kann dazu beitragen, die innovative Vielfalt Sozialer Landwirtschaft in Deutschland zusammenzuführen und zusammenzuhalten sowie deren soziale Ausrichtung und hohe Qualität sicherzustellen. Die «Deutsche Arbeitsgemeinschaft Soziale Landwirtschaft» zielt darauf ab, dass Soziale Landwirtschaft in Deutschland den Stellenwert bekommt, den sie in mehreren Ländern im europäischen Ausland bereits hat: als ernstzunehmender Bereich multifunktionaler Landwirtschaft, der für sehr unterschiedliche, bisher oft kaum vernetzte Initiativen und Höfe Perspektiven im Spannungsfeld von Therapie, Einkommen, Lebensqualität und Beschäftigung bietet.

Entwicklungsfragen

In der weiteren Entwicklung Sozialer Landwirtschaft ist einerseits eine zunehmende Professionalisierung zu erwarten. Die landwirtschaftlichen Einrichtungen können von Menschen aufgesucht werden, die aus verschiedenen Gründen (Therapie, Bildung, Beschäftigung) am landwirtschaftlichen Leben und Arbeiten in der Natur teilhaben wollen. Der Umgang mit Tieren und Pflanzen schafft sinnvolle Beschäftigung und wird zur seelischen Gesundung von Menschen *genutzt*. Diese Art der «Nutzung» hat eine andere Qualität, als Tiere und Pflanzen zu bloßen «Produktionsfaktoren» zu degradieren, wie es in der «modernen» Landwirtschaft zunehmend der Fall ist. Nichtsdestotrotz stellen sich auch in der Sozialen Landwirtschaft Fragen nach dem Verhältnis des heutigen Menschen zur Natur.

Beispielsweise existieren zur Thematik «Lernen auf dem Bauernhof» solide Initiativen, die Schülern Erfahrungsfelder eröffnen, sie in die Hofabläufe und Tätigkeiten auf dem Hof integrieren und authentische Sinneserlebnisse vermitteln. Andererseits gibt es durchaus Hofbeispiele, die Fragen nach einer Qualitätssicherung aufwerfen. Hier wird die Natur auf dem Hof – die Nutztiere und Pflanzen – zu Zwecken der Bedürfnisbefriedigung oder zum Lernen instrumentalisiert und Tiere werden wie Spielzeug und austauschbares Unterhaltungsinventar benutzt: Die

Kinder erfahren Tiere als Streichelobjekte und lernen nichts über die Rolle, die Tiere in der menschlichen Ernährung spielen (van Elsen 2010).

Auch in der Entwicklung im Ökologischen Landbau stellen sich Fragen zum Mensch-Natur-Verhältnis. In vieler Hinsicht verdankt der Mensch der Tier- und Pflanzenwelt seine Existenz; er nutzt Tiere, indem er sie (Fleisch) oder ihre Produkte (Eier, Honig) isst oder als Kleidung (Leder, Schuhe) verwendet, und Pflanzen, indem er Getreide, Gemüse und Obst verzehrt und den durch Photosynthese produzierten Sauerstoff atmet. Die Motivation zur Umstellung der Bewirtschaftung nach Prinzipien des Ökologischen Landbaus begründet sich vielfach auch durch das Motiv, «mit der Natur» zu wirtschaften und «naturnah» Lebensmittel zu erzeugen. Die Tierhaltung soll möglichst «artgerecht» erfolgen. Auch dies wird jedoch zunehmend zur Gratwanderung, wenn Züchtung und einseitige Fütterung Milchkühe zu immer höherer Milchleistung zwingen. Auch in anderen Bereichen ist von einer Konventionalisierung des Ökolandbaus die Rede, wenn beim Gemüsebau auf ertragreiche Hybriden gesetzt wird, in der Grünlandwirtschaft so früh und häufig geschnitten wird, dass kaum noch Pflanzen zur Blüte kommen und die Landschaftsstruktur an immer größere Maschinen angepasst wird. Die häufig als Ursache angeführte Begründung für diese Entwicklung, die «ökonomischen Zwänge», kann allenfalls eine Teilwahrheit darstellen, denn die gesamte Entstehung und Entwicklung des Ökologischen Landbaus fand *trotz* ökonomischer Hindernisse statt. Die Triebfeder zu einer Wirtschaftsweise «mit der Natur» ist *in Idealen, in Motiven* der Landwirte und ihrer Unterstützer begründet (Röhrig et al. 2003). «Naturnähe» als Leitbild einer zukunftsorientierten Landbewirtschaftung (vgl. van Elsen & Rahmann 2004) greift zu kurz.

Im Ökologischen Landbau wird versucht, die Qualität der Wirtschaftsweise über Verordnungen, Richtlinien und Kontrollen sicherzustellen – eine Tendenz, die sich auch in der Sozialen Landwirtschaft abzeichnet. Triebfedern zur Entstehung des Ökologischen Landbaus waren jedoch ideelle Motive, die den Regelwerken zugrunde liegen. Welches sind diese ideellen Motive der Sozialen Landwirtschaft, an deren Ausgestaltung und Inhalten gearbeitet werden muss?

Die Idee der Sozialen Landwirtschaft – Umkehr der Blickrichtung als Perspektive und Erweiterung

> Ich will nicht mehr ruhen, bis mir nichts mehr Wort und Tradition, sondern lebendiger Begriff ist.
>
> Goethe, *Italienische Reise*, 27.6.1787

Die weitere Entwicklung Sozialer Landwirtschaft wird maßgeblich davon abhängen, ob es gelingt, deren Idee als Leitlinie für die weitere Entwicklung lebendig zu halten. Robert Hermanowski, der sich seit vielen Jahren für sogenannte «Grüne Bereiche» von Werkstätten für Behinderte Menschen engagiert, bezeichnet es als wesentliches Charakteristikum sozialer Leistungen der Landwirtschaft, «dass über das übliche, alltägliche Maß hinaus Dienste für Menschen geleistet werden», unabhängig davon, «ob dieser Dienst als marktfähige Dienstleistung bezahlt oder ob er unbezahlt geleistet wird» und «ob die Nachfrage privat oder staatlich ist» (Hermanowski 2006: 14).

Gerade für die politische Ebene wäre es hilfreich, eine griffige Definition für «Soziale Landwirtschaft» zu haben, die eine Abgrenzung ermöglicht, aber auch Entwicklungsrichtungen offen lässt. «Soziale Landwirtschaft ist multifunktionale Landwirtschaft, die einen sozialen Mehrwert schafft» wäre eine solche Definition, die sich durch eine Auflistung von Beispielen ergänzen lässt, wobei in Ländern mit etablierten Strukturen und Netzwerken die Definition meist deutlich enger gefasst wird.

Der Begriff, die Idee «Soziale Landwirtschaft» geht jedoch über das in einer Definition fassbare hinaus. Die Problemstellung erinnert an die denkwürdige Erstbegegnung von Goethe und Schiller und deren Diskussion um die Realität der «Urpflanze»: Goethe fasste die Urpflanze als Realität, als Wesen auf, aus der heraus sich die Vielfalt der Ausgestaltungen (Pflanzenarten) entwickeln lässt, die diesen als Idee zugrunde liegt. Goethes Einsicht war ein langjähriger Erkenntnisprozess vorangegangen, der mit der gefühlten Ahnung von einer gemeinsamen Gesetzmäßigkeit der Pflanzen begann und ihn über die intensive Beschäftigung mit der Vielfalt der Arten und Pflanzensystematik zu der Einsicht in das Gesetz der Pflanzenentwicklung führte, das er als «Urpflanze», als «Idee» oder «Wesen» der Pflanzen erkannte und bezeichnete. So betrachtet: Was ist *das Wesen* der Sozialen Landwirtschaft? Was ist das Soziale der Sozialen Landwirtschaft, und wie umfassend ist es zu denken?

Wesentliches Motiv in der Sozialen Landwirtschaft ist, Menschen mit Hilfe- oder Betreuungsbedarf dabei zu unterstützen, zu fördern, ein lebenswertes Leben zu führen, ihren Zustand zu verbessern, ihnen die Möglichkeit zu geben, einer sinnvollen Arbeit nachzugehen. Natürlich können auch andere Motive hereinspielen – ein zusätzliches Einkommen zu sichern, geregelte Freizeit zu haben, den ländlichen Raum zu entwickeln. Lässt sich der zunächst auf das Verhältnis von Mensch zu Mensch beschränkte Begriff «sozial» auf das Verhältnis des Menschen zur Natur erweitern? Bieten gerade Ansätze der Sozialen Landwirtschaft Möglichkeiten, die «Teilhabe» von Menschen an der Natur als soziale Interaktion, als *Austausch* mit der Natur zu gestalten: als *Nehmen* und auch als *Geben*?

Gibt es Ansatzpunkte in der Sozialen Landwirtschaft für einen «sozialen» Umgang mit der Natur – diese nicht nur als Ort zur Beschäftigung und Therapie zu «nutzen», sondern auch zu *deren* «Gesundheit» beizutragen? Ausgehend von dieser Fragestellung wurde im Rahmen des SoFar-Projekts untersucht, welchen Beitrag die Soziale Landwirtschaft zur aktiven Erhaltung und Entwicklung der Kulturlandschaft leisten kann. Die Einbeziehung der Kulturlandschaft hat ihre direkte Rückwirkung auf die Nutztiere, wenn z.B. der Aufwuchs von Hecken als diätetisch wertvolles Futter gewonnen wird und einen Beitrag zur Gesundheit der Herde liefert. Die Pflanzung, Pflege und Beerntung von Gehölzen und die Verarbeitung der Früchte, das Sägen von Feuerholz und die

Gewinnung von Laubheu, der Bau und die Betreuung von Nisthilfen für Vögel und Insekten bis hin zur Mahd von Wiesen und der Pflege von Teichen und Bachläufen sind mögliche Aufgabenfelder, in denen sich Betreute entsprechend ihrer Fähigkeiten integrieren lassen (van Elsen & Kalisch 2007).

Heute gelten der Mangel an Arbeitskraft und Zeit neben knappen Geldmitteln als wesentliche begrenzende Faktoren für mehr Naturschutz in der Landwirtschaft. Der allgemeine Rückgang der Anzahl in der Kulturlandschaft arbeitenden Menschen steht in direktem Zusammenhang mit der rückläufigen Arten- und Biotopvielfalt; die heutige Form der Landbewirtschaftung gilt als Hauptrückgangsursache, über die in Roten Listen bedrohter Tier- und Pflanzenarten Buch geführt wird. Erste Recherchen auf Höfen mit Drogentherapie (van Elsen et al. 2006a), auf Schulbauernhöfen (Selig & van Elsen 2007) und Höfen mit Menschen mit Behinderung (van Elsen et al. 2006b) zeigen, dass Soziale Landwirtschaft prädestiniert sein könnte, durch «viele helfende Hände» Aufgaben in der Pflege von Biotopen und der Kulturlandschaft zu übernehmen. Oft mangelt es jedoch an Fachwissen und Konzepten; Freiräume für Landschaftsarbeit müssen oft erst noch errungen werden. Die Einbindung von Betreuten in die landwirtschaftliche Produktion und ihre Auslastung mit täglichen Arbeiten z.B. im Stallbereich begrenzen Einsätze außerhalb der Tagesroutine.

Beispiele von Höfen, die «das Soziale» auf den Umgang mit der Natur erweitern, existieren bereits. Landschaftsseminare auf Höfen, bei denen Fragen bearbeitet wurden wie: «Welche Landschaft brauchen die betreuten Menschen?» (Radu et al. 2007) oder «Wie können Lebensräume von Tieren und Pflanzen gezielt gefördert werden?» (Kalisch & van Elsen 2007), dienten dazu, Ansatzpunkte für praktische Schritte zur Realisierung Sozialer Landwirtschaft zu finden, die «das Soziale» auf die Natur erweitert. So betrachtet bedeutet «das Soziale» in Bezug auf Natur nichts Anderes als die *Einstellung, Haltung, Zuwendung* zur Natur, die Wertschätzung für die Naturgrundlage, die als Partner ernst genommen wird, die nicht übervorteilt werden soll, und zu der sich der Mensch in ein Verhältnis stellt, das außer einem «Nehmen» auch ein «Geben» anstrebt. Eine andere Einstellung und Haltung, die einen veränderten Umgang mit der Natur zur Folge hat, in dem Sinne, wie es bei Paulus in dem Brief an die Römer (8,19) heißt: «Sehnsüchtig wartet die Schöpfung, dass die Kinder Gottes offenbar werden.» Eine andere Übersetzung des Bibelzitats lautet: «Alle Kreatur seufzet und leidet unter Schmerzen, der Erlösung harrend, der Annahme an Kindes Statt harrend.»

Die Naturreiche – Mineral, Pflanze und Tier – sind dasjenige, dem der Mensch seine Existenzgrundlage auf der Erde verdankt, das aber gleichzeitig dem Menschen seine Existenz verdankt, wie es der Dichter Christian Morgenstern in seinem Gedicht «Die Fußwaschung» zusammenfasste – und die heute auf einen Entwicklungsweg mitgenommen werden wollen, was nur passiert, wenn sich dies der Mensch zu seiner Aufgabe macht. Ist es heute an der Zeit, das tun zu können, an der Entwicklung der Natur zu arbeiten? Landschaft, Land schaffen? Die Frage nach Entwicklungsaufgaben an der Natur, nach dem, wohin sich Natur entwickeln kann, wenn sie gepflegt und unterstützt wird, geht über den konservierenden Erhalt oder die «Renaturierung» des früher vermeintlich Intakteren hinaus. Pflegen, unterstützen, entwickeln – eine soziale Aufgabe an der Natur? Eine Einstellung zur Landnutzung, zur Naturgrundlage, die sich nicht auf deren Nutzen oder Ausnutzen beschränkt? Eine sozial ausgerichtete Landwirtschaft, die Entwicklungsaufgaben an der Natur einbezieht? Perspektive wäre eine Art Sozialer Landwirtschaft, die so erst noch entwickelt werden will, ein Landbau, der sich der Frage annimmt, «Naturschutz» zur Pflege, zur «Naturentwicklung» zu erweitern, der «Natur ernährt»? Es braucht eine Gesellschaft, die diese Zielsetzungen nicht auf den Landwirt abwälzt, sondern sie zu ihrer eigenen Aufgabe macht: Menschen, die Freiräume für Höfe schaffen durch bewusste Kaufentscheidungen, aber auch aktiv bei Arbeiten in der Kulturlandschaft helfen. Wäre dies ein Betätigungsfeld für Jogger, die ihren Walkman ablegen und ihren Aktivitätsdrang in Landschaftsarbeit umlenken? Für Manager, die statt des Überlebenstrainings-Seminars in der Wildnis einen zugewachsenen Magerrasen von Gebüsch befreien und so seltenen Orchideen und Schmetterlingen Luft und Licht zum Leben schaffen? Für Schüler, die auf der Klassenfahrt Hecken anlegen und den Betrieb bei der Laubheuernte unterstützen?

So verstandene Soziale Landwirtschaft wäre ein Übungsfeld, das «Nehmen» von der Natur um ein «Geben» zu ergänzen. Gerade bei den von Karl König impulsierten Camphill-Dorfgemeinschaften gibt es hierzu bereits zahlreiche und weiter ausbaufähige Ansätze (Jaenichen & van Elsen 2010).

Landwirtschaft und Camphill

von Karl König

Der landwirtschaftliche Impuls und die Camphill-Bewegung

Eröffnungsvortrag der landwirtschaftlichen Tagung der Camphill-Bewegung

Newton Dee, 1.-2. Februar 1961[1]

Liebe Freunde!

Wie Lieven schon gesagt hat, ist es zum ersten Mal, dass ein Treffen über Landwirtschaft in dieser Weise möglich wird, wo die Landwirte und Gärtner in dieser Zusammensetzung zusammenkommen – ich meine in der Weise, dass wir uns intern, gewissermaßen im Schoße der Camphill-Bewegung treffen. Ich habe den Eindruck, dass dies von Bedeutung ist, aber es wird zunächst sehr schwierig sein, diese Bedeutung zu verstehen. Einigen von Euch wird es bekannt sein, dass wir in Camphill seit vielen Jahren gewisse Bemühungen in Bezug auf das Land gemacht haben. Camphill ist auch tief verbunden mit allem, was von den Koberwitz-Vorträgen ausgeht, die Rudolf Steiner vor sechsunddreißigeinhalb Jahren gehalten hat.[2] Und Ihr erinnert Euch, dass manchmal hier in Camphill, in Thornbury, in Botton Treffen stattfanden des sogenannten Experimental Circle der anthroposophischen Landwirte und Gärtner in diesem Lande, wobei wir Gastgeber waren.[3] Dies geschah aus einer inneren Sehnsucht, mit diesem Strom verbunden zu sein, uns verbunden zu fühlen mit dieser Arbeit. Immer wieder wurde ich persönlich gebeten, eine Reihe von Vorträgen zu halten vor Landwirten, und diese Vorträge wurden gut aufgenommen; aber es ist eine Art platonische Liebe gewesen – es kam nicht zu einer wirklichen Ehe. Ich habe den Eindruck, dass erst seitdem Lieven den Schritt gemacht hat, seine Erfahrung und besonders sein Schicksal mit dem Schicksal der Camphill-Bewegung zu verbinden, vorbereitende Schritte möglich wurden, die nun endlich zu diesem Moment geführt haben, da wir uns zum ersten Mal in dieser Weise treffen – und zwar nicht nur als Landwirte und Gärtner, sondern alle diejenigen in Camphill, die sich irgendwie verantwortlich fühlen für diese dringliche Aufgabe an der Erde. Es ist das Wesen der Erde, liebe Freunde, mit dem wir uns befassen müssen, wenn wir überhaupt verstehen lernen wollen, was noch sehr nebulös vor uns liegt.

Wir versuchen den Vorhang zu lüften, um zu sehen was das heißen könnte – der Landwirtschafts-Impuls in der Camphill-Bewegung. Viele unserer Herzen werden irgendwie bewegt, wenn wir so etwas hören. Ich weiß, liebe Freunde, das es unter uns sehr verschiedene Impulse gibt, die von verschiedenen Richtungen her entstanden sind und die dann uns so zusammengeführt haben, mit der Frage, was gemeinsam geschehen will oder soll. Wir müssen zuerst diese Impulse anschauen, versuchen, sie zu unterscheiden, versuchen zu verstehen, was uns diese Impulse aufnehmen ließ, was uns dazu bewegte, uns mit Landwirtschaft, mit Gärtnerei, mit Arbeit an der Erde überhaupt zu beschäftigen. Ich möchte deswegen die Hoffnung aussprechen, dass Ihr keinen Vortrag von mir erwartet habt, liebe Freunde. Es ist eine Ansprache, die zum Gespräch anregen soll und zu einem Austausch im zweiten Teil dieses Morgens führen sollte.

Immer wenn wir uns den Fragen und Problemen der Erde zuwenden, ist es selbstverständlich, dass wir uns mit demjenigen verbinden, was durch Rudolf Steiner in Koberwitz bei Breslau damals zustande kam. Es war nicht das erste Mal, aber doch erstmals so ausführlich, dass er versuchte, gewisse Hinweise zu geben und neue Möglichkeiten zu erschließen in Bezug auf die Bearbeitung der Erde. Aber gleichzeitig traf er sich auch zwei Mal mit den jungen Menschen, sowohl zu Beginn wie auch am Ende der Tagung.[4] Und wenn Ihr die zwei Ansprachen von Rudolf Steiner von damals studiert, dann werdet Ihr entdecken, dass er versucht, die jungen Leute auf ihre eigenen inneren Impulse in Bezug auf die Erde aufmerksam zu machen. Es wäre falsch, dies wiederholen zu wollen, liebe Freunde, denn unsere Situation im Jahre 1961 ist sehr verschieden von der Situation im Jahre 1924. Beinahe zwei Mondknoten sind seither vergangen; der zweite Weltkrieg hat einen großen Teil innerer Seelenaktivität der ganzen Menschheit zerstört. Vor allem dürfen wir nicht übersehen, was folgte – mit der rapiden Entwicklung der Kernspaltung und der Produktion von dem, was wir heute Atomenergie nennen; das hat die Situation des Menschen auf der Erde grundlegend verändert. Wir können uns im Moment kaum die Tragweite dessen vorstellen – einfach weil wir Bürger, Mitglieder dieser radikalen Veränderung sind, Teil davon sind und daher kaum fähig, den Kopf über Wasser zu halten um zu erkennen, wo wir sind. Ihr seht: durch diese Tatsachen haben sich die Verhältnisse, vor allem in Bezug auf das Erdenwesen (ich sage nicht «Mutter Erde») radikal verändert. Sie haben sich auch noch auf andere Art grundlegend verändert; und diese zweite Veränderung ist, soweit ich das sehen kann, direkt mit dem Erdenwesen verbunden, zeigt aber ihre Symptome in der ganzen Menschheit.

Denn ich glaube nicht, dass die Menschheit je zuvor konfrontiert gewesen ist mit der Gesamtsumme von Menschenseelen, die jetzt gleichzeitig auf der Erde inkarniert ist. Ich verweise auf die plötzliche, enorme und eigentlich unbeschreibliche Zunahme der Bevölkerung auf der ganzen Erde. Das ist eine Tatsache – und wir wollen später darüber sprechen – welche wir sehr stark in Betracht ziehen müssen, wenn wir den Versuch machen wollen, etwas wie einen wirklich spirituellen landwirtschaftlichen Impuls zu entwickeln. Bitte, missversteht mich nicht – ich meine nicht lediglich, dass wir nun mehr und bessere Nahrung produzieren sollten; das ist, denke ich, nur die eine Seite und nicht der

Kern des spirituellen Impulses der Landwirtschaft. Ich meine etwas ganz anderes, worauf ich später verweisen will.

Aber zunächst steht die Frage da: Was hat diejenigen unter uns dazu gebracht, sich mit dem Erdenwesen zu beschäftigen? Ich verweise wieder auf die Ansprache, die Rudolf Steiner den jungen Leuten in Koberwitz gegeben hat. In sehr bewegender Weise führt er sie dazu, den Impuls zu verstehen – und wir sollten uns damit beschäftigen, liebe Freunde – den Impuls, der von Männern wie Rousseau[5] aus dem 18.Jahrhundert stammt, als plötzlich in gewissen Menschen der Drang «Zurück zur Natur» erwachte. Dieser Drang wurde erstickt und ging im Laufe des 19. Jahrhunderts unter als die Menschen in ganz neuer, intellektueller Art und in einer agnostisch-materialistischen Form die Natur zu entdecken suchten. Rudolf Steiner versucht zu zeigen, so verstehe ich es wenigstens, dass Rousseaus Ruf «Zurück zur Natur» schon ein erster Strahl des gewaltigen Ereignisses war, das am Ende des 19. Jahrhunderts eintrat: mit dem Jahr 1899 ging die 5.000-jährige Epoche des Kali Yuga zu Ende. In diesem Moment begann sich der Drang «Zurück zur Natur» plötzlich durch die Jugend Mitteleuropas wieder zu offenbaren – vor allem durch die deutsch sprechende Jugend Deutschlands, Österreichs und der Schweiz. Nicht viele von Euch werden das in der starken, oft überwältigenden Form erlebt haben, in der meine Generation durch diese Phase zu gehen hatte, als wir alles ablehnten, was unsere Eltern und Lehrer verkörperten, als wir uns anders zu kleiden begannen, um unsere Opposition zu zeigen. Es war der Drang zu verschmelzen, sich wieder zu verbinden mit jenen schöpferischen Kräften, die wir wieder zu erfahren begannen, wenn der Frühling die Quellen alles Seins öffnete, oder wenn im Sommer die Naturkräfte Blumen und Früchte hervorbrachten, und wenn im Herbst die Sonnenkräfte sich zurückzogen und unsern Geist wieder befreiten. Wir versuchten, dies zu verstehen. Wir waren nicht damit einverstanden, mit steifen weißen Kragen und gepflegten Anzügen herumzugehen, denn wir wussten – irgendwo im Unbewussten wussten wir es – dass gerade wie die Leute sich anzogen, so versuchten sie auch, die Natur auszubeuten und zerstörten sie dadurch. Aber *wir* wollten sie wieder zum Erlebnis bringen.

Das, liebe Freunde, war fällig zum Ende des Kali Yuga; im Unbewussten gewisser Menschen tauchte «Zurück zur Natur» wieder auf. Was sich damals als «Wandervogel-Bewegung» entwickelte, als Jugendbewegung überall in Europa, das war ein Symptom dafür, dass das neue Zeitalter begonnen hatte. Diejenigen, die die Geschichte des «Wandervogels» kennen, wissen um die Tragödie dieser inneren Revolution. Er zerbrach in unzählige Sekten. Innerhalb der darauf folgenden zwanzig bis dreißig Jahre wurde jeder einzelne von ihnen, die mit so großem Enthusiasmus begonnen hatten, nichts anderes als bürgerlich, – oder sie gingen unter in den Nöten der Zivilisation, durch Krankheit, Tod, durch totalen Mangel an Initiative und Willenskraft. Es ist eine fast 99 Prozent tragische Geschichte. Rudolf Steiner versuchte zu zeigen, wie man dadurch Abhilfe schaffen könnte, indem man die äußere Form des «Wandervogels» aufnehme und sie mit der inneren Kraft der Geisteswissenschaft erfüllen könnte. Doch es verstanden nur wenige, was er meinte.[6] Ihr seht, das ist die eine Quelle, die sicher noch im einen oder andern von uns lebt, – es lebt eindeutig noch in mir. Einige von Euch sollten herauszufinden suchen, ob es nicht gerade dieser Impuls war, der Euch dazu führte, mit der Erde arbeiten zu wollen.

Dann ist noch etwas Anderes, was ich schon erwähnt habe – das ist der Drang, die Erde zu bearbeiten, um bessere Nahrung zu produzieren. Liebe Freunde, vor zwanzig bis dreißig Jahren war das zweifellos ein wahrer und richtiger Impuls. Vielleicht erinnern sich einige von Euch, wie in einem privaten Gespräch Dr. Pfeiffer – der noch ein sehr junger Mann war[7] – die Frage stellte: «Wie kommt es, Herr Doktor, dass so wenige unter den Anthroposophen all Ihre Anweisungen aus dem Buch *Wie erlangt man Erkenntnis der höheren Welten* aufgenommen haben?» Und Rudolf Steiner sagte sehr ernst: «Das ist wegen des Mangels an geeigneter Nahrung.» Die heutige Nahrung macht es nicht möglich für den Menschen, einem inneren Pfad richtig zu folgen. Das ist keine Ausrede, nicht ordentlich innerlich zu arbeiten, liebe Freunde, aber das ist Rudolf Steiners allgemeiner Rat auf eine allgemeine Frage. Aber ich weiß, dass dies für Dr. Pfeiffer einer der Impulse war, der ihn dazu brachte, sich dem Land zuzuwenden, an der Erde zu arbeiten. Zweifellos gibt es sektiererische Bewegungen, die mit einzelnen Aspekten des Essens zu tun haben: zum Beispiel jeden Bissen zweiundzwanzigmal zu kauen, oder dies nicht zu essen oder nur das zu essen, dreimal jede Woche Vegetarier zu sein, – oder siebenmal täglich, oder was es sonst noch gibt. Es gibt Hunderte solcher Dinge, welche am Beginn des Jahrhunderts noch gegolten haben, – die aber heute, liebe Freunde, mehr oder weniger überholt sind. Denn wir sind heute schon ganz eingebettet in eine völlig künstliche Welt – und wenn Ihr keine Dosennahrung esst, so atmet Ihr doch Radioaktivität ein, Ihr nehmt Gift auf, das im Boden ist, das Eure Schuhe und Kleider ständig durchdringt. Ich glaube nicht, dass es das Hauptziel des landwirtschaftlichen Impulses in der Camphill-Bewegung mehr sein kann, bessere Nahrung zu produzieren um selber bessere Menschen zu werden. Ich sage dies persönlich und aus dem Moment heraus. Nehmt es bitte nicht zu absolut![8]

Lasst uns einen Schritt weiter gehen. Einige von Euch, die die Erde bearbeiten, die das Land bestellen, die pflügen, sich um das Vieh kümmern: Ihr mögt irgend einmal im Leben etwas wie das Folgende erlebt haben – vielleicht war es nicht einmal ganz bewusst – es vollzog sich vielleicht tief in den unbewussten Bereichen Eurer Seele. Ihr erlebtet Euch als einsames Wesen in einer total unbekannten und unzugänglichen Welt, so dass Ihr Euch sagen musstet: Wie kann ich überhaupt in Kontakt kommen mit der mich umgebenden Welt? Wie kann ich überhaupt verstehen, was ein Baum ist, was Gras bedeutet, was die Wolken sind? Und wie kann ich überhaupt verstehen, wer ich selber bin? Liebe Freunde, solche Situationen führen manche modernen Menschen dazu, alles über den Haufen zu werfen, was sie gelernt und studiert haben, ihre Arbeit aufzugeben und zur Natur zurück zu kehren. Das ist nicht nur einigen von Euch so gegangen; das geschah

Tausenden von Leuten, vor allem in der Englisch sprechenden Welt. Wenn Ihr die Zivilisation von Großbritannien zwischen den zwei Weltkriegen, während des zweiten Weltkriegs und danach studiert, so werdet Ihr finden, dass Hunderte von einzelnen Menschen und auch sehr viele Gruppen die Städte verließen, ihre Büros verließen und zurück aufs Land gingen, sich auf einer Farm niederließen. Das kommt nicht von dem ersten «Zurück zur Natur»-Impuls her, den ich beschrieben habe, aber es ist zutiefst ein mitteleuropäischer Impuls, ein Impuls, der aus dem Zentrum der menschlichen Existenz stammt, aus dem Ich-Wesen. Dieser Impuls in der englisch sprechenden Welt ist ein Impuls, der aus der Bewusstseinsseele stammt. Die Bewusstseinsseele, die den Schleier zwischen sich selbst und der Welt erlebt, erlebt gleichzeitig, dass die Natur so keinen Zugang zu der menschlichen Seele findet. Die Seele beginnt zu erkennen, dass der steife Kragen, die Melone, der Schirm, die unter den Arm geklemmte Zeitung und die tägliche Runde zum und vom Büro nichts mit dem eigentlichen Wesen des Menschen zu tun haben. Das ist ein anderer Impuls, den Rudolf Steiner einmal, in einem Vortrag zu Beginn des Jahres 1924 folgendermaßen formulierte – und ich möchte Euch bitten, liebe Freunde, es als eine Art Meditation aufzunehmen. Er sagte, die Menschenseele befinde sich heute in der folgenden Lage, dass sie zu sich selber sagen müsse:

Es gibt eine Natur, aber der Mensch
kann an diese Natur nur heran,
indem er sich von ihr vernichten lässt.

Und andererseits:

Es gibt eine Menschenseele, aber die Natur
kann an diese Menschenseele nur heran
indem sie zum Scheingebilde wird.[9]

Das ist eine richtige Beschreibung, wie der Mensch heute – erfüllt von der Bewusstseinsseele – in der Welt steht. Wir müssen zerstört werden, um mit der Natur zu verschmelzen. Und die Natur kann der Menschenseele nur nahe kommen, indem sie zum Scheingebilde wird.

Nachdem wir auf diese unterschiedlichen Impulse hingewiesen haben – und es gibt sicher noch einige andere – kommen wir zurück zu dem, was ich zu Beginn dieser Ansprache erwähnte – zu dem Kontrast zwischen der Lage des Menschen auf der Erde heutzutage und im Jahr 1924. Schon damals wies Rudolf Steiner in seiner Ansprache an die jungen Leute auf etwas hin, was von größter Bedeutung ist:

> Und als die Wende des 19. zum 20. Jahrhundert kam, da war die zivilisierte Welt nicht von Menschen, da war sie von Bildern bevölkert. Und es war die Zeit gekommen, wo dasjenige, was Wahrheit sein sollte, in der merkwürdigsten Art in sein Gegenteil verkehrt wurde.

Und er fügte hinzu, dass dies zu der Idee führte, dass es Fortschritt für die Zivilisation bedeute, wenn immer mehr und mehr Menschen geboren würden. So dass schon damals der Drang zur Übervölkerung begann und man der Meinung war: Je mehr Kinder geboren werden, umso weiter ist die Welt fortgeschritten. Nun hören wir Rudolf Steiners Worte:

> Durch den Einfluss einer solchen Weltanschauung kamen immer mehr und mehr Seelen herunter auf die Erde aus der geistigen Welt, die eigentlich verfrüht herunterkamen, – geistige Frühgeburten waren und die im Grunde genommen gar nicht die Erde fanden. Die Menschen im letzten Drittel des 19. Jahrhunderts haben ja die Erde gar nicht gefunden. Sie waren auf der Erde, ohne den Inhalt ihres Wesens gefunden zu haben, und sie gingen herum wie Anhängsel an ihren Verstand.[10]

Dieses Bild hat sich geändert, liebe Freunde, aber nicht zum Besseren – es hat sich verschlimmert. Überall versucht man die Geburtenrate zu erhöhen und alles zu tun, um diese Übervölkerung herbeizuführen; und das ist nicht schwierig. Wir stellen uns das Erdenwesen vor und die Menschheit als Kind dieses Erdenwesens; und dieses Erdenwesen atmet seine Bevölkerung ein und aus. Denn es ist ein Ein- und Ausatmungsprozess, der sich durch die ganze prähistorische und historische Zeit vollzieht, dass Seelen herunterkommen und wieder hinaufgehen. Während der letzten hundert Jahre ist der Boden dieses Wesens missbraucht worden. Ihr wisst wohl aus der Geisteswissenschaft, dass die Erde und die menschliche Lunge vergleichbare Organisationen sind. Die Erde nun, die so misshandelt wurde und wird, ist in einem Zustand, den ich nur in einem Vergleich beschreiben kann, mit dem, was Menschen erleiden, wenn sie Asthmatiker sind: Sie müssen einatmen, einatmen, einatmen und sind unfähig, auszuatmen. Und immer mehr und mehr Wesen werden dadurch heruntergezogen.

Die Menschheit ist außerdem so besessen von der Vorstellung – die merkwürdige Auswüchse hat –, dass alles getan werden muss, damit keiner mehr sterben darf, so dass dieser asthmatische Zustand immer mehr verstärkt wird. Und dann beginnen sie zu fragen: Was sollen wir tun, wenn immer mehr Menschen geboren werden? Und sie selber verursachen dies, indem sie das Erdenwesen quälen, um es mehr und mehr «einatmen» zu lassen, und damit zwingen sie Menschenwesen herunter. Und damit werden nicht nur Menschenwesen heruntergezwungen, liebe Freunde; die Erde ist nicht nur Produzent von Atomenergie geworden, die Erde ist auch Produzent von Scheinbildern von Menschenleibern, die wie Menschen erscheinen, aber es nicht mehr sind. Dies auszusprechen ist sehr schwierig, denn es ist sehr gefährlich; und wir sollten uns nie erlauben, die Frage aufkommen zu lassen, ob jemand, dem wir begegnen, ein wirkliches Menschenwesen sei, oder nur ein Scheinbild. Wir müssen ihn unter allen Umständen als wirkliches Menschenwesen betrachten und es dem Schicksal und den göttlichen Mächten überlassen, die richtige Entscheidung zu treffen. Rudolf Steiner hat nur in einem geschützten Zusammenhang darüber gesprochen.[11]

Wir müssen aber vor allem verstehen, dass die Übervölkerung von der Misshandlung des Erdenwesens herrührt. Und da liegt eine unserer Aufgaben: kleine Inseln zu schaffen, wo Gleichgewicht, Harmonie zwischen Natur, Tier und Mensch wieder zu entstehen beginnen. Wir können das sicherlich nur tun, wenn wir ernstlich die Todes- und Auferstehungskräfte in unsere Hände nehmen: das heißt, Materiengräber errichten – Komposthaufen, die in richtiger Art sterben, um all das wieder zu beleben und zu verjüngen, was in dieser kleinen Insel der Harmonie werden soll. Der landwirtschaftliche Impuls in der Camphill-Bewegung sollte versuchen – und ich sagte dies schon gestern Abend[12] – sich vor allem mit dem Dorfgemeinschafts-Impuls verbunden zu fühlen. Ich hoffe sehr, dass immer mehr Land erworben werden kann – nicht um überall ein Dorf zu gründen, sondern um auf jedem Stück Land, das ab jetzt in unsere Obhut kommt, einen harmonischen und ausgeglichenen Ort der Gesundheit zu gründen. Das würden Inseln der Erholung sein, wo die nötige Zahl von Menschen für die vorhandene Anzahl Felder und Wälder und die nötige Anzahl Tiere zusammenleben, arbeiten und atmen. Ich persönlich würde das als eine der Hauptaufgaben der Landwirtschaft in der Camphill-Bewegung sehen. Es wird gut sein, wenn aus solchen Unternehmen gutes Getreide wächst, gutes Gemüse produziert wird, aber das sind zweitrangige Dinge. Die Hauptsache ist das, wovon ich eben gesprochen habe. Wenn der neu gegründete «Settlement Trust»[13] die nötigen Mittel aufbringen kann, um genug Besitz zu erwerben, dann können auf jedem dieser Besitztümer heilende Orte, Inseln der Gesundheit – physischer und geistiger – gegründet werden. Der landwirtschaftliche Impuls sollte sich nicht an die Heilpädagogik gebunden fühlen, sollte sich nicht nur an die Sozialtherapie gebunden fühlen. Er sollte sich der Heilung dieses vergifteten, erwürgten, asthmatischen Erdenwesens verpflichtet fühlen, das zur Zeit an dem leidet, was ich zu beschreiben versuchte als das Symptom einer schwierigen Entwicklung unserer Zeit – die Übervölkerung.

Dies als eine Art Einführung; das, was ich beitragen kann. Ich hoffe, Ihr denkt nicht, dass dies zu weit hergeholt ist und nichts mit uns zu tun hat.

Anschließende Gesprächsrunde

Lieven Blockhuys: Dr. König hat darauf hingewiesen, dass das soziale Problem heute das größte Problem für uns in der Landwirtschaft und Gärtnerei ist. Wir sollten nun versuchen, den richtigen Weg der Zusammenarbeit im täglichen Leben zu finden. Vielleicht können unsere Freunde aus dem Dorf dies vom praktischen Gesichtspunkt aus für das Gespräch einleiten.

N.N.: Ich denke, wir alle sind Dr. König sehr dankbar, dass er uns in dieser einzigartigen Weise das Problem der Erde dargestellt hat. Natürlich haben wir alle möglichen Bücher gelesen, wo die Erkenntnis an unser Gewissen anklopft, dass die Erde systematisch zerstört und fast unbrauchbar für das Leben wird. Das sind Probleme, die uns in den kommenden Jahrzehnten mehr und mehr entgegentreten werden. Uns wurde erlaubt, das in der großen, kosmischen Perspektive zu sehen, die Dr. König vor uns ausgebreitet hat.

Worauf Lieven hinwies, das gehört ganz unmittelbar zu diesem Heilungsprozess: Das Soziale ist die erste Frage bei einer Gründung von Orten, wo ein heilendes Gleichgewicht geschaffen werden soll. Dieses Gleichgewicht kann nur erreicht werden, wenn die richtigen menschlichen Beziehungen und die richtigen sozialen Verhältnisse unter den dort Lebenden vorhanden sind. In Botton Village haben wir den großen Vorteil, sozial autarke Einheiten zu sein: dann sind wir aber durch unsere wirtschaftlichen Tätigkeiten, wie auch durch die Pflege des Landes, durch die Landwirtschaft und Gärtnerei eingebunden in die weitere Gesellschaft. Was wir tun, wirkt sich aus für Yorkshire, Großbritannien und letztlich für die Welt. Auch in unserem Bezug zu dem Arbeitsministerium und dem Ministerium für Landwirtschaft versuchen wir die richtigen sozialen Beziehungen zu schaffen.

Dr. König hat seine Überzeugung ausgesprochen, dass diese Aufgabe der Heilung der Erde nicht auf die Camphill-Schulen und Dorfgemeinschaften beschränkt sein sollte – und in Zukunft wird es ohne Zweifel andere Initiativen geben, die ihren eigenen Umgang mit den sozialen Problemen entwickeln müssen. Es gibt ungeheuer viel zu tun an der Erde, aber wir haben auch eine Aufgabe im sozialen Bereich – im Zusammenleben. Die Rhythmen des menschlichen Lebens sind anders als die Rhythmen der Erde. Es ist sehr wichtig, dass ein gewisses Maß an Beständigkeit bei der Landarbeit bewahrt wird. Die Kräfte, die uns durch die Sakramente der Christengemeinschaft zukommen, sind dabei eine große Hilfe.

Peter Roth: Dr. König beschreibt die Bewusstseinsseele in Beziehung zum Drang «Zurück zur Natur». Die Natur stellt eine Gefahr für das Menschenwesen dar, weil sie es nicht in der richtigen Weise erreichen kann. Dies ist eine der großen Fragen in Bezug auf die Schaffung eines sozialen Lebens, das zur biologisch-dynamischen Anbauweise passt. Es ist heute schwierig, ein gewöhnlicher, anständiger Mensch zu sein, wenn man an der Erde arbeitet. Es scheint leichter, ein geistig strebender Mensch zu sein, wenn man nicht Bauer oder Gärtner ist. Es ist, wie wenn uns etwas von diesem Frieden und dieser Ausgeglichenheit abhalten würde.

Dr. König: Da ist etwas grundsätzlich Wahres in dem, was Peter gesagt hat: Wie kann der heutige Mensch – der zweifellos konstitutionell äußerst schwach ist – wie kann der heutige Mensch der Überfülle der Natur begegnen und doch eine geistig strebende Individualität bleiben? Ich glaube nicht, dass es darauf eine fertige Antwort gibt: «Tu dies und das, und dann wird es möglich sein.» Ich habe den Eindruck, das sei eine individuelle Aufgabe für jeden Einzelnen; das sei *die* Aufgabe seiner individuellen Existenz. Der eine wird sie erfüllen mit Hilfe der Sakramente, der andere durch Studium, ein dritter mit Hilfe von Meditation, ein vierter mit Hilfe von Gebet. Aber keiner sollte vergessen, es zu tun, keiner sollte den Ring verlieren, den er annahm, als er sich mit der Geisteswissenschaft vermählte, und nicht einmal merken, dass er ihn verloren hat. Ich persönlich würde es im Moment gefährlich finden, wenn unsere Höfe zu sehr verwissenschaftlicht werden würden, selbst wenn es in bester Weise, mit Laboratorien und solchen Dingen, geschähe. Ich glaube überhaupt nicht, dass das unsere Aufgabe ist – nicht im Geringsten. Unsere Aufgabe liegt zurzeit nicht in der landwirtschaftlichen Forschung; das mag in einigen Jahren kommen, wenn wir gut etabliert sind. Was wir zunächst erforschen müssen, liebe Freunde, ist genau dasselbe, was wir in den ersten sieben Jahren unserer Arbeit in Camphill überhaupt erforscht haben: Welche Art von sozialen Verhältnissen müssen wir schaffen, um es möglich zu machen, dass die Erde und der Hof und die Tiere gesund werden? Es gibt nichts, was ich so wichtig finde, wie dies. Das ist das Allererste. Es sollte auch nicht einer auf dem ganzen Gut allein arbeiten müssen, ohne die Möglichkeit, anderen bei der Arbeit zu begegnen. Die Aufgabe besteht darin, menschengemäße Lebensformen zu schaffen, wodurch die Erde, die Pflanzen, die Tiere in Harmonie kommen. Auf einem Hof, wo so etwas menschlich eingerichtet wird, wird sich die Erde verändern, die Gesundheit der Tiere verbessern, und die Pflanzen werden anders wachsen. Das sind die Bedingungen, unter welchen sich harmonische Lebensformen etablieren können.

Dr. Weihs: Ich möchte auch Peters Frage aufgreifen, die ich für zentral halte. Wenn man in herkömmlicher Art an Landwirtschaft denkt, kann man sich nicht vorstellen, warum ein landwirtschaftlich arbeitender Mensch Schwierigkeiten haben sollte, seine spirituelle Integrität, sein spirituelles Streben aufrecht zu erhalten. Bis zum Beginn dieses Jahrhunderts gab es dieses Problem nicht, denn nur unter denen, die auf dem Land arbeiteten, gab es noch Menschen, welche direkten Zugang zu spirituellem Streben hatten. Heute gibt es nur noch die atavistische Gestalt des Hirten, der mehr oder weniger noch ein bestimmtes inneres Leben hat. Ich bin überzeugt, dass dieser Wandel während der letzten fünfzig Jahre von einem mächtigen Einfluss die Folge ist, der die Landwirtschaft erfasst hat und der eigentlich gar nichts mit Landwirtschaft zu tun hat. Es ist das Prinzip der Ökonomie; das Prinzip der Wirtschaftlichkeit, das darauf begründet ist, für die kleinste Mühe den größten Lohn zu erhalten. Das ist wesentlich, praktisch und notwendig in aller industriellen Produktion – sonst würden unsere Autos 5000 Pfund pro Stück kosten – aber es ist ein Prinzip, das nichts zu tun hat mit dem Grundphänomen der Landwirtschaft, mit dem Phänomen der Wachstumskraft. Landwirtschaft vollzieht sich nicht auf der gleichen Grundlage wie Industrie: Alles was wir in der Ökonomie der Natur beobachten, widerspricht dem ökonomischen Prinzip. Es gibt keine einzige Pflanze, welche die optimale Menge an Samen zu ihrer Fortpflanzung produziert, nicht ein einziges Tier, das die optimale Menge an Samen zu seiner Fortpflanzung produziert; es gibt immer eine verschwenderische Überfülle. In der Landwirtschaft herrscht ein von dem der Verwandlung der Substanzen total verschiedenes Prinzip. Es ist ein wesentliches Prinzip der Industrie, dass Substanz, indem sie verringert wird, an Wert gewinnt: Es braucht zu Beginn viel mehr Materie, um zum Beispiel einen Tisch zu machen. Es muss weniger und weniger Materie werden und mehr und mehr Form; das ist das einzige Prinzip, worauf Produktion in dem Bereich der toten, mineralischen Materie aufbauen kann. Wir haben die Aufgabe umso besser gelöst, je weniger Substanz wir verschwendet haben. Ganz anders stellt sich das Problem in der Landwirtschaft, denn nicht durch Verlust von Materie und Substanz wird größerer Wert geschaffen. Es ist eine neue und einzigartige Situation – die der Schöpfung. Es geschieht jedes Mal ein Schöpfungsakt und es erscheint jedes Mal neu materielle Substanz, die aus spirituellen, nicht materiellen Bereichen kommt. Das ist dem wirtschaftlichen Prinzip total entgegengesetzt; und die Anwendung der normalen Gedankenrichtung der Ökonomie ist allem, was mit dem Wesen der Landwirtschaft zu tun hat, ganz fremd; gerade so fremd, wie dem Werden eines neuen Menschenwesens. Niemand hat bisher wirklich daran gedacht, dass man auf die menschliche Fortpflanzung ökonomische Vernunft anwenden sollte; und dieser Gedanke ist ebenso widersinnig im Bereich der Landwirtschaft. Ich glaube, wir brauchen den Mut, uns von der These zu befreien, die Landwirtschaft müsse ökonomisch sein. Landwirtschaft muss Werte schaffen, aber auf vollkommen anderen Grundlagen. Ich glaube, dass Menschen, die ehrlich und ernsthaft versuchen, sich für eine landwirtschaftliche Unternehmung verantwortlich zu machen, einer Tendenz, einem Gedankentrend zum Opfer fallen, dem sie aus intellektueller Ehrlichkeit meinen folgen zu müssen, obwohl er grundsätzlich unangemessen und der Sache fremd ist. Wir müssen das ganz neu anschauen. Ich glaube, sobald wir diese gewaltige und kühne Bemühung machen würden – und versuchen, für die Landwirtschaft die angemessenen Formen und Methoden der Organisation zu finden – dann würden wir entdecken, dass sie von spirituellem Streben sehr dienlicher Art wären.

Rudolf Steiner beschreibt den landwirtschaftlichen Betrieb als dreigliedriges Wesen, wie das auch beim Menschen ist. Für mich hat dies eine ganz andere Bedeutung, als oft darunter verstanden wird. Landwirtschaft ist immer ein *Schöpfungsakt*, sie ist eine kultische Feier in welcher, auf Grundlage des fortgesetzten Wunders – und gerade *nicht* auf der Basis dessen, was wir wissenschaftlich als normale Ursache und Folge kennen – Schöpfung, Vervielfältigung von Substanz stattfindet. Bis etwa zum Ende des letzten Jahrhunderts lebte noch etwas aus alter Tradition, wo diese grundlegende Voraussetzung in rein träumerischer Weise befolgt wurde; danach geriet diese Art in Verruf, weil dann ein ganz neuer Ansatz aufkam, der uns dauernd beeinflusst und unsere Gedanken ablenkt; wir versuchen, dieses Neue mit dem, was Rudolf Steiner gesagt hat, zu verbinden, aber wir müssten uns davon lösen. Das heutige Denken – seit der landwirtschaftlichen Revolution – kann mit Landwirtschaft nichts anfangen. Ich glaube, dass wir dieses Neue ebenso wenig akzeptieren können, wie wir aus unserer Verantwortung für die Kinder mit ihren Behinderungen, die Medizin, so wie sie ist akzeptieren können; und selbst wenn diese Medizin verbunden wird mit Angaben von Rudolf Steiner. Und ebenso wenig können wir die Erziehung akzeptieren, so wie sie ist – selbst wenn sie mit Waldorfschul-Methoden betrieben wird. Nur aus der unmittelbaren Erkenntnis der heutigen Verzerrung des Menschenbildes heraus können wir einen neuen Zugang aus diesen zwei Richtungen schaffen. Deswegen sollten wir sagen: Landwirtschaft, oder Agrikultur-Wissenschaft existiert noch gar nicht. Es ist eine noch vor uns stehende Aufgabe, es ist ein Dienst, der geleistet und erfüllt werden muss, wofür wir aber erst die Gesetze, die Grundlagen finden müssen. Wir werden sie finden müssen indem wir nach vorne schauen. Und wir werden entdecken, dass die Prinzipien, die unsere Überlegungen leiten, sich sehr von jenen unterscheiden, welche normalerweise als wissenschaftlich oder der Kunst der Landwirtschaft zugehörig betrachtet werden.

N.N.: Ich habe kürzlich *Industrie und Landwirtschaft* gelesen; das ist eine Sammlung von Artikeln und Vorträgen von Rudolf Steiner. Ich war betroffen von der Bedeutung, die Rudolf Steiner dem Boden beimisst; der Erde, die allen gehört; jeder Mensch sollte das Recht haben, ein Stück Land zu benutzen. Er spricht mehr im Sinne der sozialen Dreigliederung: dass der Boden nicht verkauft werden kann, sondern ein Produktionsmittel ist, und als solches weder einem Staat, noch einem großen Landbesitzer gehört, sondern idealerweise jedem. Der Unterschied zwischen Industrie und Landwirtschaft wird klar aufgezeigt. Der Boden («Grund und Boden») wird «begabt» oder «unbegabt» genannt, weil es darauf ankommt, was der Mensch dort als Naturgrundlage vorfindet, während dasjenige, was die Industrie hervorbringt, von der menschlichen Intelligenz oder dem Intellekt herstammt. Diesen Unterschied klar zu erkennen ist sehr hilfreich. Wie auch Thomas erwähnte, ist industrielles Denken so weit in die Landwirtschaft eingedrungen, dass sogar die Gärtner nicht mehr «Gärtner» genannt werden, sondern «kommerzielle Anbauer» (Englisch = *Commercial Growers*).

Peter Roth: Wenn man so ungefähr weiß, wie eine Kuh aussieht, und dann eine «Friesenkuh» sieht, da kann man das Gefühl haben, da habe die Natur unter dem Druck dieses «industriellen Denkens» selbst einen Fehler gemacht; denn die «Friesenkuh» sieht ein wenig aus wie eine Milchproduktionsmaschine.

N.N.: Ich habe das Gefühl, wir sollten auf ganz objektive Weise, über den Tod sprechen, denn in der Landwirtschaft ist das notwendig. Eine solche Kuh hat zu viel Substanz; sie setzt den Prozess des «Geborenwerdens» weiter. Alles, was über Wirtschaftlichkeit schon gesagt wurde, hat gezeigt, wie dort die Tendenz immer dahin geht, Grundlagen zu schaffen für mehr Leben, mehr Geburt. Das ist Quantität; aber der Boden, auch wenn er gedüngt wird und mehr Leben, mehr Nahrung hervorbringt, verliert Qualität. Dr. Steiner sagte, dass die Qualität des Bodens, auf dem wir gehen, durch unsere Leichname hervorgebracht wird. Ich erwähne dies nur als Beispiel; ich habe das Gefühl, wir sollten in diese Richtung weiterarbeiten.

N.N.: Die Friesenkuh ist ursprünglich eine wunderbare Viehrasse. Tiere wissen eigentlich selbst, was für sie das richtige Futter ist, welches Gras biodynamisch ist. In ihrem ganzen Verhalten zeigen sie viel mehr Intelligenz, mehr Aktivität, wenn sie auf einem unserer Höfe aufgezogen wurden.

N.N.: Als die Gärtner hier am *Landwirtschaftlichen Kurs* arbeiteten, tauschten wir Gedanken über das Kuhhorn aus. Wir fragten uns auch, wie die verschiedenen Stoffe in richtiger Weise zerfallen und zur Erde werden können. Vielleicht geht das in gleicher Richtung, wie das, was Dr. König heute Morgen sagte über den «Gräber spendenden» Komposthaufen.

Dr. König: Ich denke, wir sind nun bei etwas Grundsätzlichem angekommen, wenn wir anfangen können, den Gedanken zu denken, dass die Zunahme an Verwesungskräften heute das Notwendigste ist, wenn wir eine «Insel» heilen wollen – zum Beispiel einen Garten oder einen Hof. Robin weist darauf hin, dass ein Tier, das auf einem unserer Höfe aufgezogen wurde, intelligenter scheint als andere Tiere. Das heißt, dass ein solches Tier eine größere Kraft der Verwesung hat, denn sonst könnte es keine Intelligenz entwickeln. Dasselbe gilt für Peters Aussage: Er ist ein wenig angeekelt von dem Zuviel an Ätherblase (um seine Worte zu benutzen), was die Friesenkuh umgibt und durchdringt. Wenn wir das verstehen können und es verbinden mit der neuen Ökonomie, auf die Thomas hinwies, welche nach meiner Ansicht nur auf der Basis einer neuen sozialen Ordnung möglich wird – dann beginnen wir schon zu begreifen, welche Gedanken wir weiter verfolgen müssen.

N.N.: Für mich war es erstaunlich zu sehen, wie die Erde selbst durch den Gebrauch von biodynamischen Präparaten belebt wurde, wie sie mit Würmern durchwühlt wurde, tiefer als Menschen es tun können. Es war eine Freude zu sehen, wie alles zu wachsen begann. Anfangs wollte ich es nicht glauben, ich tat einfach, was mir gesagt wurde; aber ich konnte selbst die Erfahrung machen, welche Auswirkung es hatte.

N.N.: Wenn man etwas für sich selber sät, tut man etwas gegen die Erde. Die Erde selbst wirkt altruistisch; sie trägt uns alle.

Dr. König: Nehmt mir dies nicht übel, aber ich könnte mir gut vorstellen, dass einige Tausend ältere Anthroposophen ihren eigenen Garten pflegen, eine Rente haben und täglich fünf-, sechs-, siebenmal meditieren würden. Schön und gut, sollen sie es tun. Nur hat das sehr wenig mit dem zu tun, was wir eigentlich anstreben sollten; daher sollten wir also beginnen, diese neue Ökonomie zu verstehen, auf die Thomas hingewiesen hat.

Dr. Weihs: Es ist eigentlich etwas, was jeder weiß. Als Bauer oder Gärtner fühlt man sich als Herr über ein bestimmtes Stück Erde. Das macht uns so schwierig im sozialen Umgang; das liegt in der Natur der Landwirtschaft und der Gärtnerei: da ist man viel mehr Herr über Leben und Tod, als das beim Arzt der Fall ist. Aber man ist Herr und Meister über das, was wirklich zur Landwirtschaft gehört; und das reicht vom Winter (es beginnt ja alles mit dem Tod) durch alle Ackertätigkeiten, durch Säen, Pflege der Gewächse, aber es stoppt vor der Ernte. Die Ernte ist nicht Teil der Landwirtschaft. Die Landwirtschaft wurde niemals zur Nahrungsproduktion erfunden, das ist absolut falsch. Bücher mögen uns erzählen, dass die Landwirtschaft erfunden wurde, nachdem der Strom der Menschheit sich von Indien nach Persien bewegte, weil Indien ein unfruchtbares Land sei und Persien grün und fruchtbar. Aber da es in Wirklichkeit gerade umgekehrt ist, muss man verstehen lernen, dass in Wahrheit diese Völker vom fruchtbaren Indien in die Wüste Persiens zogen, weil sie wussten, dass sie Landwirtschaft stiften müssten, und das taten sie. Und als Ergebnis davon – es ließ sich auch in Persien nicht verhindern, dass Getreide und Rosen wuchsen, denn der Bauer braucht auch eine Ernte – aber es ist nicht das Getreide, und nicht Kartoffeln und nicht Milch: es ist wiederum Tod; das Zurückgeführt-Werden, die Vorbereitung für die neue Inkarnation, welche gerade aus diesem Tod geschehen kann. Das ist das Ziel der Landwirtschaft – und es ist ein unvermeidliches Geschenk, wie Regen oder Sonnenschein. Durch diesen Zyklus von Winter zu Winter (ich lasse den Herbst aus), wird die Menschheit ernährt. Ich werde über dieses Mysterium morgen Vormittag sprechen.

Landwirtschaft geht von der Stiftung des Todes – dem Öffnen des Komposthaufens – durch die Anbauarbeiten bis kurz vor die Ernte; und wir müssen sie unterscheiden lernen vom Handel, wo die Waren von einem Ort zum andern getragen werden. Die Sparte der Ernte wurde relativ früh von Handel und Industrie übernommen – berechtigterweise. Aber während die Landwirtschaft von diesem Drachen Ökonomie und

Industrie aufgefressen wurde, hielten die Bauern fest an dem, was wirklich Landbau ist. Ich glaube, jeder Bauer und Gärtner hat genau diese Beziehung: Er verschickt die Salatköpfe in kleinen Kisten, aber was ihm wirklich wichtig ist, ist gerade das, was nicht verschickt wird – dieses kleine Stück Salatwurzel, das noch im Boden steckt. Gerade dafür betreiben wir in Wahrheit Landwirtschaft. Weil es manchmal regnet und manchmal die Sonne scheint, können so viele tausend Salatköpfe und so viele Tonnen Getreide geliefert werden und Nahrung werden; aber nicht dafür wurde all dies getan. So lange wir uns nicht von dieser falschen Vorstellung frei machen, werden wir unseren Weg zu den wahren Gesetzen und Prinzipien der Landwirtschaft nicht finden können. Und die Landwirtschaft wird immer mehr von diesem Biest Ökonomie verschlungen, bis nichts mehr von ihr übrig ist.

Lieven Blockhuys: Im ersten Vortrag des *Landwirtschaftlichen Kurses* spricht Rudolf Steiner über den Karfreitag.

N.N.: Mir scheint, es ist das Lohnsystem, das die Landwirtschaft zerstört: Leute arbeiten auf dem Land, aber sie leben nicht auf dem Land. Immer mehr Maschinen müssen eingesetzt werden, weil man sich die Löhne nicht leisten kann. Zuletzt wird das Land kaum mehr durch menschliche Tätigkeit berührt, nur noch durch Maschinen. Die sind *eine verrückte Sucht* geworden. In Camphill sollten wir ja genug Leute haben, um diesen Überfluss an Maschinen unnötig zu machen; man könnte oft ebenso gut ohne sie auskommen. So was wie eine Melkmaschine ist wirklich äußerst unnötig. Der Preis der Milch ist lächerlich; wenn man eine normale kleine Farm hätte und von Hand melkt, könnte man erstaunlich viel Profit machen. Biodynamische Landwirtschaft mit den richtigen sozialen Verhältnissen sollte sich gut rechnen, solange es Familienbetriebe sind, die keine Löhne bezahlen.

N.N.: Dr. König hat über die unausgeglichene Ein- und Ausatmung der Erde gesprochen, und wie der Tod gehindert wird, sich richtig zu vollziehen. Das hat mich an einen Vortrag von Thomas erinnert, den er vor einigen Jahren gehalten hat. Er erzählte von den Millionen Jugendstraftätern. Diese jugendlichen Delinquenten haben, in ihrem allzu kurzen Durchgang zwischen Tod und neuer Geburt, nicht gefunden, was sie gebraucht hätten um sich voll zu inkarnieren. In der Arbeit am Land liegen Heilkräfte – die Erde und die kranken Menschen ziehen einander an, um einander zu helfen. Die Erde kann das anbieten, was die Delinquenten vermissen; und kaum eine andere Arbeit oder Handwerk kann gerade dies.

Dr. König: Ich habe den Eindruck, dass in Vielem, was wir heute antreffen, wir einfach das vergrößerte Bild dessen sehen, was Rudolf Steiner beschreibt, wenn er über den Wendepunkt im letzten Jahrhundert spricht und auf die Menschen hinweist, die einfach nur Anhängsel von einer bestimmten Art des Verstandes sind. Wenn wir jedem von ihnen ein Stück Erde geben könnten, wo sie ihre nackten Füße daraufstellen könnten, da bin ich mir sicher, dass sie geheilt werden könnten. Es ist einfach ein Mangel an Erde, an Schwere, an Materie, an Tod, was sie zu bloßen Schemen der menschlichen Existenz macht.

Es tut mir leid, liebe Freunde, dass ich wegen meiner Abreise nach Südafrika in wenigen Tagen nicht länger an dieser Konferenz teilnehmen kann. Ich hoffe, Ihr wisst, wie sehr ich mir all Eure Fragen und Überlegungen zu Herzen nehme, und ich wünsche Euch wahre Erleuchtung während dieser zwei Tage.

Ansprache zur Begründung der Gruppe von Landwirten und Gärtnern am Bodensee

Brachenreuthe, 4. September 1964

Liebe Freunde!

Wir haben uns heute Abend zusammengefunden, um unseres Freundes Erhard Bartsch zu gedenken.[1] Morgen wird es vier Jahre sein, dass er die Schwelle des Todes durchschritten hat, erfüllt mit neuen Vornahmen und neuen Impulsen. Es war ihm nicht mehr möglich gewesen, diese Entschlüsse auch zur Durchführung zu bringen; er hat aber Samen in die Herzen vieler Menschen gelegt, und manche dieser Samen haben zu keimen begonnen.

Wir, die heute hier zusammen sind, wissen, dass es eine gütige Schicksalsführung ermöglicht hat, dass Erhard Bartschs Ideen sich mit den Impulsen der Camphill-Bewegung begegneten und dass gerade dadurch dieses Keimen beginnen konnte. Die beiden so wesensverwandten Intentionen trafen einander und konnten erkennen, dass sie einen gemeinsamen Weg haben.

Um was handelt es sich dabei? Wenn wir die dabei wirkenden Ursprungs-Impulse aufsuchen, dann treffen wir zunächst einmal auf den *Landwirtschaftlichen Kursus*, der zu Pfingsten vor vierzig Jahren von unserem Lehrer Rudolf Steiner gehalten wurde. In diesen Vorträgen und dem ganzen Ereignis, das sich damals in Koberwitz zutrug, ging es um eines: die Erweckung eines neuen landwirtschaftlichen Denkens und Handelns; die Erneuerung eines modernen spirituellen Bauernstandes, durch den eine allmähliche Heilung des Bodens und der ganzen Pflanzenwelt möglich werden kann. Das sind drei Schritte:

die Erweckung des Denkens und Handelns,
die Erneuerung des Bauernstandes,
die Heilung von Boden und Pflanzen.

Von Koberwitz reiste Rudolf Steiner nach Jena. Dort eröffnete er den Lauenstein als erstes heilpädagogisches Institut und hielt dann anschließend in Dornach den Kursus über Heilpädagogik.[2] Das ist der zweite Urquell, der hier zurückzuverfolgen ist. Durch diesen Kursus wurde die Möglichkeit gegeben, tausendfach missverstandenes Schicksal in der Zukunft zu ändern. Denn damals – vor vierzig Jahren – war die Heilpädagogik noch ein bescheidenes Kapitel im sozialen Zusammenwirken der Menschen. Heute ist sie zu einer großen sozialen Frage geworden. Millionen Kinder können nicht mehr ihren richtig vorgezeichneten Inkarnationsweg durchschreiten. Die Abwegigkeiten liegen immer vielfältiger, komplizierter und in steigendem Maße vor uns. Diese Kinder sind die Opfer der heutigen Menschheitskatastrophe, in der wir uns schon befinden.

In diesen Kindern – trotz ihrer Abwegigkeiten – die Entfaltung ihres Seelen-Geistwesens zu ermöglichen, ist durch diesen Kursus in Dornach zukunftsweisend angelegt worden.

Dort, wo diese beiden Ströme – aus der erneuerten Landwirtschaft kommend und aus der umfassenden Heilpädagogik erfließend – sich begegnen, da entstand der Dorf-Impuls als ein Neues, Drittes.[3]

Und es ist ja interessant zu sehen, dass überall dort, wo gestrandetes, geschundenes, verstoßenes und verkümmertes Menschendasein wieder zu heiligem Menschentum zurückgeführt werden soll, dort entstehen – wie instinktiv – Dörfer. Kinderdörfer, Jugenddörfer, Strafgefangenendörfer. So gut diese Impulse sind, so wenig oft sind sie wirkliche Dörfer.

Sie werden zu Siedlungen und entbehren dadurch der Heilkraft und des heilenden Strömens der mütterlichen Erdenkraft. Darauf aber kommt es an. Denn nur dort, wo der neue landwirtschaftliche Impuls sich mit der Erneuerung des Menschseins für alle Verstoßenen verbindet, entsteht das, was auch Erhardt Bartsch sich erwünscht und erwartet hat.

Das werden Dörfer sein, in denen der Bauer für das Land, das Vieh, die Pflanzen verantwortlich sein wird. Um ihn herum werden sich Handwerker, Künstler und Kunsthandwerker sammeln, um aus neuer spiritueller Freude heraus schaffend tätig zu sein. Schulen sollen in diesen Dörfern entstehen, wo eine erneute Pädagogik wirksam wird. Und das neue Christentum soll dort seinen Grund und Boden finden, um die Eltern so zu leiten, dass ihre Kinder zu Menschen werden, die aus einer untergehenden Zivilisation die Keimträger einer neuen Kultur werden können: Vorbereiter des sechsten Zeitalters.[4]

Die ersten Schritte zu diesem fernen Ziel sollen von nun an hier versucht werden. Die Gruppe der Landwirte und Gärtner soll sich unter diesen Gesichtspunkten zusammenschließen, um in gegenseitigem Verstehen und gemeinsamem Streben die Verantwortlichkeit zu übernehmen.

Dann wird daraus ein Gutes werden können.

Über die Hüllen der Präparate

von Karl König

1. Vortrag

Horn und Geweih

Clent, 2. Oktober 1947

Es ist nicht leicht für mich, über landwirtschaftliche Präparate und besonders über die dazu benötigten Hüllen zu sprechen, weil ich selten selber solche gemacht habe. Andererseits habe ich viel über das nachgedacht, was Rudolf Steiner der Welt gab, indem er uns das Wissen über diese Präparate vermittelte. Er zeigte uns den Weg zur Gesundung des Bodens und dadurch zur Gesundung von Tier und Mensch.

Die Präparate bringen Gleichgewicht in das Leben der Erde. Deshalb muss mit vollstem Ernst aufgenommen werden, was uns der Geisteslehrer unserer Zeit gegeben hat. Die ausgleichenden Kräfte für das gesamte Leben aller Naturreiche sind der Menschheit von Neuem überreicht worden. Das ist ein Ereignis, ähnlich demjenigen, das im persischen Zeitalter geschah, als Korn aus Gras herausentwickelt wurde. Ich bin überzeugt davon, dass dasjenige, was wir in Koberwitz empfingen, von gleicher Wichtigkeit ist. Wir müssen die von Rudolf Steiner angegebenen Methoden mit größter Genauigkeit und mit zunehmender Beachtung der Einzelheiten anwenden, sonst wird das Gleichgewicht des ganzen Naturzusammenhangs bald ein Ende finden. Ein geistiger Ursprung steht hinter dem Inhalt des Koberwitz-Kurses.[1] Es wird in uns ein Bild entstehen, wenn wir versuchen, diesen geistigen Hintergrund zu verstehen. Wie ist es möglich, dass solch einfache Präparate in der Natur Veränderungen hervorbringen können? Welche Impulse stehen dahinter?

Wir haben es zu tun mit alchimistischen Prozessen. Solche Prozesse müssen denen, die sie nicht verstehen, als Geheimnis erscheinen, und ihre Bedeutung wird selbst nach Bekanntgabe aller technischen Details Geheimnis bleiben.

Was während dieser vier Vormittage gesagt werden kann, wird nur der erste Schritt zu einem Verständnis sein können, dessen müssen wir uns bewusst sein. Wir nehmen nicht bloß Substanzen, sondern wenden dabei gewisse alchimistische Methoden an. Die Substanz selber ist von einer anderen Substanz umgeben, die nicht als Substanz gebraucht wird, sondern als Hülle dient. Es ist die *Form* der Blase, der Eingeweide, des Kopfes und so weiter, die wirkt, nicht die *Substanz* dieser Organe: Die Substanz der Präparate wird vom Mineral- und vom Pflanzenreich genommen; die Hüllen kommen aus dem Tierreich.

Bei der Herstellung der Präparate fügen wir zusammen, was sonst getrennt ist, ausgenommen im Verdauungsvorgang. Wie ich sagte, ist das ein alchimistischer Prozess, weil, wenn Substanz und Hülle zusammengebracht werden, sind sie irdischen und kosmischen Prozessen ausgesetzt, indem sie im Boden eingegraben oder an der Luft aufgehängt werden. Das Präparat ist erst *am Ende einer bestimmten Periode* zum Gebrauch fertig.

Die Substanz für das Präparat wird von dem einen Naturreich genommen, die Hülle von einem anderen. Aber zusammen werden sie in die Erde getan oder der Sonne ausgesetzt. Das ist ein Befruchtungs- und Wachstumsprozess, der seinen Höhepunkt in der Entwicklung eines Embryos erreicht. Der Löwenzahn wird zum Beispiel zuerst durch unsere Vorbereitung befruchtet und dann in eine Hülle von Gekröse getan. Als ein Tierei wird es auf die Erde oder in Blätter gelegt und wird dann dem Kosmos ausgesetzt. Nach Monaten ist die neue Organisation bereit; das ist der Prozess, der jeder embryologischen Entwicklung zu-

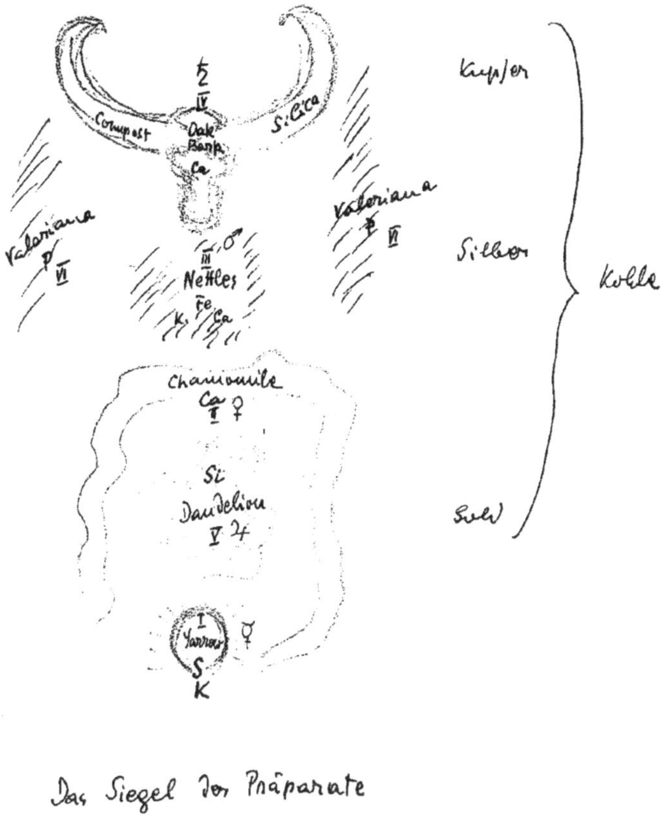

Zeichnung aus den Vorbereitungsnotizen Karl Königs.

grunde liegt. Ein ganzes organisches Wesen wird vorbereitet durch die Aufeinanderfolge dieser Präparate. Für das Präparat 504 – die Brennnessel[2] – ist zum Beispiel der Erdboden die Hülle, und es wird später gezeigt werden, wie die Erde als Lunge verstanden werden kann; dann versteht man, dass alle drei Systeme verwendet werden als Hüllen; die Formprinzipien von Schädel, Eingeweide, Horn und Gekröse werden verwendet und dazwischen die Brennnessel, die in die Erde gelegt wird.

Warum habe ich als Titel für diesen Vortrag «Geweih und Horn» gewählt, wenn wir doch die Geweihe nicht als Hüllen benutzen? Weil wir das Horn nur verstehen können, wenn wir die Geweihe anschauen, und die Geweihe nur beim Anschauen der Hörner. Wir müssen uns die fundamentale Tatsache vergegenwärtigen, dass Hörner und Geweih sich polar gegenüberstehen, insofern ihre Substanz in Betracht kommt.

Das Horn wächst aus der *Haut* heraus, ist ein Überbleibsel der Haut, so wie die Nägel es sind. Die Geweihe dagegen sind *Knochensubstanz*. Beide wachsen in der Region des Stirnknochens; das Horn aus der Haut, das Geweih aus dem Knochen. Der Knochen ist das höchst entwickelte Organ im Tierreich. *Alle* Tiere haben eine Haut, aber nur vom Fisch aufwärts haben Tiere Knochen. Die Hörner wachsen nach und nach innerhalb von Jahren. Schicht um Schicht wird stetig von außen angefügt. Die Geweihe verhalten sich ganz anders. Sie wachsen im Frühling heraus und werden im Herbst abgeworfen. Dieser Vorgang wiederholt sich im nächsten Jahr: Bildung im Frühling, Abwerfen im Herbst, und so geht es fort. Die Geweihe wachsen jedes Jahr reicher in ihren Formen. Sie werden schöner und verzweigter.

Goethe spricht oft von der Spiral- und der Vertikaltendenz in der Pflanze. Das Horn stellt die Spiraltendenz, das Geweih die Vertikaltendenz dar. Beide zusammen vermögen die Pflanze zu erschaffen. Was liegt hinter diesem Unterschied? Wo sind die Hörner und wo die Geweihe? Das Horn wächst in einer Richtung zum Zentrum. Das Horn sucht einen zentralen Punkt, der von der Peripherie herkommt, aber es erreicht diesen Punkt nie. Die Geweihe wachsen nach außen; sie suchen die Peripherie. Was sucht das Horn, indem es gegen das Zentrum hinwächst? Was suchen die Geweihe, indem sie nach der Sphäre wachsen?

Der Hirsch ist ein sehr seltsames Tier. Während der letzten fünfzehn oder zwanzig Jahre wurde viel an einem Rätsel herumstudiert, das Förstern und anderen Experten viel zu denken gab. Wenn Hirschkühe im Oktober oder November getötet werden, finden sich keine Embryos in ihrem Uterus, obwohl die Paarung im August oder Anfang September

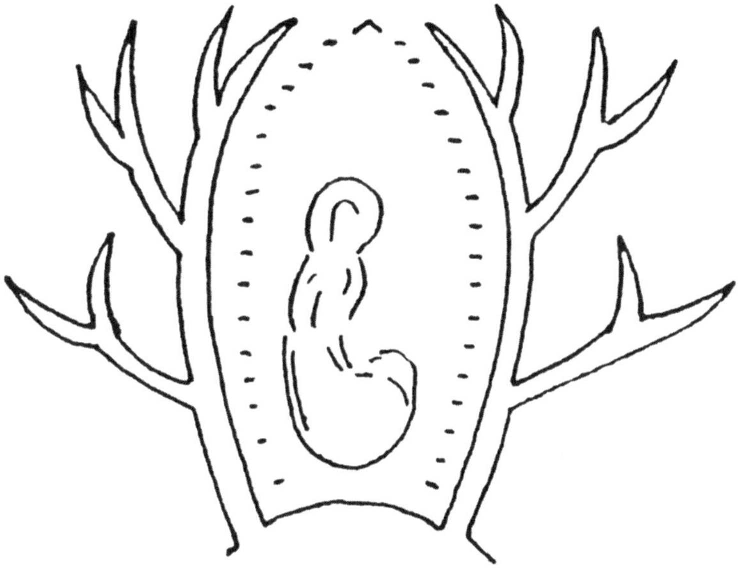

stattfindet. Warum kann im Oktober oder November kein Embryo gefunden werden? Die Befruchtung, das heißt das Zusammenkommen von Ei und Same erfolgt; aber es wurde entdeckt, dass der Embryo sich nicht zu entwickeln beginnt vor dem 24. oder 25. Dezember. Das ist nicht eine Feststellung von Anthroposophen, sondern von Forstexperten, die nichts mit Geisteswissenschaft zu tun haben. Nach diesem Datum geht die Entwicklung bis zur Geburt rasch vor sich. Für die orthodoxe Wissenschaft gibt es natürlich keine Erklärung dieses Phänomens. Die Geweihe sind auch «ein Dorn im Fleisch» der Wissenschaft. Sie werden als eine Waffe oder als Hochzeitsgewand betrachtet; aber warum werden sie in der härtesten Jahreszeit, im Winter, abgeworfen? Die Wissenschaft kann auf diese Frage keine Antwort geben.

Die Antwort kann nur gefunden werden, wenn der Hirsch und die Hirschkuh als Einheit betrachtet werden. Von Weihnachten an, wenn der Embryo sich im weiblichen Organismus entwickelt, werden die Geweihe abgeworfen. Nach der Geburt des Jungen und während das Reh unfruchtbar ist, fängt beim männlichen Tier, dem Hirsch, das Geweih an zu wachsen. Während des ganzen Jahres geht der kreative Prozess im ganzen Bereich des Rotwilds vor sich: während des Winters im weiblichen und während des Sommers im männlichen Tier. Die Geweihe umgeben etwas wie einen Embryo. Im weiblichen Uterus befindet sich ein physischer Embryo; die Geweihe umschließen einen ätherischen Embryo.

Der Anatom Soemmerring[3] schrieb 1850 über die Geweihe und über ihr Wachstum im Frühling: «Der Drang des Blutes nach den Stirnknochen erinnert mich an den Blutstrom in einem Uterus kurz vor der Geburt.» Die Geweihe sind die Überbleibsel dieses Blutstroms.

Die ganze Wesenheit der Hirsche ist in die kosmischen Kräfte eingebaut und hat wenig mit der Erde zu tun. Die Kuh und das Horn sind gerade das Gegenteil: Was sich im Hirsch ausdehnt, wird in der Kuh zurückgehalten. In der Kuh findet der kosmische Prozess statt. Im Horn sind bewahrende Kräfte vorhanden. Um was für Kräfte handelt es sich? Das Horn ist, wie das, was wir als die Cochlea im Innenohr tragen; das Organ, durch welches wir Laute hören können. Eine Kuh hört durch das Horn die Töne des chemischen Äthers in der Verdauung. In diesem Hörprozess sind Maß und Zahl, sind alchimistische Prozesse eingebaut. Das Horn wird das Ohr des gesamten Stoffwechsels der Kuh.

Mit dem Horn benützen wir als Hüllen dasjenige, was mit Hören zu tun hat. Die Geweihe sind die Sprachkräfte in uns; die Hörner sind die Hörkräfte in uns. Könnte sich der Kehlkopf nach seinem Belieben entwickeln, würde er zum Geweih werden. Durch Zusammenpressen des Innenohrs entwickeln wir unser Horn. Die gleichen Prozesse liegen dem Sprechen und dem Wachstum des Embryos zu Grunde, nur in verschiedenen Regionen. Im Sprechen erschaffen wir nur nicht – wie im Embryo – ein ganzes menschliches Wesen.

2. Vortrag

Der Blasen- und Nierenprozess

3. Oktober 1947

Heute wollen wir versuchen zu verstehen, warum die Schafgarbe in die Hülle einer Hirschblase gegeben werden muss, und warum dieses Präparat während des ganzen, oder wenigstens eines Teils des Sommers aufgehängt werden sollte, wo das Präparat erst nach einem vollen Jahreszyklus zum Gebrauch bereit ist. Schafgarbe ist das erste Kräuterpräparat, mit dem sich Rudolf Steiner befasst; und wenn Sie in dem sehr wichtigen 5. Vortrag des landwirtschaftlichen Kurses lesen, was er darüber zu sagen hat, werden Sie immer besser verstehen, dass dieses Präparat voller Geheimnisse ist. Rudolf Steiner spricht in einer solchen Weise darüber, die nur erste Hinweise enthält, nichts Weiteres. Er befasst sich mit der Blase, gibt dabei gewisse Hinweise, überlässt es aber den geisteswissenschaftlichen Schülern, sich mehr und mehr der Wichtigkeit und der Bedeutung dieses Organs bewusst zu werden.

Alle Organe sind eine Art Schrift. Um Niere, Leber, Herz und Lunge zu verstehen, müssen wir lernen, die Schrift in den Bildekräften der Natur zu lesen. Wir müssen die reinen Phänomene studieren und dann sehen, ob sich diese Tatsachen in einer bestimmten Weise zusammenfassen lassen, so dass wir mit der Zeit fähig werden, das erste Wort zu entziffern und darauf zu hören. Was wir heute versuchen wollen auszuarbeiten, betrachte ich nur als einen allerersten Schritt. Ich muss von verschiedenen Seiten herangehen, so dass es anfänglich scheinen mag, als ob die Gesichtspunkte voneinander völlig unabhängig und ohne Zusammenhang wären, aber schließlich werden Sie davon einen gewissen Eindruck bekommen, was es bedeutet, eine Hirschblase um eine Pflanze wie die Schafgarbe herumzulegen.

Ich möchte mit einigen Beobachtungen aus meinen langjährigen ärztlichen Erfahrungen beginnen, besonders aus der Zeit, als ich viel mehr Patienten zu behandeln hatte als heute. Wenn ich einen schwierigen Fall zu behandeln hatte, so beobachtete ich den Urin. Lassen wir menschlichen Urin während vierundzwanzig oder sogar achtundvierzig Stunden ganz ruhig stehen, ohne ihn zu berühren oder zu bewegen, so dass sich alles darin Enthaltene entwickeln kann, dann erschließt sich etwas. Wir können wahrnehmen, wie gewisse Substanzen ausfallen, gewisse Wolken entstehen, und Sie erkennen mehr und mehr, wie das, was im Urin wirkt, eigentlich das innere Wetter Ihres Patienten ist. Sie sehen, was für «Wetter» der Patient gerade vor der Abnahme des Urins in sich hatte – ein Regentag, ein bewölkter Tag, Sonnenschein oder Gewittersturm. Aber Sie sehen auch, dass Urin gewisse Zusammenhänge mit der Atmosphäre um uns herum hat, so dass ein bewölkter Tag oder ein sonniger Tag jeweils schneller den bewölkten oder sonnigen Tag im Innern des Kranken zur Erscheinung bringt. Das ist nicht nur ein Bild, sondern etwas, das wir wahrnehmen können. Es erlaubt die Feststellung, dass unser eigenes inneres Wetter ebenso veränderlich, unvorhergesehen oder rasch in Bewegung ist wie das äußere Wetter. Unser Urin ist ein perfekter Spiegel dieses «inneren Wetters».

Der Urin wird in der Blase gesammelt und aus dem Leib in die Umgebung hinaus ausgeschieden. Was für ein Organ ist die Blase? Ich will versuchen, einige Schritte in die Embryologie zu gehen. Es tut mir leid, dass ich mich so weit von dem entfernen muss, was Sie gewohnt sind unter Landwirtschaft zu verstehen. Wenn Sie die Entwicklung der Blase im Laufe der menschlichen Embryologie verfolgen, finden Sie etwas, das

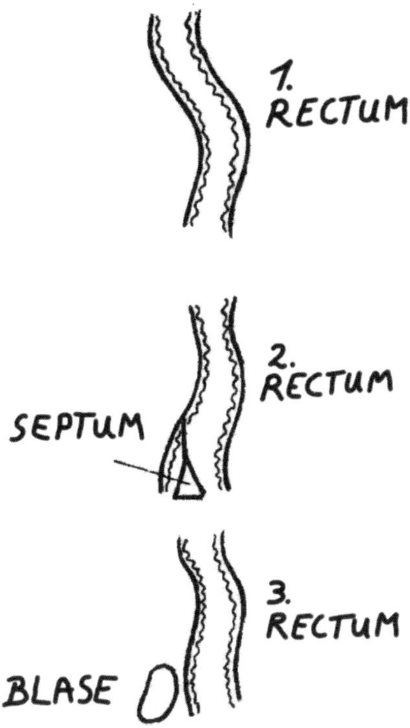

genau der Entwicklung der Blase durch das gesamte Tierreich hindurch entspricht. Beim Studium der primitiven Eingeweide stellt sich heraus, dass bei allen niederen Tieren bis hinauf zu bestimmten Gruppen, keine Differenzierung zwischen dem letzten Teil des Eingeweides und der Blase entsteht; Blase und Mastdarm sind eins.

Im Verlauf der Evolution, wie auch während der embryologischen Entwicklung, entsteht nach und nach eine Scheidewand, wodurch eine Trennung zwischen Eingeweide und Blase entsteht und die Blase zu einem abgesonderten Organ wird.

Wenn Sie die Vorderseite des Unterleibs eines Erwachsenen öffnen, können Sie die Blase von vorne sehen, und dann werden Sie bemerken,

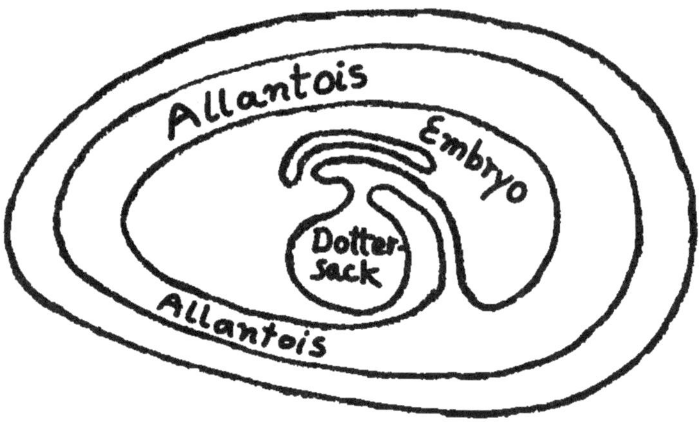

dass von dort eine Art Schnur bis gerade unterhalb der Haut hinaufgeht, wo der Nabel ist. Diese Schnur hat augenscheinlich keine Funktion, aber als wir Embryos waren, war diese Schnur eine Röhre, die aus dem Nabel herauskam und der Nabelschnur folgend in einem winzigen Bläschen, dem Harnsack (Allantois) endete. Dies ist richtig beim Menschen; aber wenn Sie weiterverfolgen, was der Allantois ist und was er in niederen Tieren wie Vögeln bedeutet, werden Sie folgendes finden: In einem mit dem wachsenden Embryo gefüllten Vogelei ist ein großer Teil bedeckt von einem die Atmung des Embryos versorgenden Organ. Dieses Organ ist wiederum der Harnsack, dasselbe Organ, das sich aus dem winzigen Bläschen in den höheren Tieren entwickelt.

In der ganzen embryonalen Entwicklung umschließen Hüllen den wachsenden Körper des Embryos. Diese Hüllen sind viel komplizierter als die in der Landwirtschaft gebräuchlichen. Der Harnsack ist eine davon.

Solange der menschliche Leib noch ungeboren und noch nicht das Haus der übersinnlichen Wesenheit geworden ist, die auf die Erde kommen will, ist die Allantois sozusagen der Wohnort, das Haus für den

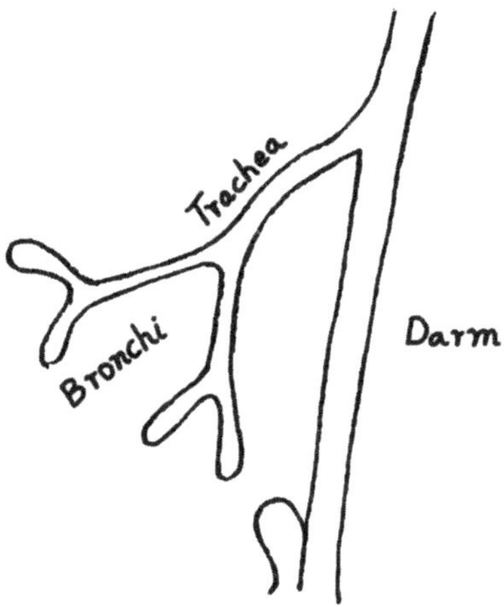

Astralleib. Unser Astralleib befindet sich während der Embryonalperiode um dieses Organ herum. Sie werden deshalb verstehen, dass im Ei des Vogels die Allantois während der Entwicklung des Embryos dem Atmungsprozess dient. Ziehen Sie das in Betracht, wenn Sie versuchen, den direkten Zusammenhang zwischen der Allantois und der Blase während der Embryonalperiode zu verfolgen.

Jetzt wende ich mich der Sache noch von einer anderen Seite zu. Wir haben gesehen, wie im Menschen oder im Tier die Blase sich vom Eingeweide aus entwickelt. Das erfolgt in unserem Unterleib; aber eine ähnliche Trennung geht im Oberkörper mit der Entwicklung der Luftröhre und der Lungen vor sich, welche die ganze Grundlage des Atmungsprozesses hervorbringt.

Diese Atmung ist nicht vollständig abgetrennt von den Eingeweiden. Die Blase ist dagegen von den Eingeweiden völlig abgetrennt. Sie hat nur während der Embryonalperiode noch eine Verbindung mit der Allantois; die beginnt zwei Röhren zu bilden, auf jeder Seite eine, und diese zwei Röhren wachsen aufwärts und beginnen, sich in mehrere kleine Röhren zu teilen.

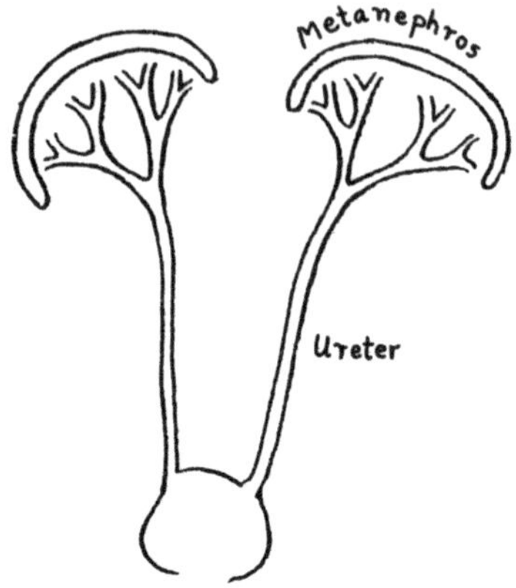

Diese beiden Röhren sind die Harnleiter (Ureter) und reichen hinauf in die hinteren Teile des Unterleibs. Dort kommen sie in Verbindung mit einem gewissen Organ, der sogenannten Metanephros (Nebenniere). Das ist das Organ, das sich in den Nieren entwickelt. Das ganze Harnsystem entsteht also aus zwei Teilen; ein Teil ist derjenige, der sich von den Eingeweiden abtrennt, zwei Zweige hervorbringt, die aufwärts wachsen und die Nieren erreichen.

Von wo kommen die Nieren? Wenn Sie die Nieren im Verlaufe der ganzen Evolution studieren, werden Sie finden, dass sie dem Ohr benachbart sind. Selbst wenn das in der menschlichen Entwicklung nicht so bemerkbar wird, ist es doch klar ausgeprägt im Tierreich. Allmählich wachsen sie von den Ohren herab und werden zuerst Pronephros (Vornieren) genannt. Dann wachsen sie und entwickeln sich zu den Mesonephros (Urnieren), und indem sie den Harnleiter erreichen, ist das Harnsystem aufgebaut.

Das Harnsystem ist diejenige Organisation in uns, welche, indem sie den Urin bereitet, mit unserem gesamten Wasserhaushalt zu tun hat. Wenn ich Sie nun frage, was Urin ist, müssten Sie antworten, dass der

Urin der Spiegel des ganzen «Wetter»-Prozesses in uns ist. Kennen Sie irgendeine andere Absonderung, die mit dem Urin verglichen werden kann? Das sind die Tränen. Wenn Sie die Absonderungsorganisation der Niere, Blase und Harnleiter, sowie die Absonderungsorganisation unserer Tränen studieren, dann finden Sie zwei vollkommen sich entsprechende Systeme. Vom anatomischen Standpunkt aus ist dies ganz verständlich. Das ist der Grund, weshalb die Nieren allmählich von den Ohrenregionen herunterkamen, um mit dem zusammenzutreffen, was von den Eingeweiden abgetrennt worden war. Die Entwicklung der Nieren geht genau parallel mit der Entwicklung der Luftröhre und der Lungen.

Wenn wir beginnen, die Luft in unsern Körper aufzunehmen, nicht wie die Insekten, durch welche die Luft einfach hindurchströmt, sondern in einem aktiven Prozess der Einatmung und der Ausatmung, der die ganze Substanz unserer Organisation durchdringt, dann steigen die Nieren, die zuerst in den Regionen unserer Ohren sich entwickelten, nach und nach herab und erreichen dasjenige, was jetzt Blase geworden ist. Wenn Sie diese Buchstaben im Buch der vergleichenden Anatomie lesen können, werden Sie die allmähliche Durchdringung unseres Körpers mit innerer Astralität begreifen.

Seit dem Sündenfall haben der Astralleib und somit auch unser höheres Wesen immer mehr in unserem Leibe Wurzeln gefasst, und die Nieren sind die Organe, die den Weg für den Eintritt der Astralität in unseren Organismus bereiten. Die Nieren ziehen unsere Astralität in den Leib ein, und die Blase öffnet sich und bemächtigt sich der Astralität. Solange wir ein Embryo sind, ist die Blase zwar mehr oder weniger mit der Niere verbunden, aber nicht funktionell. Während dieser Periode sind die Blasenprozesse mit der Allantois verbunden.

Stellen Sie sich ein Vogelei vor, sagen wir eines Huhnes. Unter der Oberfläche der verkalkten Schale mit ihren Hunderten von Poren ist die Allantois ausgebreitet. Die Allantois übernimmt die Funktion, die später die Lunge ausführt. Sie ist außerhalb des Körpers; sie ist sozusagen eine herausgenommene außen herumgelegte Lunge. Diese Lunge, die Sie um sich herum haben, ist jetzt im direkten Kontakt mit der ganzen Weltastralität, mit dem ganzen Atmungsprozess des Kosmos. Der kosmische Atmungsprozess wird nach und nach ersetzt durch den Astralleib des Menschen selber.

Mit dem ersten Atemzug nach der Geburt öffnet sich die Blase zur Niere hin. Die Blase ist das Organ, in dem unsere ganze Astralität gesammelt wird; deshalb ist der Urin in uns nichts anderes als der Ausdruck der Astralität in uns, von der «Wetterlage» in uns. Der Nierenprozess ist die Organisation, welche die Astralität in unseren ganzen Körper leitet, und nun werden Sie verstehen können, warum in dem Bericht über den Sündenfall gesagt wird: «Ihre Augen wurden geöffnet.» Ja, ihre Augen wurden geöffnet und ihre Nieren bewegten sich nach unten.

Diese beiden Organe sind eigentlich ein Doppelspiegel für den gleichen Prozess: Wir öffnen unsere Augen und Tränen fließen, weil der Schmerz, um uns herum nur Maya-Schein zu sehen, Weinen in uns auslöst. Wenn wir gänzlich von dieser Maya überwältigt werden, wenn wir uns von dem, was auf uns einstürmt erdrückt fühlen, weinen wir sogar so, dass andere Menschen es sehen können. Unsere Tränen fließen aber beständig, und so ist es auch mit unserem Urin: Unsere Tränen fließen beim Anblick der Welt um uns herum; unser Urin fließt infolge der Astralität, die immerzu Abbauprozesse in unserem Körper hervorbringt.

Die Abbauprozesse erzeugen fortwährend die «unteren Tränen», die Tränen, welche Stickstoff, Harnsäure und all die anderen im Urin enthaltenen Substanzen ausschütten, die durchgehend ausströmen müssen, und deswegen steht der inneren Astralität ein Organ zur Verfügung, welches ursprünglich mit der Weltastralität verbunden war.

Wir müssen nicht ständig Urin ausfließen lassen; denn etwas Erlösendes steht vor dem Urin, das noch in sich die Erinnerung an die Weltastralität trägt; das ist die Blase. Die Blase, die durch ihre kosmische Rundung erlösen kann, behält den Urin zurück, so dass wir als Menschenwesen bewusst den Ausfluss des Urins kontrollieren können. Die Blase ist ein Organ, das sein kosmisches Gedächtnis behalten hat, es jedoch im menschlichen Bewusstsein zur Verfügung stellt. Deshalb kann sie helfen, das innere «Wetter» zu beherrschen. Falls Sie mit Kindern zu tun haben, wie wir sie in Clent[4] oder Camphill haben, werden Sie sehen, wie ein Kind, das nicht imstande ist, sein inneres «Wetter» zu beherrschen, auch seine Blase und seinen Urin nicht unter Kontrolle zu halten vermag. Wo der Astralleib eigentlich in uns, aber ständig seinem eigenen «Wetter» preisgegeben ist, arbeiten sowohl der Urin als auch der erlösende Prozess der Blase nicht richtig. Alles das müssen wir lernen, wenn wir versuchen wollen, die Blase eines Hirschen zu verstehen. Wir wissen genau, wie Rudolf Steiner dieses Tier beschreibt: «Der Hirsch ist der Astralität seiner Umgebung hingegeben. Er ist so nervös, so sensibel und öffnet sich durch sein Geweih dem ganzen Kosmos um ihn herum.»

Sie müssen sich vorstellen, dass die Enden des Geweihs ständig die Maya-Welt durchstoßen und das Tier deshalb in direkten Kontakt mit der Astralität rund herum bringen. In einem solchen Tier kommen die Weltastralität und die innere Astralität in eine gewisse Harmonie. Außenwetter und Innenwetter werden mit Hilfe des Geweihs harmonisiert; deshalb wird die Blase eines Rotwilds der individualisierte Ausdruck der Weltastralität. So haben wir auf die Blase hinzuschauen, wenn wir sehen wollen, warum es die Blase des Rotwilds ist, die wir brauchen.

Warum tun wir gerade Schafgarbe hinein? Die Schafgarbe hat eine eigenartige regionale Verbreitung; sie wächst nicht in Australien, sondern sie wächst im ganzen nördlichen Teil von Europa, Amerika und Asien und in Sibirien, und sie folgt den Spuren des Menschen über den Polarkreis hinaus. Schafgarbe ist eine sehr zähe Pflanze, voll Leben. In Österreich sagen wir: «Sie wächst dem Zahn der Tiere nach.» Sie wächst so schnell, dass, wenn sie heute gefressen wird, sie morgen schon wieder gewachsen ist. Wenn wir die Schafgarbenpflanze studieren, sehen wir in ihrer Struktur genau den Weg, wie sich der Harnleiter in zwei Nieren teilt (s. Zeichnung auf S. 110).

Wonach sehnt sich die Schafgarbe? Rudolf Steiner beschreibt sie als eine Pflanze, in der die Elementargeister in wundervollster Weise den Schwefel- und Kaliumprozess in ein richtiges Verhältnis bringen. Schafgarbe gedeiht im Norden, weil sich dort die Region des «Niflheims» befindet – die Atmosphäre, in der astralische und ätherische Kräfte noch vereint sind; wo Wasser und Luft noch nicht getrennt sind; wo Noah den ersten Regenbogen sehen konnte. Wasser durchdringt dort immer noch die Luft. Urin ist das Wasser, das fortwährend die Reinigung der Luft in uns vollbringt; andernfalls wären wir in der Atmosphäre von «Niflheim» eingebettet. – Wir nehmen Schafgarbe, eine Pflanze, die zu «Niflheim» gehört, tun sie in eine Hirschblase, hängen sie auf und setzen sie der Sonne aus. Wir bringen dieses Organ an seinen früheren Platz zurück, so dass es umgeben und eingebettet wird von der von Licht und Wärme erfüllten Weltastralität. Wir nehmen die Schafgarbe hinauf in ihre Atmosphäre, nach der sie sich sehnt. Ich möchte sogar sagen, dass die ganze Schafgarbenpflanze keine andere Aufgabe in der Welt hat, als in eine Hirschblase zu kommen und während des Sommers in der Atmosphäre von Licht und Wärme aufgehängt zu werden, um diese Sommerastralität aufzunehmen und sie wieder in die Erde herunterzubringen, um so den Prozess zu vervollständigen.

Was macht die Schafgarbe, wenn Sie sie in den Komposthaufen tun? Im 5. Vortrag des *Landwirtschaftlichen Kurses* sagt Rudolf Steiner:

> Man gibt dem Dünger die Möglichkeit zurück, die Erde so zu beleben, dass die weiteren kosmischen Stoffmengen, das, was in feinster homöopathischer Dosierung als Kieselsäure, Blei und so weiter herankommt auf die Erde, aufgefangen werden.

So kann das aufgenommen werden in das Pflanzenleben. Sie nehmen die Blase und all ihre Astralität und bringen sie zurück an ihren Platz, zusammen mit einer Pflanze, die noch mit «Nebelheim» verbunden ist; und das ist die richtige Methode, damit die kosmischen Strahlungen in die Erde und in den Düngerhaufen herunterkommen können.

3. Vortrag

Eingeweide, Gekröse und Verdauung

4. Oktober 1947

Heute morgen werden wir die zwei Präparate besprechen, die mit Löwenzahn und Kamille einerseits und den Eingeweiden und dem Gekröse andererseits zu tun haben. Indem wir dies tun, bin ich mir unseres Mangels an Kenntnis und Verständnis von allem, was mit dem Stoffwechsel des Menschen und der höheren Tiere zusammenhängt, bewusst. Der Stoffwechselprozess, der Verdauungsprozess ist sowohl für den Wissenschaftler als auch für uns, die versuchen, der Geisteswissenschaft zu folgen, kaum etwas anderes als ein Mysterium, ein Rätsel.

Ich erinnere mich, dass Rudolf Steiner einst von gewissen Priestern gebeten wurde, darüber zu sprechen. Er sagte, dass das, was im menschlichen Verdauungssystem vor sich gehe, – und er betonte das menschliche – nur dort geoffenbart wird, wo am Altar die Priester die Heilige Hostie handhaben.[1] So mag man eine Idee, eine Ahnung davon haben, was sowohl innerhalb unserer Eingeweide als auch um sie herum vor sich geht; aber es zu *wissen* – das ist für uns nicht möglich. Vielleicht werden Jahrhunderte ernstester Studien nötig sein, bevor uns die kleinsten ätherischen, astralischen und geistigen Prozesse enthüllt werden, die da unmittelbar in die Materie hereinwirken. Sie werden daher verstehen, dass

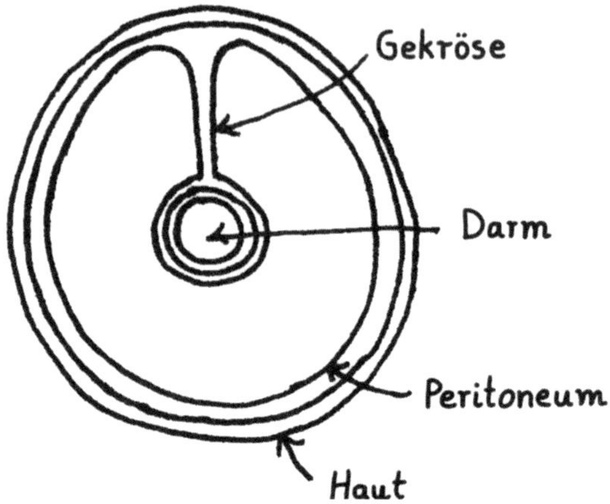

wir versuchen, den richtigen Weg einzuschlagen, wenn wir über diese Präparate sprechen, die mit Eingeweide und Gekröse umhüllt werden, dass wir aber noch weit entfernt vom Ziel sind. Alles, was ich deshalb heute morgen sagen kann, muss mit größter Vorsicht aufgenommen werden. Ich sage nicht, dass ich weiß, wie alles ist; ich sage bloß, was ich auf diese Weise zu verstehen suche, nichts anderes.

Man muss sich fragen, was diese Organe sind, und in welcher Beziehung sie zueinander stehen. Gewöhnlich hat man eine allgemeine Vorstellung von den Eingeweiden – dieser Röhre, in die wir unsere Nahrung stopfen und in der, auf diese oder jene Weise, die Nahrung verdaut wird. Und das Gekröse ist selbst für einen Anatomieprofessor nur das, woran die Eingeweide hängen. Wo liegen die Eingeweide? Sie liegen nicht im Bauch. Wir können zwar die Bauchwand öffnen, aber Sie werden niemals die Eingeweide sehen; Sie werden die äußere Hülle der Eingeweide sehen, aber nicht die Eingeweide selber. Das Gekröse liegt im Unterleib, aber die Eingeweide liegen innerhalb des Gekröses. Was ist der Raum, in dem die Eingeweide liegen? Es ist die Außenwelt. Die Eingeweideröhre ist von Muskeln und Bindegewebe umgeben. Dieses

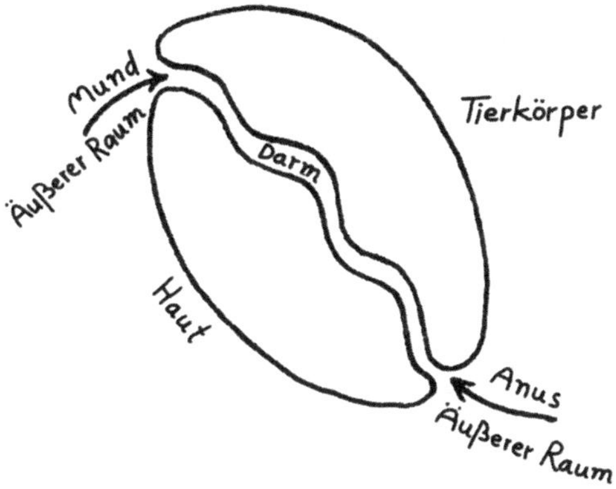

Bindegewebe und die Muskeln sind ausgekleidet von dem sogenannten Bauchfell, Peritoneum.

Außen haben Sie die Haut, und zwischen Haut und Bauchfell haben Sie Muskeln und so weiter. Das Bauchfell bedeckt die Eingeweide und die innere Bauchwand. Das Gekröse ist all das Gewebe, das die verschiedenen Bindungen der Eingeweide mit den Auskleidungen des Bauches zusammenhält, aber sie liegen in verschiedenen Richtungen. Das Wort «Gekröse» im Deutschen sagt das aus; es ist wie gefaltet. Im Tier ist das Eingeweide nichts anderes als ein Teil der Außenwelt.

Die Bauchfellauskleidung ist etwas völlig anderes. Wenn Sie die ganze vergleichende Anatomie des Bauchfells studieren, werden Sie begreifen, dass im Tier- und im Menschenleib nur zwei Gestaltungen existieren, die räumlich gesehen zum Inneren des Körpers und gänzlich dem Tier oder dem Menschen gehören; sie gehören keineswegs zur Außenwelt. Diese beiden Dinge sind die innere Verkleidung und die Innenräume des Herzens mit den Blut- und Lymphgefäßen und das Bauchfell. In den höheren Tieren und im Menschen haben diese zwei Dinge absolut keinen Kontakt mit dem äußeren Raum; sie sind davon

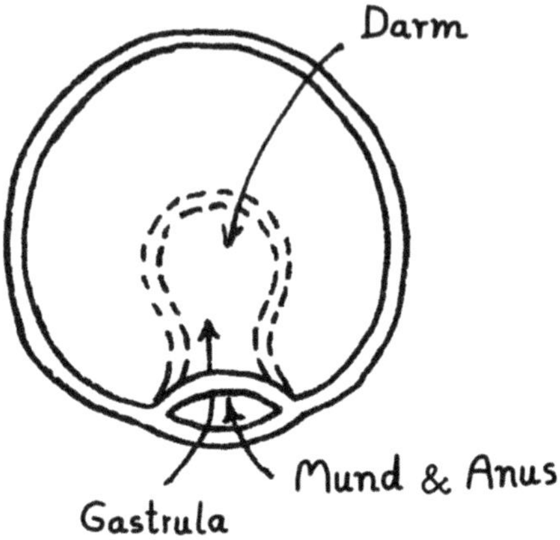

vollständig abgetrennt. Alle anderen Organe nehmen Außenraum in sich auf. In der Entwicklung des Tieres von der Stufe der Blastula zu derjenigen der Gastrula erfolgt eine Art Faltungsprozess. Dieser Faltungsprozess setzt sich fort bis zum primitiven Tier, das nichts anderes als Außenseite ist, Maul, After und Eingeweide kombiniert.

Die Außenwelt ist in den Tierleib eingezogen und erschafft dabei das Eingeweide. Von dieser Eingeweideröhre her entwickelt sich die Leber, die Blase, die Bauchspeicheldrüse, die Lungen und so weiter.

Wenn wir die Gestaltung des Nervensystems studieren, sehen wir die primitive Außenschicht des menschlichen Embryos. Dieses ist umgeben vom Amnion, welches Wasser enthält. Das Nervensystem entwickelt sich auch infolge einer Hautfaltung. Dieser Faltprozess geht weiter, bis schließlich eine Schnur entsteht, die Haut schließt sich, so dass, was vorher außen war, jetzt innen ist.

Deshalb sind jetzt sogar die Innenräume des Nervensystems eigentlich Außenräume; sie sind wässrige Räume. Das ist sehr wichtig.

Die Blutgefäße, das Herz und das Bauchfell entwickeln sich in der Embryonalform selber, sozusagen aus dem Nichts erschaffend. Sie

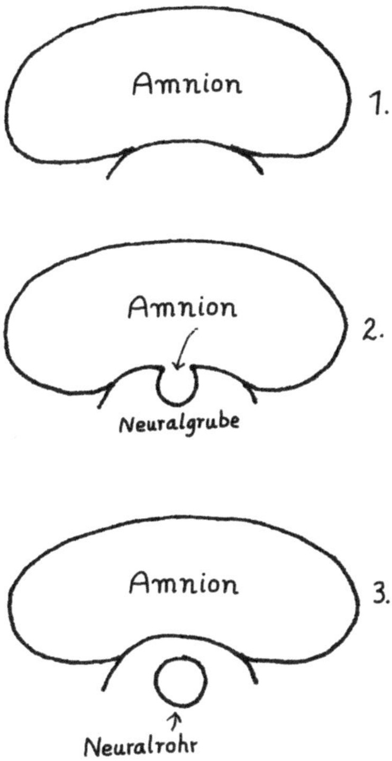

müssen sich eine Einstülpung von Zellen vorstellen, die nach und nach eine Art Höhle aufbaut, so dass die Zellen außen sind und innen eine Höhle entsteht. Dadurch wird im Tierleib ein neuer Raum geschaffen, der mit dem äußeren Raum nichts zu tun hat. Das trifft nur für das Bauchfell und die Blutgefäße zu. Deshalb wäre es nicht unrichtig zu sagen, dass die Höhle der Bauchhöhle von der gleichen Art ist wie der Raum innerhalb unseres Herzens und in unserem gesamten Blutgefäß-System. Das ist die wahre innerste Seite unserer Existenz, der wahre Gegenpart zur Außenwelt. Wenn Sie Eingeweide und Gekröse zur Herstellung von Präparaten benützen, so benützen Sie zwei verschiedene Raumqualitäten. Wir gebrauchen mit dem Eingeweide einen Teil

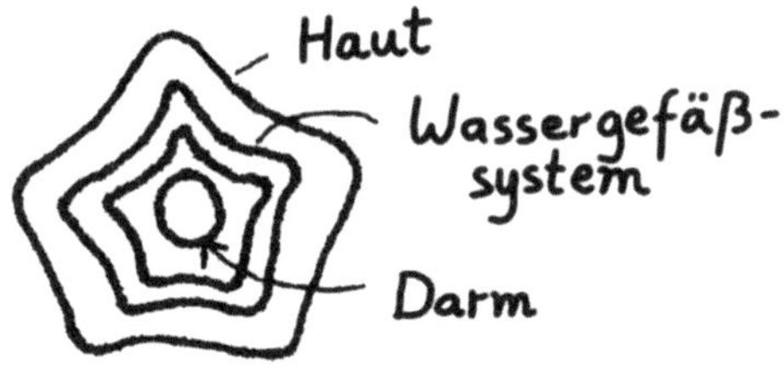

der Außenwelt, während wir mit dem Gekröse einen Teil der Innenwelt des Tieres gebrauchen. Deshalb geben wir Kamille in den einen und Löwenzahn in den anderen Teil.

Wenn wir die vergleichende Anatomie des Bauchfels studieren, können wir uns fragen, wo in der Entwicklung der Tiere das Bauchfell zum ersten Mal in Erscheinung trat. Die Stachelhäuter sind die ersten Tiere, die ein sogenanntes Wassergefäßsystem haben, das heißt ein System, das zwischen dem Eingeweide (Endoderm) und der Haut, den Nerven und den Sinnen (Exoderm) liegt.

Der Seestern, der Seeigel – alle Stachelhäuter – haben eine ganz besondere Gestalt, die sonst nirgends in der Tierwelt zu finden ist. Es ist eine fünffache Symmetrie. Die Stachelhäuter haben eine sehr harte verkalkte äußere Schicht, und das Eingeweide ist in der Mitte. Zwischen der Haut und dem Eingeweide liegt das erste Stadium von Gekröse. Man kann einen gewissen Eindruck bekommen, dass diese Tiere alle nicht von innen nach außen gestaltet sind, sondern dass ihre Gestalt durch Kräfte entsteht, die von außen zum Zentrum hin strömen. Allerdings muss der Körper des Stachelhäuters als gewisses Aktivitätszentrum vorhanden sein, um diese Kräfte aufzunehmen; aber ich sehe diese Kräfte als von außen kommend an. Der Seeigel, der Seestern – alle Stachelhäuter – sind eigentlich nichts anderes als das wundervolle Abbild der frei um ein Zentrum herum wirkenden ätherischen Kräfte. Gerade in diesen Tieren ist zum ersten Mal ein Raum innerhalb des Bauchfells

geschaffen worden. Alle Stachelhäuter stehen unter dem Zeichen des Stiers. Wenn Sie zur gegenüberliegenden Seite des Tierkreises gehen, kommen Sie zum Zeichen des Skorpions, und hier stehen die Amphibien. In diesen Tieren ist etwas, das wiederum die Fünffältigkeit aufweist, aber in einer anderen und nicht so schönen Art.[2]

Stellen Sie sich nun einen Frosch vor, der zu hüpfen beginnt. Sie haben die fünffältige Form wie ein Seeigel, aber jetzt ist die Fünffältigkeit etwas ganz anderes.

Amphibien sind Tiere, die erstmals in der Evolution Atmung in der Weise entwickeln, dass Atmung aktiv wird und durch das Ein- und Ausatmen zur Lunge in Beziehung steht. Im Zusammenhang damit bringen sie zum ersten Mal Beine hervor. Dadurch entsteht hier wiederum die Fünffältigkeit der Gestalt, aber diesmal mit dem Zentrum im Innern, das nach außen wirkt, während sie in den Stachelhäutern von außen nach innen strömt.

In diesen zwei Tiergruppen enthüllt sich der ganze Calcium- und Kiesel-Prozess. Calcium steht in Beziehung zu den Tieren, in denen die Aktivität von innen nach außen geht, sie sind in einem Innenraum zentriert, auch mit all den Nachteilen, die damit zu tun haben, in einem Körper leben zu müssen; aber zum ersten Mal tritt die Fähigkeit auf, von innen her tönen zu können, selbst wenn dies zunächst nur «quak, quak» ist. Dass wir Luft in uns aufnehmen und sie wieder ausströmen lassen können, dass wir ein- und ausatmen, dass wir auf diese Art mit unserem

Astralleib verbunden sind, Wünsche und Verlangen äußern können – das sind Merkmale von Calcium.

Obschon die Stachelhäuter ein verkalktes Skelett haben, ist dies außen; sind sie durch die Kiesel-Kräfte aufgebaut. Dabei ist es nicht die *Substanz*, die die Calcium-Qualität vermittelt; es ist der *Prozess*. Silicat kann Calcium als Träger benützen. Wir müssen also unterscheiden zwischen der Richtung der Kräfte – ob sie von innen kommen und dem Kosmos zustreben, oder ob sie vom Kosmos zum Zentrum hin einströmen.

Sie werden sich erinnern, wie Rudolf Steiner den Kamillenprozess mit dem Kalziumprozess in Verbindung bringt und den Löwenzahnprozess mit dem Silicatprozess. Um Silicat zu steigern, nehmen Sie Löwenzahn, und um Kalzium zu steigern, nehmen Sie Kamille.[3]

Wenn Sie dieses Bild betrachten und einige anatomische Tatsachen hinzufügen, werden Sie sehen, dass im Eingeweide zwei Prozesse vor sich gehen: das Eingeweide ist ausgekleidet mit den sogenannten Zotten. Für die allgemeine Wissenschaft sind diese Zotten die Organe, welche die Nahrungssubstanz aufsaugen und in den Raum um das Eingeweide herum hineinführen. Das ist ungefähr so, wie wenn man sagen würde, dass ein am Euter saugendes Kalb Milch in das Euter geben würde. Die Eingeweidezotten sind wie ein Euter und darum herum ist das Maul des Kalbes. Die Nahrung kommt in das Eingeweide, und jetzt denken die Wissenschaftler, dass die Zotten die Nahrungssubstanz in sich aufnehmen, als ob das Euter vom Kalb Milch saugen würde. Aber es ist gerade andersherum.[4]

In den Eingeweiden geht ein Prozess vor sich, der ein- und nicht ausströmt. Was einströmt sind die sekretorischen Substanzen, all die Verdauung bewirkenden Säfte und Fermente, die mit der Nahrung vermischt werden müssen, damit die Nahrung fortlaufend und vollständig zerstört werden kann. Nichts kann durch die Darmwand nach außen gehen. Die Absonderungen können die Wand durchdringen, aber was wir als Nahrung verdauen, geht nicht physisch durch diese Wand. Hinter der Wand sind winzige mit den Lymphgefäßen verbundene Löchlein, welche die Außenseite der Eingeweide auskleiden. Sie vereinigen sich in größeren lymphatischen Gefäßen und bilden schließlich den Brustlymphgang.[5]

Was ist die Funktion der Lymphgefäße? Ich will versuchen, ein Bild davon zu geben. Man muss sich vorstellen, dass die Lymphgefäße in unserem Unterleib einen großen See bilden. In diesem See strömt hinab, was Rudolf Steiner einen kosmischen Nahrungsstrom nennt.

Die Ätherkräfte, die uns ernähren und die durch unsere Sinnesorgane – Augen, Ohren und sogar Kopf – einströmen, diese Kräfte strömen allmählich hinab und verwandeln sich in Materie; aber sie verwandeln sich in Materie erst da, wo sie dem Lymphsee begegnen. Stellen Sie sich vor, ein Regen von Manna, von ätherischen Substanzen, ströme durch unsere Sinnesorgane in unseren Leib und falle tiefer und tiefer, und dieser Regen verwandle sich in Substanz. Wenn er die Stelle nahe bei den Lymphgefäßen erreicht, lässt er sich nieder, und es scheint uns, als ob Nahrungsstoffe durch die Darmwand in die Lymphgefäße eingedrungen wären.

Innerhalb der Lymphgefäße wird der «kosmische Nahrungsstrom» Materie. Von der Nahrung selber gehen nur wenige Substanzen durch die Darmwand. Wenn Sie den physischen und den kosmischen Ernährungsstrom beachten und sehen, wie das Bauchfell mit dem kosmischen Ernährungsstrom verbunden ist und die Eingeweide mit dem irdischen Ernährungsstrom, dann werden Sie verstehen, dass hier zwei entgegengesetzt wirkende Ströme vorliegen. So ist es, wenn Sie Eingeweide nehmen und es mit Kamille füllen oder wenn Sie Gekröse nehmen und Löwenzahn dazunehmen.

Diese zwei Pflanzen sind sich also polar entgegengesetzt, obschon sie nahe miteinander verwandt sind. Wenn ich versuche, die Natur der Kamille zu verstehen, denke ich immer an zwei andere *Compositae*, die ebenfalls nahe damit verwandt sind, nämlich Calendula und Arnika.

Es ist sehr interessant, dass die Blumenblätter der Arnika sich nicht gleichmäßig entwickeln, eines oder zwei sind immer missgestaltet. Beim Studium dieser Blumen finden Sie, dass eine Entwicklungsrichtung gegeben ist aus der wässrigen Saftigkeit der Calendula heraus in die Aufrechte der Arnika. Die Kamille ist eine Blume, die versucht, noch weiter zu gehen und sogar fortzufliegen. Sie duftet auch am stärksten von den dreien; ihr scharfer, wundervoller Duft durchdringt nicht nur die Blume, sondern auch die Blätter. In der Kamille versucht etwas von der Erde fortzufliegen. Es ist dieses, was Sie einfangen, wenn Sie Kamille in Eingeweide tun. Sie benützen diese luftigen, wegfliehenden Kräfte, diesen Duft, der sich der Erde entziehen möchte, und Sie bringen diese Pflanze in die irdischste, destruktive Umgebung, die Darmwand.

Dann tun Sie sie in die Erde, wo sie umgeben ist von den kosmischen Sommerkräften, wenn die Sonne auf den Schnee scheint. In diesen «Würsten», die Sie gemacht haben, werden die Kalzium-Prozesse zusammengesammelt. Der Ausatmungsprozess der Kamille ist nötig, damit die zentralen und zentralisierten Kräfte des Kalziums (strahlenförmig wie im Frosch) wirklich in den Komposthaufen und von dort in den Boden gebracht werden können. Sie fangen den «Wunsch des Kalziums» ein und umgeben es mit dem, was unser irdischer Nahrungsstrom enthält und ihn zerstört. Dies setzen Sie während des Winters den kosmischen Sommerkräften unter der Erde aus.

Löwenzahn ist anders. Es ist eine Pflanze mit hundert Geheimnissen. Welches Kind liebt ihn nicht mit seiner «Federkrone»? Sie können nichts Ausdruckvolleres im Schaffen des Silicats finden. Löwenzahn bildet auf dem Boden eine Art Rosette, wächst auf mit einem sehr safthaltigen Stängel und entfaltet schließlich eine Fülle gelber Blumenblätter. Von ganz anderswoher kommt herunter, was ich nur den geistigen Silicat-Prozess nennen kann, der die «Federkrone» bildet, so dass dies aus dem ganzen Kosmos erschaffen ist. Es wäre aber unrichtig, die «Federkrone» für das Präparat zu benützen. Sie müssen nehmen, was bereit ist, die «Federkrone» aufzunehmen, zu bereiten; nämlich die Blüte. Wir nehmen nur diese Blüten und tun sie in das Gekröse, welches der Träger des kosmischen Ernährungsstroms ist. Innerhalb dieses kosmischen Nahrungsstroms geht nun der Befruchtungsprozess vor sich, der den Silicat-Prozess entwickelt, den Sie dann in den Komposthaufen geben und von dort in die Erde.

4. Vortrag

Der Schädel der Wirbeltiere

5. Oktober 1947

Heute werden wir uns mit drei weiteren Präparaten befassen: Eichenrinde, Nessel und Baldrian. Wir wollen mit dem Eichenrindenpräparat beginnen.

Es ist wohl höchst bemerkenswert, als Hülle für die Eichenrinde den Schädel eines Haustiers zu nehmen. Rudolf Steiner gibt keinen Rat hinsichtlich des Schädels, der gebraucht werden sollte. Ich habe den Eindruck, dass es keinen großen Unterschied macht, ob wir einen Schaf-, einen Kuh- oder sogar einen Pferdeschädel benützen. Die Eichenrinde wird in den Schädel gepresst. Was tut die Eichenrinde in dem Schädel? Was tut der Schädel der Eichenrinde? Die Eichenrinde wird an den Platz getan, wo sich gewöhnlich das Gehirn befindet; Eichenrinde und Gehirn wechseln sozusagen ihren Platz, nur mit dem großen Unterschied, dass abgesehen von dem Schädel nichts mehr physisch vorhanden ist. Das Tier ist getötet, und Sie haben nichts mehr als das Skelett. Aber in dem Skelett ist etwas, das ersetzt, was vorher das Gehirn war. Rudolf Steiner sagt, dass mit diesem Präparat allen Pflanzenkrankheiten vorgebeugt werden könnte.[6]

Was ist das Gehirn, und was ist der Schädel? Gestern sprachen wir von zwei verschiedenen Bereichen, zwei verschiedenen Arten von Raum innerhalb und außerhalb des Menschenleibes. Als wir vom Eingeweide sprachen, das außerhalb, und vom Bauchfell, das wirklich im Innern des Menschenleibes ist, fanden wir zwei völlig verschiedene Regionen. Diese werden für unsere Präparate verwendet. Der Schädelhohlraum ist etwas ganz Besonderes. Wir müssen, um zu verstehen, was es ist, wiederum zurückgehen zur Embryologie, zur ganzen vergleichenden Anatomie, denn nur dann wird man imstande sein zu sehen, wohin man gelangt, wenn der Schädel geöffnet wird.

Wenn heute der menschliche Unterleib oder der Schädel geöffnet wird, vergisst man völlig, was man tut. Wenn der Chirurg sagt, es sei Raum im Schädel, dann realisiert er nicht, was er während der Operation tut. Ich beziehe mich nicht auf die Stimmung, in der die Operation vorgenommen wird; das ist eine ganz andere Sache. Er sieht jedoch nicht ein, in welch geheime Zelle ihm zu gehen erlaubt ist, wenn der Schädel während einer Operation geöffnet wird. Die Außenwelt geht durch das Eingeweide und durch viele andere Organe – die Lungen, die Leber und so weiter – direkt in das Innere unserer Existenz. Die Lungen sind gegen die Außenwelt offen. Ich habe über diese vollständig geschlossenen Räume wie Bauchfell, Herz und alle Blutgefäße gesprochen.[7] Aber die heilige Zelle unseres Schädels kommt von woanders her. Wenn wir Embryologie studieren, zeigt sich, dass sie aus den Sphären der ätherischen Welt stammt. In frühen embryologischen Stadien befindet sich in den Säugern Amnionwasser, das der Träger des Ätherleibs ist. Die oberste Hautschicht, Ektoderm, faltet sich so, dass das Amnionwasser sich in einem Röhrchen befindet. In einem weiteren Stadium rollt sich die Ektoderm zusammen und alles ist jetzt im Körper drinnen (s. Zeichnung, Vortrag 3, S. 119). Hier, in dem Nervenröhrchen haben wir jetzt das Amnion. Aus diesem ganz primitiven Rückenmark entwickelt sich der Schädel; nicht die Schädelknochen, sondern der Hohlraum des Schädels. Dieser Schädelhohlraum ist der frühere Teil, und erst später wird er vom Skelett umhüllt. Es wird nicht unrichtig sein, wenn ich sage, dass das Gehirnwasser die direkte Tochter der Mutter Amnion ist, nicht ein

Enkelkind, sondern ein direktes Kind der Mutter Amnion. Im Innern des Schädels sind wir eigentlich in einer Region, die dem ätherischen Raum angehört, und innerhalb dieses Raumes ist es dem Gehirn möglich, sich allmählich in der fortschreitenden Entwicklung der Menschheit als Grundlage und Zentrum unseres Denkvermögens zu entfalten.

In den Haustieren ist diese Entwicklung zum Stillstand gekommen, oder genauer gesagt, sie hat mehr oder weniger einen gewissen Höhepunkt erreicht. Die Tiere wandern, wenn ich das so ausdrücken darf, in einer anderen Richtung; sie trennen sich vom direkten Weg und wandern mehr oder weniger abwärts. Ein Tierschädel ist etwas, das nicht völlig erreicht hat, was es hätte erreichen sollen, um als Grundlage zu dienen, auf der das menschliche Ich fähig ist, durch Gedankenkraft Bewusstsein zu erlangen.

Im Gehirn der Tiere ist nur das Werden des Bewusstseins – das Werden eines Ich-Bewusstseins – vorhanden, aber es ist, wie Sie wissen, nicht völlig ausgebildet; ihr Gehirn ist gewachsen und strebte nach dem, was der Mensch erreicht, aber es kam vom rechten Wege ab.

Was Rudolf Steiner über Eichenrinde sagt, ist interessant. Er sagt ganz klar, die Eichenrinde sei eine Substanz, die auf dem Wege sei, etwas zu erreichen, was sie noch nicht erreicht habe:

> Und insbesondere ist es die Rinde der Eiche, welche schon eine Art Zwischenprodukt darstellt zwischen dem Pflanzlichen und dem lebendigen Erdigen.[8]

Wir wissen vom *Landwirtschaftlichen Kurs*, dass der Stamm eines Baumes einem aufgeworfenen Erdhügel gleicht, auf dem sich die Pflanze allmählich entwickelt. Stellen Sie sich die gewaltigen Eichenbäume vor, wie sie aus ihrem Stoffwechsel, aus ihrem ganzen Leben, ihrer Existenz ihr irdisches und wirklich hartes Gewand um ihren Stamm herum aufgebaut haben. Das ist gerade noch lebendig, aber auf dem Wege Erde zu werden.

Man sollte verstehen lernen, dass das menschliche Gehirn reine Erde geworden ist, nichts anderes, während das Gehirn der Tiere der Rinde eines Baumstamms gleicht; so dass hinsichtlich der Substanz ein völlig entwickelter Boden dem menschlichen Gehirn ähnlich ist. Wenn er nicht richtig entwickelt ist, nicht richtig behandelt wird, ist er wie Rinde; er kann zu lebendig sein. Wir geben die Rinde in einen Tierschädel, weil in der ganzen Ordnung der organischen Kräfte die Rinde im gleichen Bereich wie das tierische Gehirn steht.

Wir sollten die enorme Weisheit verstehen lernen, aus der heraus Rudolf Steiner diese Präparate gegeben hat. Was sozusagen über alles Messbare hinausgeht, ist dieses In-Gleichgewicht-Bringen der Weltenkräfte. Wir benützen Rinde und bringen sie in Verbindung mit dem Gehirn eines Tieres, indem wir die Rinde in den Hohlraum des Tierschädels hineintun, wo das Gehirn gewesen war.

Wir müssen Rudolf Steiners Hinweis sehr ernst nehmen, wonach dieses Präparat alle Pflanzenkrankheiten heilen kann. Rudolf Steiner legt großes Gewicht auf den Kalziumgehalt in der Eichenrinde, und er sagte, es sei dieser Kalziumgehalt, der so stark mit dem Heilungsprozess zusammenhänge. Das ist wohl leicht zu verstehen, wenn Sie sich vorstellen können, wie Kalzium von den Wurzeln nach oben wirkt und so beides, sowohl die eigene Sensibilität der Pflanze als auch ihre Verwurzelung im Boden sicherstellen.

Aber da ist noch etwas anderes, was mich jahrelang in Verbindung mit der Eichenrinde beschäftigte, denn sie ist auch ein ausgezeichnetes Medikament, und deswegen habe ich sie studiert. Eichenrinde ist eine der wenigen Substanzen, die nicht Eisen enthält – obwohl die Eiche eine Marspflanze ist – sondern dasjenige, was wir in der Chemie als Eisen-Begleiter bezeichnen: Molybdenum, Kobalt, Zink etc. Würden Sie das periodische Tabellensystem der Elemente studieren, sähen Sie das Eisen von genau denselben Elementen umgeben, die wir in der Eichenrinde finden. Wenn wir uns fragen, woher sie kommen, können wir nur mit einem Bild antworten; diese Elemente sind dort als Überbleibsel eines

Planeten, der in einem frühen Zustand der Erdenentwicklung in einem Kampf zwischen Michael und dem Widersacher zerstört wurde. In der Region zwischen Mars und Jupiter befinden sich Hunderte von Planetoiden, und die eisenbegleitenden Elemente sind alle Überbleibsel eines einstigen Planeten.

Diese Elemente haben einen enormen Einfluss auf die ganze Produktivität der Erde, und es wäre eine nützliche Aufgabe für unsere Laboratorien, diese Elemente nicht nur von einer chemischen Perspektive allein, sondern vom homöopathischen Standpunkt aus zu erforschen. Die homöopathischen, ätherischen Kräfte aller Elemente der Eichenrinde haben eine hilfreiche Wirkung für das Kalzium in der Vorbeugung von Pflanzenkrankheiten.

Indem wir die Eichenrinde, die in dem Schädel gewesen ist, in den Komposthaufen geben, schaffen wir etwas ganz Besonderes. Rudolf Steiner sagt, die Nesseln im Komposthaufen machen den Komposthaufen «vernünftig», und dadurch wird dann die Erde auch vernünftig. Ich muss nun hinzufügen, dass das Eichenrindenpräparat im Komposthaufen diesen nicht nur vernünftig, sondern bewusst macht, was viel mehr ist. Ich kann nicht in Einzelheiten gehen, aber eines kann ich sagen: Dasjenige, was das Tier bewusst macht, gibt dem Menschen sein Gewissen und nicht bloß Bewusstsein. Die gleichen Kräfte geben der Pflanze Gesundheit. Eine gesunde Pflanze ist gesund vermöge der gleichen Kräfte, welche Bewusstsein im Tier erschaffen und Gewissen im Menschen aufbauen. – Es sind diese Kräfte, die dem Komposthaufen mit dem Eichenrindenpräparat zugeführt werden. Wir geben ihm einen Teil der gleichen Kräfte, die in uns aufleuchten als Gewissen und dort auch das Gehirn aufbauen. Rudolf Steiner beschreibt den Komposthaufen eben auch als ein Gehirn. Sie geben in dieses einen Funken Gesundheit, denn Gesundheit in der Pflanze bedeutet die richtige Verbindung zu physischen und ätherischen Substanzen.

Das Nesselpräparat sollte ohne Hülle bereitet werden. Es wird in Torf eingehüllt und in den Boden gegeben, wo es während eines Jahres bleibt.

Das sind für die Nessel eigentlich vierundzwanzig Stunden, denn für Pflanzen ist ein Jahr wie ein Tag. Es kann Ihnen nicht entgehen, das warme Interesse und die Freude wahrzunehmen, die Rudolf Steiner für die Nessel fühlt, wenn er über sie spricht. Er sagt: «Sie müsste eigentlich den Menschen ums Herz herumwachsen.»[9] Das kann ich durchaus auch so sehen; es wäre gut, wenn wir diese Kräfte um unser Herz herum hätten – die stechenden sowohl als die beruhigenden!

Also die Nessel, die Rudolf Steiner mit dem Herz in Verbindung bringt, muss in die Erde gebracht werden, und mein Eindruck ist, – auch wenn es nichts anderes als ein Eindruck ist – dass die Nessel auch ihre Hülle hat, dass ihre Hülle aber so weitreichend ist als Mutter Erde selbst.

Von vielen Angaben, die Rudolf Steiner uns Ärzten machte, wissen wir, dass die Lunge tief mit der Erde verbunden ist. Wir können daher leicht verstehen, dass die Nessel in die Erde gelegt wird, und die Lunge – die Atmung, das Ein- und Ausatmen der ganzen Erde – um sie herum gelegt ist. Die Nessel ist nicht von einem Tierorgan, sondern von der ganzen Mutter Erde umgeben.[10]

Das sind die fünf Präparate, und es dünkt mich, wir sollten uns in zunehmendem Maße bewusst werden, wie sie in den Komposthaufen hineinzubringen sind. Ich möchte vorschlagen, dass dies nicht einfach der Diskretion derjenigen überlassen bleiben sollte, die die Präparate benützen. Man sollte wenigstens eine Idee haben, wie ihre Ausstrahlungen wirken und wie am besten mit ihnen vorgegangen wird im Verhältnis zueinander. Ich habe das Gefühl, dass sie in folgender Weise geordnet werden sollten, aber das ist natürlich kein Dogma: Fangen wir damit an, indem wir den Komposthaufen von oben betrachten. Ich habe den Eindruck, es wäre gut, die Eichenrinde etwas abseits von allen anderen Präparaten einzuführen, denn sie ist das ganz besondere Präparat. Weiter drüben kommt die Nessel. Dann käme eine Region, wo die übrigen drei nach Belieben eingeführt werden. Ich würde vorziehen oder vorschlagen, dass Löwenzahn und Schafgarbe und Kamille so liegen sollten, wie in der Skizze gezeigt.

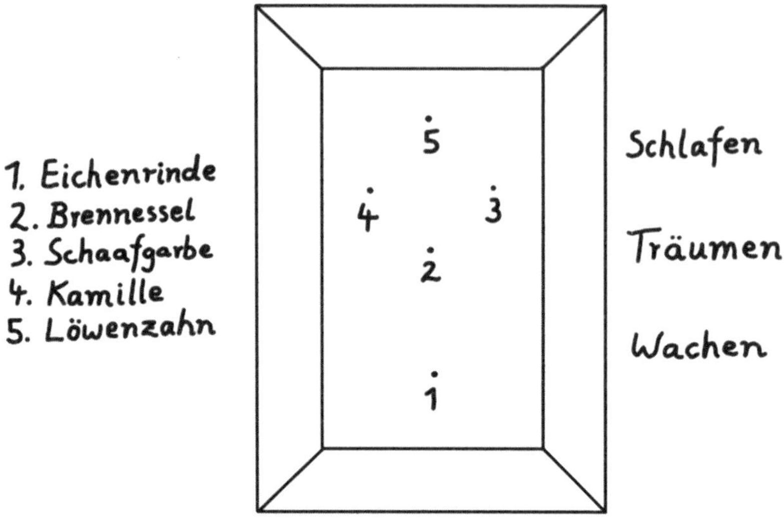

Durch das Einbringen dieser Präparate bringen wir nicht nur einen Lebensprozess zustande, sondern wir machen den Komposthaufen zu einem «werdenden Wesen» mit einem physischen und einem ätherischen Leib; und zu dem, was ich nur nennen kann «Existenzialität des Bewusstseins». Je mehr Sie diese Präparate studieren, desto mehr werden Sie erkennen, dass Sie den Komposthaufen mit der Eichenrinde in einen gewissen Wachzustand bringen, dass das Brennnessel-Präparat ihn zum Träumen bringt, und dass die übrigen Präparate den Schlaf bringen.

Im Komposthaufen haben wir es eigentlich mit drei Gebieten zu tun, und da wir hier im Wirkungskreis der Pflanze sind, sollten wir uns vorstellen – ja, hier sind die Wurzeln, und dieses Eichenrinde-Schädel-Präparat bringt in den Komposthaufen ein Dasein, wie der Same, von welchem die Wurzeln in die Erde sprießen. Und hier, mit dem Brennnessel-Präparat, in dieser Region haben wir alles, was verbunden ist mit

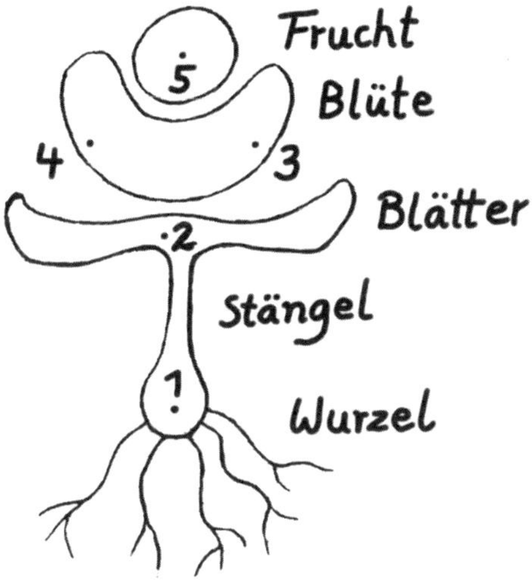

dem Blatt- und Stängel-Prozess. Gestern wies ich auf den Blütenstaub und die Frucht hin, das Staubgefäß und die Pollen, sodass Sie sehen können, wie in diesen Komposthaufen durch das Einfügen der Präparate, Sie eigentlich nichts anderes tun, als die Urpflanze zu schaffen.

Der Komposthaufen wird nun zugedeckt und mit Baldrian besprengt. Warum wird dies getan? Der Phosphor-Prozess wird dadurch belebt, und das ist ein Vorgang, der die Hilfe der Himmelskräfte herunterruft, um all dem, was getan wurde, zu helfen. Die Kräfte herunterzubitten, um zu helfen, dass die Prozesse, die wir anregen wollen mit den Präparaten, so wirken können, wie wir das beabsichtigen – das wird eigentlich angeregt durch den Baldrian.

Ich könnte nun natürlich lange sprechen über Baldrian als Medizin für Mensch und Tier, aber hier wird er nicht so sehr auf medizinische Weise gebraucht, sondern vielmehr im Allgemeinen. Es wird getan – ich getraue mich kaum, es zu sagen, aus Furcht, einen falschen Eindruck zu erzeugen – wie der Weihrauch am Altar gebraucht wird. Man tut etwas, um die Hilfe der höheren Welten herunterzubitten: «Lasst die Urpflanze herunterkommen»!

Wenn wir dies verstehen, bemerken wir, wie weitreichend der Prozess ist; wenn wir nämlich alles in der richtigen Weise tun, beleben wir diejenigen Menschen, die sich mit dem ernähren, was wir als Landwirte produzieren. Wir helfen ihnen, ihre eigene Urpflanze zu erschaffen. Die Urpflanze ist nicht einzig der Besitz des Pflanzenreiches. Wir als Menschenwesen tragen die Urpflanze auch in uns, nur tun wir es in umgekehrter Richtung. Das führt zu einer Erneuerung unserer ganzen physischen Existenz. Was Rudolf Steiner einmal «Phantom» nannte,[11] ist verbunden mit der Urpflanze im Menschen, die im Laufe der Zeit mit Hilfe des Christusimpulses auf Erden aufgebaut werden muss. Wenn wir in die Praxis umsetzen, was Rudolf Steiner in Koberwitz gab, dienen wir diesem Ziel.

Sie merken mehr und mehr, dass diese Dinge nicht nur eine Gewohnheit für die Arbeitspraxis werden, sondern dort, wo Menschen dieses Verfahren befolgen, sie das ganze Wesen der Erde wieder mit dem Kosmos verbinden. Das Besprengen des Komposthaufens mit Baldrian ist eigentlich der wichtigste Prozess und, wenn wir ihn ausführen, sollte es auch so in unserer Seele leben. Etwas, wie das Benetzen mit Baldrian, dieser Ruf um Hilfe des Geistes für die Arbeit auf Erden, sollte in unsere ganze Existenz als Gärtner und Landwirt eindringen und sie durchdringen.

Am Anfang dieses Vortragskurses sagte ich, es scheine mir, dass alles, was uns Rudolf Steiner für die Landwirtschaft gegeben hat, nur mit dem verglichen werden kann, was einst in der alten Persischen Epoche dem Menschen durch das Wissen um die Rebe und Weizen, Wein und Brot, gegeben wurde. Wir müssen uns mehr und mehr vergegenwärtigen, welch heilige Gabe wir in uns tragen, wenn wir lernen, dies zu verstehen und es auch auszuführen. Das ist die einzige Antwort auf die Abtrennung der verschiedenen Richtungen im landwirtschaftlichen Denken in der heutigen Welt.

Alexander der Große schrieb einst an Aristoteles und fragte ihn, warum er alle seine esoterischen Schriften der Welt gebe und sie nicht ihm überlasse. Aristoteles soll geantwortet haben: «Sehen Sie, sie mögen diese Schriften wohl lesen können, aber sie werden sie nicht verstehen.» Wir müssen verstehen lernen. Wir können alle diese Substanzen benützen, aber wenn wir sie nicht verstehen, werden wir sie nur missbrauchen. Nur wenn wir als Landwirte versuchen, immer mehr Ehrfurcht gegenüber der Geisteswissenschaft zu entwickeln, werden wir fähig, richtige Landwirte zu sein. Die Abtrennung dieser Präparate von der Anthroposophie, das Abschneiden der neuen Erkenntnisse über die Landwirtschaft von der Geisteswissenschaft, gleicht einem vom Baume abgesägten Ast, der bald sterben muss. Es ist der Landwirt, der seinen Hof führt, und es ist die Anthroposophie im Landwirt, die den Hof in der richtigen Weise führt.

Rehe und die Bildung von Horn und Geweih

von Karl König

Über die Schwangerschaft der Rehe

aus *Natura*, 1929/1

In der *Münchener Medizinischen Wochenschrift* vom 8. März 1929 berichtet H. Kraus eine wunderbare Tatsache, die wohl schon lange bekannt, aber neu einer Erwähnung bedarf. Er schreibt: «Es hat seit Jahren die Aufmerksamkeit der Jäger erregt, dass man selbst Monate nach der Rehbrunst, die sich Ende Juli, bzw. Anfang August ereignet, nicht imstande ist, in der Gebärmutter der Rehgeißen eine Schwangerschaft nachzuweisen. Nachdem die Rehe ihre Jungen erst im Mai bzw. Anfang Juni setzen, glaubte man lange Zeit, das Treiben der Rehe im Hochsommer wäre nur eine Scheinbrunst und erst im Spätherbst erfolge das wahre Beschlagen der Rehgeißen. Nach jahrelangen, mühevollen Untersuchungen ist es Bischoff als Erstem gelungen, in die Geheimnisse dieser eigenartigen Schwangerschaft zu dringen. Nach einer wenige Tage dauernden Wanderung durch die Eileiter, wo sich bereits Eizellen und Spermatozoen befruchten, gelangen die also schon befruchteten Eizellen in die Gebärmutter und verbleiben dort bis Ende Dezember, ohne mit der Schleimhaut irgendeine organische Verbindung einzugehen. Während dieses monatelangen Zeitraumes kommen die jungen Eier des Rehs nicht über die ersten Phasen der Entwicklung hinaus. Allein, plötzlich, gegen Ende Dezember beginnt das Ei mit derselben Schnelligkeit der Entwicklung, wie bei den übrigen Säugetieren, seinen weiteren Aufbau durchzuführen, und zwar, dass innerhalb von 21 – 25 Tagen alle Teile des Embryos und der Eihüllen so weit gebildet sind, dass sie fortan bis zur Geburt nur noch eine Vergrößerung erfahren.»

Wer könnte das verstehen, dass etwa drei Monate das Ei in befruchtetem Zustand in der Gebärmutter ruht, ohne einen Entwicklungsprozess einzugehen? Alle Bedingungen für diese Entwicklung sind ja scheinbar vorhanden. Kaum dürfte die innere Struktur des Mutterleibes vom Oktober bis zum Dezember hin sich ändern. Dennoch setzt die Entwicklung erst in den letzten Tagen des Dezembers ein, mit anderen Worten: sie beginnt in der Weihnachtszeit. Es gibt wohl keinen klaren Beweis für die kosmische Wirksamkeit dieser Weihnachtstage, als gerade diese, dass der Reh-Embryo erst in dieser Zeit seine Entwicklung beginnt. Die Kräfte, die aus dem Kosmos am stärksten in dieser Zeit die Erde befruchten, treffen auch auf das Ei der Rehe und führen es zur Ausgestaltung und Ausbildung. Im Zeichen dieser Kräfte wurde auch das Jesuskind geboren.

In der Arbeit über das logogenetische Grundgesetz[1] versuchte ich zu zeigen, dass die menschliche Embryonalzeit ihren Zusammenhang hat mit der einmaligen Erscheinung des Christus-Jesus auf Erden, wie das Hereinziehen der menschlichen Individualität, das sich in der ersten Ausbildung des menschlichen Embryos kundtut, der Johannes-Taufe entspricht. Diese fand statt am Epiphaniastag, dem 6. Januar. In der Winterzeit zieht nicht nur das Jesuskind in die Erdenwelt ein, sondern auch der Christus in den Jesus. Die gleichen Kräfte bewirken es auch, dass das Ei der Rehe so lange stille steht, bis die Zeit da ist, in deren Schutz es entwickelt und ausgebildet werden kann. Wer die Bilder, die Frau Kolisko durch Metallversuche zu den verschiedenen Festeszeiten entstehen ließ, sehen konnte, ist überzeugt von der Realität dieser Festzeiten. Was hier ein menschliches Experiment offenbart, führt die Natur selbst in der Schwangerschaft der Rehe uns vor Augen.

Über das Geweih-Abwerfen der Rehe

aus *Natura*, 1929/2

Der jährliche sich wiederholende Prozess des Geweih-Abwurfs beim Rotwild ist in seiner Offenbarung ein merkwürdiges Naturereignis, das kaum durch irgendwelche Zielstrebigkeit oder Zweckmäßigkeit, mit der in der heutigen Biologie gerne alles erklärt wird, gedeutet werden kann. Es vollzieht sich ja folgendes, dass nach erfolgter Bedeckung der Weibchen der Bock anfängt mit seinem Geweih zu schaben, so lange bis es abfällt. Aber dieses Schaben ist nicht das ursächliche Moment des Geweihabwurfs. Es vollzieht sich dabei eine Umstellung im ganzen Leib des Bockes, welche allmählich zum Geweihabwurf führt. Der alte Anatom Soemmerring beschrieb schon, dass vor dem Abwerfen des Geweihes die Blutgefäße, die es ernähren, sich zurückbilden, das Blut nicht mehr in das Geweih einströmt und es somit verurteilt, als nicht mehr dem Körper zugehöriger Fremdteil abgeworfen zu werden. In jedem Frühjahr beginnt neuerlich der Prozess der Geweihausbildung, der etwa in der ersten Sommerzeit vollendet ist. Man dachte, dass diese Geweihausbildung dazu da ist, dass das Männchen im vollen Hochzeitsschmuck, wie man es nannte, in die Brunstzeit hineinginge, um so das Weibchen anzuregen, sich von ihm bedecken zu lassen. Andrerseits wollte man auch weismachen, dass dieses Geweih wohl auch deshalb ausgebildet werde, um als Waffe im Kampf ums Dasein zu dienen. Warum es gerade notwendig ist, das Hochzeitskleid, wenn es ein organisches Gebilde ist, zu bestimmten Zeiten abzulegen, um es zu anderen Zeiten wieder neu anzulegen, ist fraglich. Es ginge ebenso gut und mit stärkerer Natürlichkeit, wenn der Bock sein Geweih auch über Winter hin trüge; denn auch eine Waffe, gerade in den schärfsten Kampfesmonaten, die ja der Winter für das im Wald lebende Wild ist, hinter den Ofen zu stellen, ist recht unzweckmäßig. Auch jedes Jahr eine neue Sprosse am Geweih auszubilden und dadurch männlicher und begehrenswerter zu erscheinen, könnte der Bock vielmehr dadurch ausführen, dass er am alten Geweih, einen neuen Sprossen ansetzt, wie es ja meistens bei Pflanzen geschieht. Es liegt wohl eine tiefere Ursache dieser Erscheinung zugrunde. Wenn man den Bock nicht als alleiniges Wesen, abgeschlossen von der gesamten Rehheit betrachtet, ist ja folgendes zu bedenken: Gerade nach der Zeit der Befruchtung der Geißen wirft der Bock sein Geweih ab. Erfolgt im Frühjahr die Geburt der Jungen, dann hat der Bock sein Geweih wieder in neuer Pracht ausgebildet. Bock und Geiß vollziehen so im Jahreslauf ein wechselweises Geschehen. Ist die Geiß trächtig, dann ist der Bock geweihlos. Trägt der Bock sein Geweih, dann geht die Geiß ohne Jungen. Brehm beschreibt folgendes: Nach dem Abwerfen des Geweihes sucht der Hirsch im Freien die Ruhe, tut sich an einsamen Plätzen nieder und scheint ermattet, wenigstens mutlos zu sein.

Wer ein Muttertier gesehen hat, knapp vor der Geburt, kann dasselbe an diesem beobachten. Es sucht Ruhe an einem einsamen Platz und scheint ermattet und müde zu sein. Es liegt also in dem Prozess des Geweihabwerfens ein Ähnliches vor, wie in der Schwangerschaft. Es ist nicht von der Hand zu weisen, den Bock als trächtig anzusehen, wenn er das Geweih trägt, genau so wie die Kitz, wenn sie die Jungen im Leibe hat. Es ist also die Rehheit während des ganzen Jahres schwanger. Wenn die Mutter geworfen hat, setzt der Vater das Geweih auf. Was sich hier vollzieht beim Bock, scheint einer Geistgeburt zu gleichen, wie das Kalben der Geiß eine physische Geburt darstellt. Bei der Ausbildung des Geweihes gehen auch Prozesse vor sich, die ganz und gar denen gleichen, die bei der Ausbildung der Gebärmutter sich vollziehen, die das reife Ei in sich aufnehmen soll. Der genannte Anatom Soemmerring beschreibt eine reichliche Zunahme der Blutzufuhr zu den Geweihkolben, eine mächtige Ausbildung des Gefäßnetzes um den Stock des Geweihes herum, also Prozesse, die eine ungemeine Ähnlichkeit mit den Prozessen der Schwangerschaftswerdung der Gebärmutter haben.

Es scheint nicht ohne Bedeutung zu sein, dass gerade im Herbst der Tag des Heiligen Hubertus ist. Dieser Jäger sah im Herbst, also kurz vor dem Abwurf des Geweihes eine Erscheinung, die Imagination des Gekreuzigten inmitten der beiden Stangen. Nun stellt ja das Geweih, wenn man es metamorphotisch betrachtet, nichts anderes dar, als umgewandelte Rippenstäbe. Das Haupt entspricht wenigstens im Allgemeinen, den Wirbeln und das Geweih den an den Wirbeln angesetzten Rippen. Im Innern der menschlichen Brust, die aus Wirbeln und Rippen ihre Formung erhält, liegen Lunge und Herz. Das Herz mit seiner Raumkreuzgestalt, mit seinem immerwährenden Pulsschlag, ist ein beredtes Zeugnis für die Wirksamkeit des Christus in uns. Die Lunge, die schützend dieses Herz umgibt, fängt den Atem ein und belebt mit ihm die rhythmische Pulsation unseres Herzens. Was da in physischer Ausbildung vorhanden ist, erscheint im imaginativen Bild des Jägers Hubertus. Das Bild des Gekreuzigten inmitten des Geweihes entspricht dem im Menschen schlagenden Herzen, das von den Rippen umschlossen ist. Der Strahlenkranz um den Gekreuzigten im Hubertusbild, er weist auf die Lunge, die die Verbindung schafft zwischen innen und außen.

Wer jemals ein sich bildendes Geweih auf dem Haupt von Hirsch oder Reh gesehen hat, kann sich nicht des Eindrucks erwehren, dass hier ein Bäumchen zu sprießen beginnt. Die feine zarte Behaarung, der zarte Flaum des Stockes hat etwas ungemein Pflanzenhaftes und gerade im Frühjahr, wo die Pflanzen neu der Erde entkeimen, entkeimt auf dem Haupt des Wildes das Geweih. Ein heiliges Geschehen offenbart sich in all diesen Tatsachen. Es trägt dieses Geweih die Kräfte der Erde, des Pflanzenbildens in sich, und es hat von der Erde aufgenommen etwas von der Christuskraft, die diese durchzieht. Deshalb, weil gerade Reh und Hirsch in solcher Art verbunden sind mit der Christusfestlichkeit der Erde, entwickelt das Ei des Rehes sich erst dann, wenn die Weihnachtszeit da ist. Von den heiligen Tieren des Waldes sprach man früher. Jetzt ist ein solcher Tierfreund, wie Brehm dazu gekommen, von der Dummheit und Hinterlist der Hirsche und Rehe zu sprechen. Gewiss, was das Gruppenseelenhafte dieser Tiere betrifft, ist die Beobachtung und Beschreibung richtig. Was ihre Körperlichkeit aber darstellt, ist sie eingespannt in die Kräfte unserer Erde, die vom Blut des Heilands benetzt worden ist. Es erscheint somit das Abwerfen des Geweihes beim männlichen Rotwild weder ein Prozess zu sein, der irgendetwas mit der Sexualität dieser Tiere zu tun hat, noch ein Prozess, der der unmittelbaren Wehr im Kampf ums Dasein gilt. Er ist vielmehr eine unmittelbare Offenbarung des Erdenwesens selbst, mit dem diese Tiere in so inniger Verbindung stehen.

Horn und Geweih

1935*

Jede Naturgestalt, die nicht nur beschreibend, sondern auch so betrachtet wird, dass der innere Sinn ihres Daseins gesucht wird, offenbart Geheimnisse, die an ein Urphänomen heranführen. Ob es die ganze Gestalt einer Tiergruppe oder ein einzelnes Organ ist; ob der Teil einer Landschaft oder die Gesteinsbeschaffenheit eines Landstriches studiert wird, überall kann, bei tieferem Eingehen auf die einzelnen Dinge, das ihnen zugrunde liegende Urphänomen erahnt oder erschaut werden.

Es gibt aber nicht viele Naturgestalten, die unmittelbar dazu geschaffen sind, klar und deutlich die in ihnen wirkenden Ideen in Realität zu erfassen. Damit ist hingedeutet auf Gestalten, die so geschaffen sind, dass sie selbst schon, bei einer einigermaßen richtigen Betrachtung, nichts anderes sind als ein offenbares Bild der geschaffenen Idee. Zu diesen Gestalten gehören unzweifelhaft die *Stirnbeinaufsätze der Wiederkäuer.*

Wem wäre noch nicht dieser seltsame Schmuck zur naturwissenschaftlichen Frage geworden, der die Schädel einzelner Wiederkäuer ziert; Hörner und Geweihe, in ihrer vielfältigen Gestalt? Beide Bildungen, sowohl Horn, als auch Geweih, aber werden oft nur beschrieben, wie sie wachsen und wieder vergehen; entstanden auf den Stirnbeinen von Hirsch und Rind, Schaf und Elch sieht man sie meist als Waffen an,

* bisher unveröffentlichtes Manuskript.

ohne sich näher zu fragen, welches geheime Gesetz da wirksam ist, das in zauberhafter Kraft, diese Gebilde hervorgehen lässt.

Schon der Standort allein, das Stirnbein der Tiere, kann zur Frage werden. Warum bilden sich Horn und Geweih eben an der Stirne aus und nicht an anderen Teilen des Schädels? Und warum wird das eine Geweih, das andere Horn? Und warum tragen eben die Wiederkäuer diesen Zierat an ihrem Schädel und kaum ein anderes Tier?

All diese Fragen finden in der reinen Anschauung allein, nicht wenn in falscher Art hinter den Dingen die Lösung gesucht wird, ihre Beantwortung. Und so möge zunächst eine einfache Beschreibung, die Vielfalt der Tatsachen ordnen.

Je näher beide Gebinde betrachtet werden, umso deutlicher ist ihre Gegensätzlichkeit zu erkennen. Das Horn ist wohl ein Stirnbeinaufsatz, wie das Geweih, aber wie grundverschieden sind beide in ihren Ausgestaltungen, Lebensgewohnheiten und Materieverhältnissen!

Das Horn wird in der frühesten Jugend des Tieres angelegt, wächst mit ihm weiter, bildet Schicht um Schicht, bis es mit seinem Träger (falls keine anderen Zwischenfälle eintreten) abstirbt.

Anders das Geweih. Es wird auch in der frühesten Jugend angelegt, aber im Lauf eines Jahre stößt es sich ab und erneuert sich wieder. Und jede Erneuerung ist gleichzeitig eine Vergrößerung und Verbreiterung. Es wächst mit der Zahl der Erneuerungen, d.h. mit der Zahl der Jahre seines Trägers.

Während beim Horn nur ringförmige Verdickungen jährlich sich ansetzen, bildet das Geweih immer neue Stangen aus, je älter es wird.

Was im Baum in der Gesamtheit anzuschauen ist, dass im Stamm Ring um Ring sich bildet und im Geäst immer neue Zweige entstehen, ist wie auseinandergelegt in Horn und Geweih vorhanden. Das Horn ist ein Stamm, der Ring um Ring nach dem Jahreslauf bildet. Das Geweih aber ist das Geäst, das immer neue Zweige und Äste ansetzt, aber so, dass im Gang des Jahres immer das ganze Astwerk abgeworfen wird, um einem neuen, größeren und schöneren zu weichen. Was im Baum nur den Blättern geschieht, dass sie im Herbst braun und rot werden und abfallen, geschieht im Geweih der ganzen ästlichen Bildung.

Kann durch diese erste Beschreibung schon ein Wesensunterschied erfasst werden? Das Horn bewahrt den Jahreslauf in seinen Schichten. Das Geweih aber führt den Jahreslauf mit intensiver Anteilnahme aus, indem es im späten Winter abfällt, im Frühling erneuert wird und im Hochsommer, beim *Fegen*, die höchste Ausbildung erreicht hat.

Wird nun auch noch die Substanz studiert, aus der Horn und Geweih bestehen, dann kann eine weitere Gegensätzlichkeit dieser Gestalten erkannt werden.

Das Horn ist in seiner Gänze nichts als Haut. Wie unsere Nägel verhornen oder wie die Hufe der Wiederkäuer verhornt sind, so ist auch das Horn selbst eine allmählich und langsam entstehende Verdichtung der Haut, die über bestimmten Stellen der Stirnknochen sich ausbildet, weiterwächst und nach außen hin die Hornschichten anlegt. Was die Haut aller Wirbeltiere an sich trägt als Tendenz, nach außen zu verhornen, z.B. Nägel, Hufe, Schuppen, Federn und Haare zu bilden, ist an dieser Stelle zu einer mächtigen Kraft gesteigert, aus der dann das Horn allmählich hervorgeht. Im Innern des Hornes entstehen Hohlräume, nach außen aber wird Schicht um Schicht dieses harten Materials abgesetzt, das als Horn bezeichnet wird. So ist dieses Gebilde nichts anderes als ein gesteigertes Prinzip, das sonst auch in der Haut vorhanden ist. Die Verhornung wird in ihrer Steigerung an beschränktem Ort zum Horn.

Anders ist das Geweih. Es ist kein Hautgebilde, sondern ein Knochen. Solange es wächst, ist es noch von einer dünnen, stark durchbluteten Hautschicht umzogen, die als der so zarte und feine Flaum bei jungen Geweihen angeschaut werden kann. Nach dem Fegen des *Bastes* aber erstrahlt der Geweihknochen in seiner ausgebreiteten Schöne am Haupt seines Trägers. Wie im Horn die Tendenz der Haut zu verhornen gesteigert und anschaubar ist, so zeigt das Geweih die Tendenz des Knochens, sich immer lebendig neu zu gestalten, gesteigert in seiner

Gestalt und Gewohnheit. Es stirbt und wird neu und immer größer und schöner. Was der Knochen sonst schaffend verborgen in sich trägt, wird im Geweih anschaubar offenkundig. Denn gerade der Knochen, als Bildner des Blutes in seinem Mark, ist der Repräsentant des sich ständig erneuernden Lebens im Organismus.

Überschaut man nun noch die Gestalten der Hörner und Geweihe in all ihren Arten und Abarten, dann fällt eines sofort in die Augen. Das Horn ist in allen seinen Bildungen nie gerade, sondern nur gedreht. Es bildet bis in die bizarrsten Gestaltungen hin diese in sich gedrehte Form aus. So dass es auch nie Zweige aus sich heraussetzt, sondern nur in einer ungeteilten Richtung wächst, diese Richtung aber spiralig ein- oder ausrollt. Bedenkt man, dass das Horn durch allmähliche Ablagerung nach außen entsteht, dann ist diese Form durchaus verständlich. Denn je mehr an einer Seite die Ablagerung sich vollzieht, umso stärker gedreht wird die Richtung des Hornes sein. Es ist ein geologisches *Geschiebe*, das sich da ausbildet. Hingegen wächst das Geweih nie spiralig, sondern immer so, dass es sich teilt, und dass die Teile sich wieder teilen. So, dass Ast auf Ast mit Zweigen und Stängeln gebildet werden. Auch diese Bildungsform ist zu verstehen, wenn daran erinnert wird, dass im Geweih der Knochen sich offenbart. Ein Gebilde, das von innen nach außen wächst und so seine innersten Gestaltungskräfte strahlenförmig nach außen ergießt. So können wir sagen: das Horn ist Haut und in seinem Wachstum wird durch Ablagerung nach außen ein innerer Hohlraum begrenzt. Die Gestaltung ist spiralig. Das Geweih aber ist Knochen und in seinem Wachstum wird ein Außenraum von innen her durchdrungen. Das untenstehende Bild kann diese beiden Grundkräfte organischer Gestaltung veranschaulichen: die im Horn wirkende, die aus der Peripherie ein Inneres zu umschließen sucht und die im Geweih wirkende, die von einem Zentrum oder Inneren aus, eine Außenwelt zu durchdringen sucht.

Nun hat Goethe in erster Annäherung die gleichen Kräfte im Pflanzenreich wirksam gefunden und sie als die Spiraltendenz und Vertikaltendenz in der Vegetation bezeichnet. Er sagt an einer Stelle der Schrift:

Die Peripherie strebt zum Zentrum.

Das Zentrum strebt zur Peripherie.

> Die zwei Haupttendenzen also oder, wenn man will die beiden lebendigen Systeme, wodurch das Pflanzenleben sich wachsend vollendet, sind das Vertikalsystem und das Spiralsystem; keins kann von dem anderen abgesondert betrachtet werden, weil eins durch das andere nur lebendig wirkt. Aber nötig ist es, zur bestimmten Einsicht, besonders aber zu einem deutlichen Vortrag, sie in der Betrachtung zu trennen und zu untersuchen, wo eins oder das andere walte.

Nirgends aber erscheint Spiral- und Vertikaltendenz so getrennt voneinander und daher so deutlich wirksam, wie in Horn und Geweih.

Und Goethe sagt weiter:

> Das Vertikalsystem, mächtig, aber einfach ist dasjenige, wodurch die offenbare Pflanze sich von der Wurzel absondert und sich in gerader Richtung gegen den Himmel erhebt. Ist nicht das Geweih mächtig, aber einfach, sich gegen den Himmel erhebend?

Und weiter:

> Sehen wir ins Allgemeine zurück: das Spiralsystem ist abschließend, den Abschluss befördernd. Und zwar auf gesetzliche, vollendete Weise?

Das aber ist die Charakterisierung des Horns.

Denn wird nun nicht nur Horn und Geweih angeschaut, sondern auch deren Träger, z.B. das Rind und der Hirsch, dann wird unmittelbar anschaulich, wie das eine dem anderen polar entgegensteht. Denn das Rind ist ein in sich ruhendes Tier. Es verdaut und kaut das Verdaute wieder. Eine in sich abgeschlossene, ruhende Art hat das Rind. Und den Abschluss dieses inneren Vorganges besorgt das Horn. Es hält *abschließend, den Abschluss befördernd* den ganzen Verdauungsprozess im Tier zurück. Der Hirsch hingegen, zitternd in Angst, ständig die ganze Weite seiner Umgebung mit dem Geweih abtastend, ist nicht ein Bild der Abgeschlossenheit, sondern des Aufgeschlossenseins. Das Geweih ist sein großes Tastorgan, das ihm die Scheu gibt, weit über seine unmittelbare Umgebung hinaus zu leben. Seine *Witterung* ist das aus dem Zentrum nach außen dringende Geweih, das wie strahlend noch weit in die Umwelt des Waldes hinein sich fortsetzt.

Und Goethe sagt zum Schluss seiner ganzen Betrachtung:

> Kehren wir ins Allgemeine zurück und erinnern an das, was wir gleich anfangs aufstellten, das vertikal sowie das spiral strebende System sei in der Pflanze aufs innigste verbunden; sehen wir nun hier jenes als entschieden männlich, dieses als entschieden weiblich sich erweisen, so können wir uns die ganze Vegetation von der Wurzel auf androgynisch insgeheim verbunden vorstellen, worauf denn im Verfolg der Wandlungen des Wachstums die beiden Systeme sich im offenbaren Gegensatz auseinander sondern und sich entschieden einander gegenüber stellen, um sich in einem höheren Sinne wieder zu vereinigen.

So sucht Goethe ein männliches Prinzip in der Vertikal- und ein weibliches Prinzip in der Spiraltendenz. Denken wir aber nicht nur so weit wie Goethe, sondern noch weiter, wie Rudolf Steiner, dann kann die Spiraltendenz nicht als weibliches Prinzip angeschaut werden, sondern in all ihren Kräften, die sich in der Hornbildung offenbart als die Kraft des bewahrenden, von außen nach innen zum Abschluss und zur Gestalt führenden Kraft des Mondes erkannt werden. So ist auch die Form zweier Hörner meist die einer Mondenschale. Und die Vertikaltendenz wird nicht als männliches Prinzip angeschaut werden, sondern erkannt als die im Geweih sich offenbarende Kraft der im Lauf des Jahres sich immer erneuernden, von innen nach außen wirkenden Sonne.

Geweih trägt die Kraft der Sonne in sich und Horn die Kraft des Mondes. Bewahrend, bildend, abschließend und erneuernd, so treten uns diese beiden Kraftgestalten entgegen. Der kreisende Mond als der Bildner des Hornes. Die strahlende Sonne als die innere Kraft des Geweihs. So dass jetzt beiden zwei Weltenkräfte entsprechen, die geordnet folgende Reihe ergeben:

Horn	**Geweih**
bewahrend	bildend
Haut	Knochen
von außen umschließend	von innen durchstrahlend
weiblich	männlich
Spiraltendenz	Vertikaltendenz
ruhend	erneuernd
Mond	Sonne

Und nicht ohne Sinn und Bedeutung erschauten vorchristliche Menschen, wie die Ägypter, zwischen den Hörnern der Kuh, die Sonnenscheibe. Und als Gegenbild kann jenes imaginative Erlebnis des heiligen Hubertus gesehen werden, der als nachchristlicher Mensch im Geweih des Hirsches das Kreuz erblickt.

Denn in der Mondenschale der Hörner wird die Sonne erschaut, wie in der Sonnenbildung des Geweihs, das Kreuz. Was vor und nach dem Erdenleben des Christus als Bild an Horn und Geweih erschien, ist ein sprechendes Bild für deren inneren Sinn

Aus dem Notizbuch Karl Königs, datiert 24.1.1935.

Über Horn- und Geweihbildungen

Für die Landwirtschaftliche Gruppe

Internes Arbeitsblatt, 1964

Von Goethe stammt der Spruch: «Es ist nichts in der Haut, was nicht im Knochen ist.» Damit wollte er auf die Identität dieser beiden Organe hinweisen, die gleichzeitig eine Polarität darstellt. Denn zu alleräußerst deckt die Haut den Leib der Tiere; zu allerinnerst aber stützt das Skelett den Leib bei allen Wirbeltieren.

Die Wirbellosen hingegen bilden nur einen äußeren Skelettpanzer, der im Zusammenhang mit der Haut sich ausgestaltet. Die Wirbeltiere aber bilden ein Innenskelett, das ihnen allein zukommt.

Das Skelett der Wirbellosen wird aus *Chitin* gebildet; diese Substanz ist ein stickstoffhaltiges, der *Cellulose* ähnliches Polysaccharid, das also einen mehr pflanzlichen Charakter hat.

Im Skelett der Vertebraten aber handelt es sich vor allem um Einlagerungen, die aus Kalzium und Kohlenstoff bestehen; $CaCO_3$, auch $MgCO_3$ (Kalzium- und Magnesiumkarbonat). Das sind Mineralsalze, die in den Haushalt des Organismus aufgenommen werden.

So können wir sagen: Im Außenskelett der Wirbellosen herrscht eine Bildetendenz vor, welche als eine Fortsetzung der pflanzlichen Rinden- und Stützbildung anzusehen ist.

Im Innenskelett der Wirbeltiere wird ein Schritt weitergegangen. Diese Tiere gliedern sich das feste Mineralreich in ihren Leib ein.

Gleichzeitig aber entsteht bei den Wirbeltieren in der Haut eine neue Substanz, die Härte und Festigkeit verleiht. Es ist das *Horn* oder *Keratin*. Dieser Stoff besteht aus einer großen Zahl verschiedener Aminosäuren – besonders Cystein – und enthält viel Schwefel. So dass uns hier das tierische Substanzprinzip entgegentritt. Schuppen, Federn, Haare, Nägel, Hufe sind daraus gebildet.

Die Wirbeltiere können also auch dadurch charakterisiert werden, dass sie mineralische Substanzialität in ihren Knochen, – tierische Substanzialität aber in ihrer Haut abscheiden. Der letztere Prozess ist ein nach außen abschirmender; der erstere ein nach innen erneuernder. Was soll damit gesagt sein?

Alle abbauenden Kräfte, die im Leib wirksam sind, haben einen zentrifugalen Charakter. Sie wirken vom Zentrum hin zur Peripherie. Durch sie wird altwerdende Substanz abgeschoben. Es sind vor allem die Sinnesprozesse, die diesen Vorgang bewirken. Denn die Sinne ermöglichen das allmähliche Erwachen zum Tagesbewusstsein und es ist dieses, das alle Abbauprozesse im Leibesinnern bewirkt. *Dickdarm, Niere* und *Haut* sind die hauptsächlich wirksamen Ausscheide-Organe.

Die Sinnesorgane aber leben in einer Sphäre von Kieselsäure und sind deshalb vom Kieselprozess durchzogen. Dieser Vorgang durchlichtet und durchleuchtet den Organismus. Dort aber, wo viel Licht ist, entsteht auch viel Schatten und die dem *Horn und Keratin verwandte Substanzen* stellen den *Schatten der Kieselsäure dar.*

Aus dem Licht des Tagesbewusstseins bildet sich der Schatten der Abbauprozesse, die im Horn in Erscheinung treten.

Im Gegensatz dazu verhält sich das Innenskelett der Wirbeltiere. Es besteht aus Kalksubstanzen und steht daher der Sinnes-Haut-Kiesel-Prozessualität polar entgegen. Wir dürfen sagen, dass sich im Knochen Dunkelheit ausbreitet. *Dunkelheit* aber ist auch identisch mit der *Schwere* und dadurch ist allen Wirbeltieren und uns Menschen ein Schwerefeld in die Leibesorganisation mit eingegliedert. (Die Wirbellosen unterliegen nicht der Schwere, sondern nur dem Dunkel.) Im

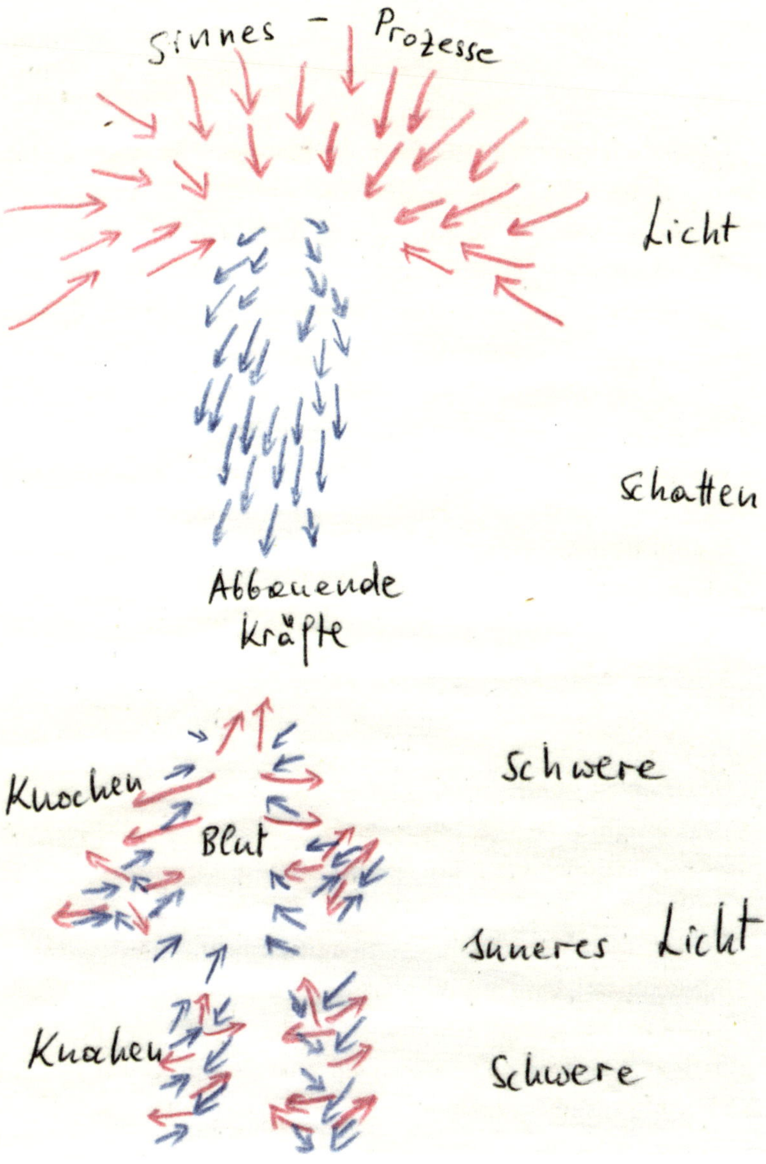

Diese und die Abbildungen von den Seiten 157 u. 158 sind Faksimile aus den von Karl König an die Landwirte verteilten Manuskripten.

Skelett setzen sich Wirbeltier und Mensch mit der Schwere auseinander. Aus diesem Prozess entsteht die Bildung des roten Blutes. Denn der Knochen-Schwere-Bereich wird von individuellen und vom Art- und Gattungs-Ich durchhellt und dadurch entsteht die Anregung zur Blutbildung. So wird im Innern des Knochen-Dunkels eine Lichtbildung erwirkt. Gleich einem Quell, der aus dem Felsen entspringt, bildet sich im Knochen-Innern das rote Blut. Seine Substanz besteht aus Hämoglobin. Dieser aber ist dem Chlorophyll verwandt und erweist dadurch seinen pflanzlichen Charakter. Nur ersetzt hier das Eisen das im Chlorophyll vorhandene Magnesium. Eisen ist Farbenglanz; Magnesium hingegen ist weißes Licht. – Somit entstehen zwei Sphären. Die eine ist die *Sphäre der Haut.* Die andere *die des Knochens.* Die Sphäre der Haut hat mit Licht, Erhellung des Bewusstseins und mit Dunkel und Abscheidung zu tun. Das wird zur Grundlage des *Tagesbewusstseins.*

Die Sphäre des Knochens hingegen reicht in den Bezirk der Schwere hinein und lässt in ihm das Blut, das werdende Licht des Ichs entstehen. Das führt zum Erwerb des *Ich-Bewusstseins.*

Wollten wir die beiden Sphären bildlich skizzieren, dann würde sich etwa das folgende Schema ergeben: – Aus diesen zwei Skizzen ist deutlich die ätherische Struktur von Horn und Geweih zu erkennen.

Das Horn ist *Haut.*

Das Geweih ist *Knochen.*

Im *Landwirtschaftlichen Kurs* heißt es: «Was geschieht an den Stellen, wo die Klaue, das Horn wächst? Da wird ein Ort gebildet, der in besonders starker Weise die Strömung nach innen sendet.»

Das heißt also, dass hier die abbauenden, das sind die gestaltbildenden Kräfte, in stärkster Art akkumuliert werden. «Da werden die Tore für das nach außen Strömende vollständig verschlossen. Daher hängt die Hornbildung zusammen mit der ganzen Gestalt des Tieres.» (Zitat aus dem *Landwirtschaftlichen Kurs*)

Die abbauenden Kräfte werden angeregt und zurückgedrängt in den Organismus.

Die abbauenden Kräfte werden angeregt und zurückgedrängt in den Organismus. Hier verdrängt und verfinstert das Dunkel das Licht. (Das ist das Horn.)

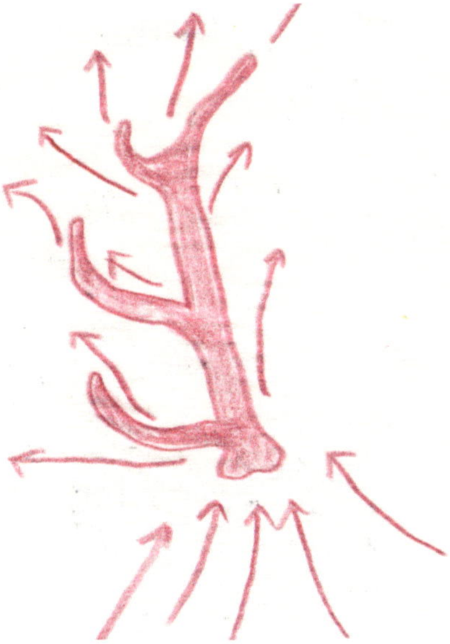

Hier überwindet Licht das Dunkel und die Schwere. (Das ist das Geweih.)

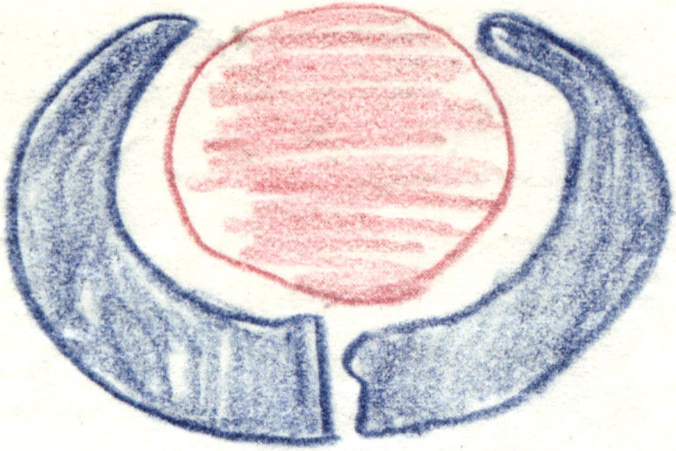

Das Horn verlangt nach der Sonnenscheibe.

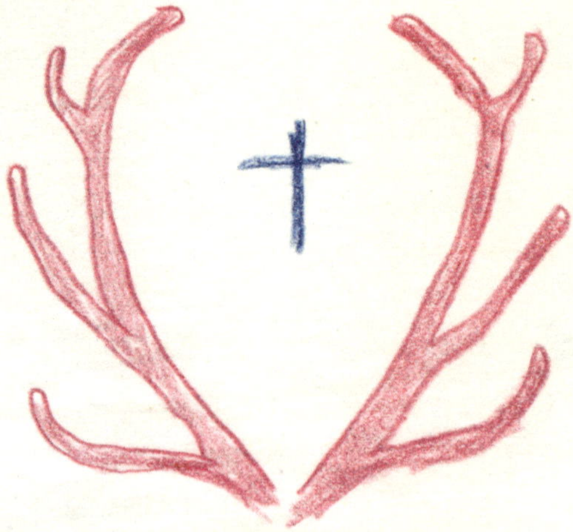

Das Geweih verlangt nach dem Kreuz.

226.) Nach einem Vortrag über Horn u. Geweih.

Die Einhufer haben einen Nasenaufsatz. Nashorn.
Die Paarhufer haben zwei Stirnaufsätze.
Diese beiden Stirnaufsätze sind wahre polare Organisationen:

Horn	Geweih
Haut	Knochen
Bewahrend	Bildend.
Im ganzen Leben bleibend	Mit den Jahreszeiten wechselnd
Ohr	Auge
Spiraltendenz	Vertikaltendenz
Ovar	Testis
Weiblich	Männlich
Außen bewahrt Innen	Innen offenbart Außen
Raumgebilde	Zeitgebilde
Harnsäure	Harnstoff

—

Die Stelle der Stirnbeine, an welchen Horn u. Geweihe ansetzen, entspricht in der Metamorphose den Stellen der Brustwarzen u. Mammae. Wie die Milch nach der Geburt einschießt, so setzt der Bock das Geweih auf, nachdem die Ricke das Kind geboren hat.

Die Hörner entsprechen den Zitzen,
Das Geweih entspricht der Milch.

Aus dem Tagebuch 1934. Auf welchen Vortrag sich König hier bezieht ist nicht klar, weil keine andere Notiz davon vorhanden ist. Vermutlich hat er im Sommer/Herbst 1934 in Pilgramshain oder Umgebung Vorträge über Tiere gehalten.

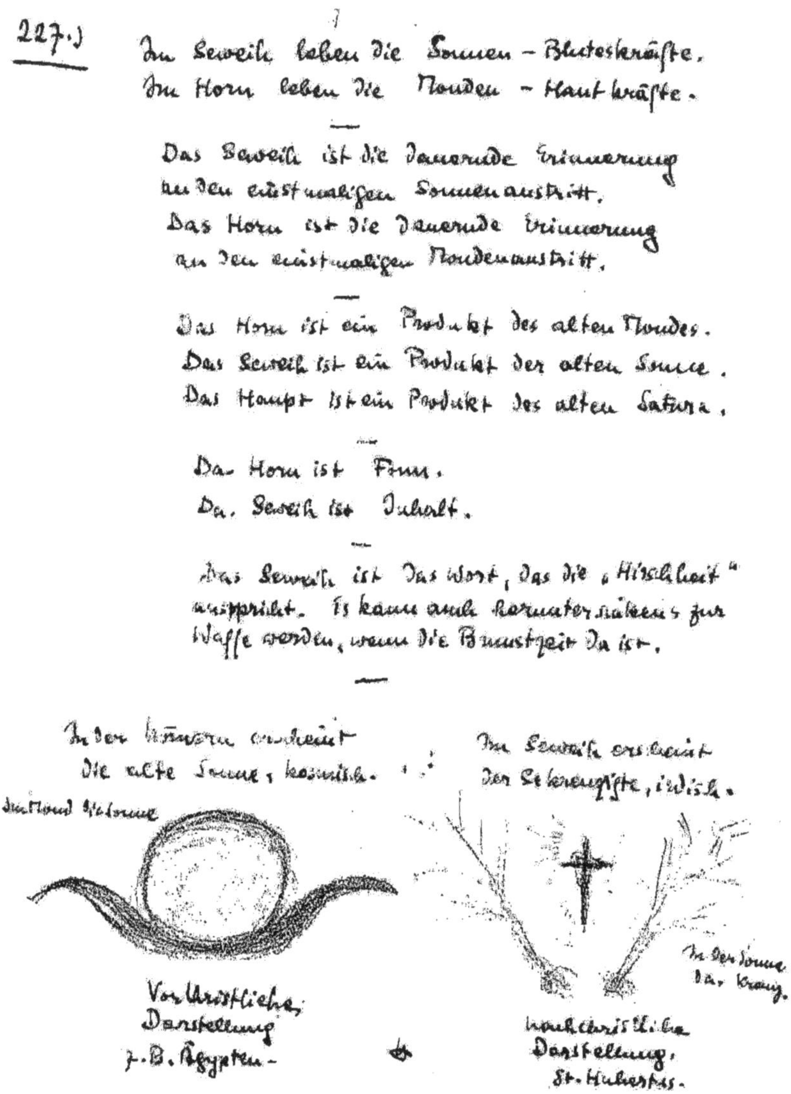

Es sind im gleichen Tagebuch Notizen für zwei Vorträge über Schlangen und einer über Zugvögel zu finden, die ebenfalls nicht weiter dokumentiert sind.

Insekt und Pflanze

Über das Wirken der Elementarwesen in der Natur

von Karl König

Vortrag I

Camphill Hall, 5. Dezember 1962

Ich muss zugeben, dass ich immer etwas zögere, zu Landwirten und Gärtnern zu sprechen, weil ich nie sicher bin, ob sie wirklich etwas über die geistigen Grundlagen hören wollen. Um ehrlich zu sein, habe ich oft den Eindruck, dass sie denken: zur *Königlichen Hochzeit* (Matthäus 22.) zu gehen, sei für alle anderen richtig, dass sie aber selber gerade ein paar Ochsen gekauft haben, und daher nicht in der Lage sind, in diesem besonderen Augenblick zur Hochzeit zu kommen. Aber, liebe Freunde, wir müssen kommen – immer wieder und zu jeder *Königlichen Hochzeit*, trotzdem man ein paar neue Schweine oder Ochsen oder einen neuen Pflug gekauft hat. Wir müssen versuchen, trotz unserer täglichen Angelegenheiten, uns der Welt zu nähern, die die Grundlage all dessen ist, mit dem wir als Bauern und Gärtner arbeiten: die Welt des Geistes, die alles wachsen und welken lässt, entwickelt und wieder zerstört. Wenn wir dies nicht ernst nehmen, recht in unser Herz, in unser ganzes Dasein, in unser Gemüt aufnehmen, werden wir nicht in der Lage sein – außer mit Worten, und das genügt nicht – die Aufgabe, die wir gewählt haben, zu erfüllen: nämlich wirklich dazu beizutragen, die Erde zu einem Ort zu machen, wo die Götter wieder mit dem Menschen in Verbindung treten können.

Wenn wir aus dem Fenster blicken oder über die Felder gehen, sehen wir die großartigen Wunder vor unseren Augen ausgebreitet. Der Morgennebel liegt über der ganzen Welt, wie vom Himmel her gemalt, bis hinunter zur Erde, und der graue Nebel steigt auf vom Boden, bricht allmählich auseinander und löst sich durch das Licht der aufgehenden Sonne auf. An solch einem Morgen können wir sogleich fühlen, ob noch etwas an Demut in unserem Herzen übrig ist: Die Götter und die Geister, sie alle arbeiten daran, damit unsere Seelen und Sinne gefüllt werden können mit Wunder, Güte und Dankbarkeit.

Es ist jetzt in der Adventszeit, eine angemessene Zeit, um zu versuchen, den Elementarwesen näher zu kommen. Sie hörten Dr. Mier[1] in seinen einführenden Worten sagen, dass der Mensch von heute von seiner ganzen Konstitution her – von seiner physikalischen und ätherischen Struktur, so, wie seine Seele und Geist geartet sind – nicht dafür geschaffen ist, die Welt der Elementarwesen zu betreten. Dennoch hat Rudolf Steiner immer wieder unsere Aufmerksamkeit auf diese Welt gelenkt. In den letzten Vorträgen, die er über die Elementarwesen hielt,[2] gab er Sprüche, die den Menschen befähigen, wieder mit dieser seltsamen Welt zu kommunizieren, mit dieser enormen Anzahl von Wesen, die von denen, die sie wahrgenommen haben, Gnomen, Undinen, Sylphen und Feuergeiser oder Salamander genannt werden. In diesen Vorträgen hat er uns auch mitgeteilt, wie die Elementarwesen dem Menschen zurufen:

Gnomen: Erstrebe zu wachen!
Undinen: Denke im Geiste!
Sylphen: Lebe schaffend atmendes Dasein!
Feuerwesen: Empfange liebend Götterwillenskräfte!

Was für eine Welt ist dies? Natürlich sprechen wir über die Elementarwesen, aber, wenn wir in die Welt schauen, wie ich sie beschrieb, erleben wir sie um uns herum? Sie schaffen keine Farben, obwohl sie auf die eine oder andere Weise damit helfen mögen, sie selbst schaffen keine Farben. Sie schaffen nicht den Nebel, obgleich sie dabei helfen, Morgen- und Abendstimmungen hervorzubringen. Hinter ihnen, zwischen ihnen, außerhalb von ihnen jedoch, stehen viel größere Wesen, die durch sie und mit ihnen wirken.

Wenn wir versuchen, uns diese Welt vorzustellen, in der die kleinen Wesen, die Diener, wirken, müssen wir uns die Welt der Hierarchien, die neun großen Chöre vorstellen, die das Wesen des ganzen planetarischen Systems füllen. Inmitten dieser Welt der Hierarchien – nicht nur darunter und dazwischen, sondern sie auch durchdringend, ihnen dienend – gibt es eine völlig andersartige Welt; *die Welt der Naturgeister*. Es sind die Wesen, die in den norwegischen Märchen als Trolle beschrieben werden oder von unseren Vorfahren als die Geister der Brunnen und Quellen, der Berge und der Wolken. Es gibt auch jene Geister und Seelen, die hinter der Welt der Tiere stehen. Wir müssen auch diese ganze riesige Armee der Geister in Betracht ziehen. Dies ist das zweite große Reich der Geistwesen. Dann, eingewoben in die Sphäre der Hierarchien, von wo aus sie in die Sphäre der Naturwesen vordringen, gibt es diese kriechende, bewegte, webende, ringende und wirkende Welt der Elementarwesen. Hier haben wir die kleinen Naturgeister, die die Grundlage der physischen Existenz bilden; sie bilden, formen, zerstören und tragen die Substanzen, weben Substanzen zusammen auch, womit sie in bestimmten Pflanzen und Tieren die Gefäße bilden, die diese Substanzen dann aufnehmen können. Dies ist die Welt, in der die Elementarwesen leben.

Wenn wir das ganze planetarische System betrachten, können wir es wagen, uns vorzustellen, dass die Hierarchien Seele und Geist dieser riesigen planetarischen Existenz sind. Aber die geistigen Organe – Leber, Lunge, Herz und so weiter – geistig vorgestellt, und nicht nur physisch gesehen, sind umgeben von der Welt der Naturgeister. Die Elementarwesen sind, sozusagen, die lebenden, webenden Seelen des ganzen Organismus unseres Weltenraumes oder planetarischen Systems.

Die nächste Frage, nachdem wir dieses Bild gezeichnet haben, ist: *Wie kommuniziert der Mensch mit diesen drei verschiedenen Sphären, mit den Sphären der Hierarchien, der Naturgeister und der Elementarwesen?* Es gibt drei Formen der Kommunikation, weil es drei Sphären der Geistwesen gibt.

Die Kommunikation mit den Hierarchien vollzieht sich durch religiöse Tätigkeiten wie die Messe, Gebet und Meditation. Wenn wir uns zu einem Gottesdienst versammeln – sei es in einer Kirche oder einem Tempel oder wo immer – ist unsere Absicht zu kommunizieren, oder wenigstens anfangen zu versuchen zu kommunizieren mit der Welt der hierarchischen Wesen, seien es Engel, Erzengel oder sogar jener höhere innerlichste Kern aller Geister, den wir nur mit den Worten: *Heilige Dreieinigkeit* ergründen können.

Eine andere Sphäre, mit der wir in Verbindung stehen, ist die der Naturgeister. Wir tun es, auch wenn wir denken, dass wir es nicht tun. Wir müssen ständig diese Naturgeister besänftigen. Wir müssen sie anerkennen, uns vor ihnen verneigen, lernen mit ihnen zusammen zu leben. Wir tun dies zum Beispiel, wenn wir bestimmte Riten und Bräuche während des Jahres ausführen. Dies sind nichts anderes als Zeichen und Symbole, durch die wir bestimmten Naturgeistern Tribut zollen. Manche tun dies, indem sie einen Spruch sagen, dreimal klopfen, um etwas Böses abzuwehren, Kinderreime und Gedichte aufsagen, die wir als Kinder gelernt haben, unsere Schritte so tun, damit wir eine bestimmte Linie nicht betreten, die Fenster in einem Haus zählen oder denken, es wird nicht regnen, wenn wir eine Jacke verkehrt herum anziehen. Unsere Seelen sind voll von aller Art solcher Bräuche. Aber ohne Bräuche könnten wir nicht in der rechten Weise mit den Naturgeistern kommunizieren. Wenn wir dies bemerken, werden wir lernen, dass solche Bräuche nichts mit unserem eigenen Unterbewussten zu tun haben, so wie es von den Psychoanalytikern beschrieben wird, sondern mit der ständigen Kommunikation der Naturgeister mit der Menschenseele.

Nun, wie kommunizieren wir mit der Sphäre der Elementarwesen, da unsere Augen sie nicht mehr sehen? Unsere Augen wurden geschlossen, als wir uns entwickelt haben; als Menschheit und als Individuen. Einige von Ihnen werden sich vielleicht erinnern, wie Sie bestimmte Elementarwesen erlebten, als Sie Kinder waren; auf die gleiche Weise erlebten wir sie als die Menschheit noch in der kindlichen Entwicklung war. Aber heute haben wir eigentlich keine gezielten Bräuche, keine Worte, keine Sprüche, keine Reime. Wenn wir mit ihnen in Verbindung treten wollen, müssen wir neue Motive aufbauen, oder eben die kindlichen noch benützen und Märchen erzählen. Es bleibt unseren eigenen Seelen, unseren eigenen Entscheidungen überlassen, ob wir uns heute der Welt der Elementarwesen nähern wollen oder nicht. Carl Alexander Mier sagte in seiner Einführung, dass die Elementarwesen es nicht mögen, dass man sich ihnen direkt nähert. Ich würde sagen, sie mögen nicht, dass man sich ihnen direkt nähert, es sei denn, sie fühlen eine innere Entscheidung der Seele. Ein Motiv, eine Entscheidung muss da sein. Warum sollten wir uns entscheiden, mit den Elementarwesen zu kommunizieren? Aus keinem anderen Grund als sich einfach der Wirklichkeit der Welt bewusst zu werden, für die die moderne Wissenschaft die Illusion der Zellen eingesetzt hat, indem sie vorgibt, dass die einzelnen Zellen, die sich unter der Linse des Mikroskops zeigen, die wirklichen Bausteine des Lebens, die Elementarwesen sind. Es bleibt uns überlassen, zu entscheiden, ob wir uns diesen Wesen nähern wollen und mit ihnen in Verbindung treten wollen oder nicht.

Um mit den Naturgeistern zu kommunizieren, muss man auf kleine Begebenheiten achten. Es ist nicht schwierig, auf bestimmte Zeichen aufmerksam zu werden; zum Beispiel am Übergang in den Schlaf – ob dies das Hineinschlafen in die Arbeit auf dem Feld oder in Ihrem Bett ist. Wenn Sie hinter dem Pflug gehen, die Kühe melken oder auf dem Feld arbeiten, können Sie fühlen, dass diese Wesen ständig in Ihrer Nähe sind. Sie werden lernen, mit ihnen zusammenzuarbeiten und sie werden sich freuen – sich in der Tat sehr freuen – mit Ihnen in Verbindung zu treten. Es ist eine besondere Welt.

Die Welt der Elementarwesen ist eine vollständig andere, die sehr schön von Rudolf Steiner beschrieben wurde. Er erzählt zum Beispiel, wie die Gnomen mit den Wurzeln zusammenarbeiten, die Wurzeln füttern, Substanz zu den Wurzeln tragen und somit die Pflanze gegenüber der Schwerkraft stärken, um sie heraus aus dem Boden kommen zu lassen, in die Welt des Lichts und der Luft. An diesem Punkt übernehmen die Undinen die Pflanze, arbeiten die Formen der Blätter aus, arbeiten mit Hilfe der Sylphen die besonderen Substanzen ein, die aus dem Licht und Wasser heraus geholt werden. Dann werden die Blüten und Früchte den Sphären der Feuerwesen übergeben.

Normalerweise ist uns nichts direkt bekannt über die Elementarwesen. Wir können von ihnen wissen, wir können entscheiden, aus bestimmten Motiven heraus über sie zu lernen. Doch wie ist es für uns möglich, ein Tor zu finden, so dass wir diese Sphäre betreten können, eine Sphäre, von der ich noch nicht einmal wagen würde zu behaupten, dass sie unmittelbar um uns ist? Die Naturgeister sind um uns herum, die Hierarchien sind um und über uns, aber die Elementarwesen sind in einer Welt, die uns völlig fremd ist. Rudolf Steiner sagt, dass gerade, wenn wir in der Lage sind, den Traum zu fassen, wenn wir einschlafen, dann könnten wir plötzlich Gnomen antreffen; ebenso, gerade bevor wir aufwachen, wenn wir unsere Gedanken und Bilder festhalten, könnten uns Armeen von Sylphen erscheinen. Ich würde nicht so unrecht haben, wenn ich sagte, dass diese Wesen tief in unserem Unbewussten darinnen sind. Wir können sagen, dass irgendwo in der Tiefe unserer Existenz, da kriechen, bewegen sich und weben und wirken die Elementarwesen. Aber falls wir die Pforte finden wollten, die sich für unser Bewusstsein in diese Welt öffnet, ist eine besondere Sphäre aufzusuchen.

Indem wir uns dieser Pforte nähern, treffen wir zunächst noch nicht die Elementarwesen selbst. Bitte hören sie sorgfältig zu: Wir werden zunächst nicht die Elementarwesen treffen, sondern wir treffen auf ihr Gegenbild, auf ihre Spiegelbilder, oder auf die Schatten der Elementarwesen. Das bedeutet, dass wir eine Art Spiegel in die Welt der Elementarwesen hinein aufrichten und indem wir das tun, treffen wir auf die Welt der Insekten. Die Welt der Insekten ist der Spiegel, der ein Schattenbild der Welt der Elementarwesen hervorbringt. Dies müssen wir festhalten. Deshalb sollten wir das gesamte Reich der Insekten studieren.

Die Welt der Insekten durchdringt die Pflanzenwelt in anderer Art und Weise, als dies bei den anderen Tieren der Fall ist. Auf die gleiche Art, wie die Elementarwesen die Pflanzen von der Wurzel bis zur Frucht aufbauen, bezieht sich die Welt der Insekten auf die Pflanzenwelt. Wir wissen, dass ohne Pflanzen die Tiere nicht leben könnten. Aber der Lebenskreis der Insektenwelt ist das direkte Gegenteil der wachsenden, reifenden Pflanze. Ich brauche Sie nur daran zu erinnern, wie Rudolf Steiner unsere Aufmerksamkeit auf das schöne Wechselspiel zwischen Blüte und Schmetterling gelenkt hat. Es ist nicht nur Poesie, es ist wahr, wenn wir gesagt bekommen, dass der Schmetterling eine befreite Blüte ist und die Blüte ein festgebundener Schmetterling. Die Bienen zum Beispiel sind mit dem Pollen und dem Stempel verbunden. Die Käfer mit der verfaulenden Substanz, mit den Abfallprodukten der Pflanzenwelt. Ich brauche Sie nur daran zu erinnern, wie jede besondere Art von Käfern, Fliegen und Schmetterlingen mit bestimmten Bäumen, Büschen und Gemüse in Wechselwirkung steht. Die Pflanzen ohne Insekten zu beschreiben oder Insekten ohne Pflanzen ist schwer möglich. Eine neue Naturwissenschaft, die den Insekten die rechte Aufmerksamkeit widmen wird, wird nur möglich sein, wenn die ganze Welt der Pflanzen auch mit beschrieben wird.

Wenn Sie sich klarmachen, dass Insekten eine besondere Gruppe unter den Tieren darstellen, können Sie einen Weg finden, sie nicht nur zu verstehen, sondern durch sie den Elementarwesen näher zu kommen. Die Insektenwelt besteht nicht, wie jedes andere Tier, ob Wirbeltiere oder wirbellose Tiere, aus einzelnen Individuen. Diese Idee ist ein Aberglaube. Sobald Sie anfangen, sich vorzustellen, dass eine Laus, eine Raupe, Fliege oder irgendein anderes Insekt vergleichbar ist mit einem einzelnen Tier, dann verstellen Sie sich Ihren Weg zur

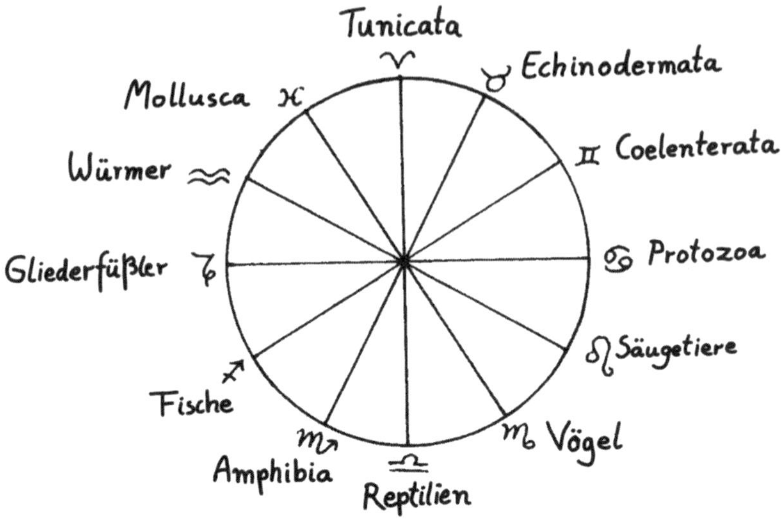

Welt der Elementarwesen. Rudolf Steiner zeichnete einen Kreis von zwölf Tierklassen.[3]

Er stellte die Insekten den Einzellern gegenüber, die Wirbeltiere den Weichtieren; sie spiegeln sich.

Die Entwicklung von Insekten ist etwas sehr Besonderes. Keine andere Klasse oder Gruppe von Tieren zeigt eine ähnliche Art der Verwandlung. Ob wir die einfacheren Insekten oder die höher entwickelten betrachten, sehen wir, dass es immer ein besonderes Etwas gibt, das organisch diese Metamorphose zustande bringt. Durch jeden Schritt der Verwandlung – und es kann viele Schritte geben, allmählich oder umwälzend wird eine Sache nach der anderen erreicht: kein Insekt, wenn es aus dem Ei schlüpft, ist mit Flügeln versehen.

Nachdem das Insekt schlüpft, wachsen die Flügel schrittweise, entwickeln sich, entfalten sich, bis schließlich die Imago geboren ist. Die Imago ist mit Flügeln versehen und ist gewöhnlich die letzte Stufe, oft eine kurze, nach unserem Zeitbegriff beurteilt. Wenn wir uns vorstellen, dass solche Verwandlungsschritte bei einzelnen Insekten oder Insektengruppen bis zu zwanzig Jahre dauern kann, bis die Flügel gewachsen sind, werden wir verstehen, dass dieses Wachsen der Flügel einen ganz besonderen Entwicklungsschritt darstellt. Wir können vielleicht die Verwandlungsschritte folgendermaßen definieren: ganz am Anfang steht die Entwicklung des Embryos; dann gibt es den Zustand, den wir *Raupe* nennen. Wenn wir uns die Raupen vorstellen, erinnern wir uns, dass tausende Insektenarten nicht über den Raupenzustand hinauswachsen – Hundertfüßler, Tausendfüßler, usw. – Dann gibt es den Zustand der Puppe oder Chrysalis und endlich die Imago. Es ist nun nicht notwendigerweise so, dass diese Stadien genau nacheinander folgen, wie bei den Schmetterlingen, wo man deutlich zuerst das Ei-Stadium sieht, dann die Raupe, anschließend die Puppe oder Chrysalis und schließlich die Imago. Die Wechsel können auch allmählich von einem Zustand in den anderen übergehen, wie dies ja in der Entwicklung der Wirbeltiere auch ist. Gewöhnlich jedoch, gibt es etwas, das die Puppe zurückhält, eine Wartezeit, bis die Geburt stattfindet. Es wäre ganz falsch zu glauben, dass diese drei Stadien, die der Insektenwelt eigen sind, der Entwicklung irgendwelcher Wirbeltiere ähneln, weil es hier keine Individualisierung ist, sondern etwas völlig anderes, was stattfindet.

Im Embryo ist die ganze Idee des dreigliedrigen Insekts – Kopf, Brustkorb und Unterleib – sehr bald umrissen. Wir können sogar vom Embryo den Eindruck gewinnen, dass dieses seltsame Wesen irgendwie Bewusstsein hat. Ich meine nicht, dass es ein Ich-Bewusstsein hat, aber dass im Embryostadium die Insektenwelt die Möglichkeit hat, sich seiner Existenz bewusst zu werden. Sobald das Raupenstadium erreicht ist, wird dieses Gewahrsein jedoch ein Traum, und versinkt gänzlich in den Schlaf mit der Puppe oder Chrysalis. Wenn sich die Imago entfaltet hat, ist dieses werdende Wesen in einem vollständigen Trancezustand. In diesem Bewusstseinszustand sind die Wesen völlig hingegeben und werden nichts anderes als Organe des Kosmos.

Vielleicht können Sie jetzt beginnen zu erfassen, was ich damit meine, wenn ich sage, dass alle anderen Tiere den Weg der Individualisierung gehen. Sie sind uns nahe und irgendwie Teil von uns, weil sie den Weg der Inkarnation vom Ei zur Tierform gehen. Insekten gehen den entgegensetzten Weg: sie gehen den Weg der *Exkarnation* und je mehr sie sich entfalten und entwickeln, desto weniger *sind* sie. Ein Schmetterling, eine Biene, ein ausgewachsener Käfer, alle sind Organe des Weltengeistes geworden. Sie wachsen nicht zusammen, sie konzentrieren sich nicht, um von innen heraus der Welt um sie herum zu begegnen. Sie geben sich selbst auf und werden Teil jener Welt. Wenn wir beginnen können, dies zu verstehen, werden wir den ersten Schritt dahin tun, den Durchgang zur Welt der Elementarwesen zu finden.

Im gegenwärtigen Stadium der Entwicklung, muss sich der Mensch auf seinen Ätherleib verlassen, als Zugang zur Seelenaktivität und auf seinen physischen Leib für die geistigen Betätigung. Der physische Leib, der durch die Sinne das Instrument für den Geist bereitstellt, ist nicht in der Lage, mit jenen Wesen in Verbindung zu treten, die die Grundlage der physischen Welt sind. Dasselbe gilt für den Ätherleib, der notwendig ist für die Entwicklung der menschlichen Seele. Darum ist der Mensch sich der Hälfte dessen, was ihn auf Erden umgibt, nicht bewusst. Alles, was jene Elementarwesen beinhaltet, entgleitet ihm; es gibt keinen Weg, wie er sich ihnen nähern kann durch seinen physischen und ätherischen Leib.

Notizen der anschließenden Gesprächsrunde

Es wurde eine Frage dazu gestellt, ob die Elementarwesen sich während der verschiedenen Jahreszeiten unterschiedlich zeigen.

K. König: Während des Winters und Sommers, Frühlings und Herbstes sind die Insekten einfach der Spiegel der Elementarwesen und wie sie sich darstellen oder nicht.
Vielleicht würde es helfen, wenn ich noch sagen würde (schreibt die Worte *Embryo, Raupe, Puppe, Imago* auf die Tafel), dies ist die Welt der Gnomen, dies die Welt der Undinen, dies der Sylphen und dies die Welt der Feuergeister. Denn es wäre falsch, sich vorzustellen, dass die Käfer Gnomen sind oder die Schmetterlinge Feuergeister. Es ist die ganze Welt der Insekten, die eine Einheit ist – eine Welt. Ein einzelnes Insekt ist noch nicht einmal eine Zelle; es ist ein winzig kleiner Baustein einer Zelle im Organ der Insektenwelt und die vielen Arten sind die Zellen. Daher sind die Entomologen kaum in der Lage, die Anzahl der verschiedenen Arten auf der ganzen Welt zu zählen. Ich denke, 75 Prozent der verschiedenen Arten des gesamten Tierreiches sind Insekten. Ich meine mich zu erinnern, dass es eine besondere Liste einfach für Libellen gab. Es ist ganz unmöglich, jede Art zu kennen.

Frage: Könnten Sie mehr über die Einzeller sagen?

K. König: Es sind einfach einzelne Zellen. Einzeller sind die Abfallprodukte des entwickelten Tierreiches. Der moderne wissenschaftliche Sinn ist den Abfallprodukten zugewandt und meint, die Urgesetze von allem dort zu finden, findet aber nur den Schatten davon. Die Zellen sind die Schatten.

Ich gebe Ihnen ein Bild, welches die Ärzte besonders verstehen können. Wir haben zwölf Schädelnerven. Diese zwölf Schädelnerven sind so, dass elf von ihnen völlig mit den Strukturen und Organen des Kopfes beschäftigt sind, Auge, Ohr, Nase und so weiter. Aber einer dieser Nerven, der Vagusnerv, reicht hinunter in den gesamten Körper und verteilt sich in jedes Organ. Dies ist dasselbe, wie in der Insektenwelt unter den Tieren. Die Insekten gehen hinunter in das gesamte Pflanzenreich und vereinen sich mit ihnen. Die Kühe fressen Gras, die Elefanten brechen Bäume, die Fische fressen die Blätter der Wasserpflanzen auf. Aber die Insekten vereinigen sich als Gegenbild jeder einzelnen Pflanze. Können Sie verstehen, was ich meine? Deshalb ist es unmöglich, ein gewöhnliches Tier mit einem Insekt zu vergleichen. Das Insekt ist das Gegenteil. Inwiefern es das Gegenteil ist, werden wir morgen sehen.

Vortrag II

Camphill Hall, 6. Dezember 1962

Wir haben versucht, die Pforte zur Welt der Elementarwesen zu finden. Zuerst versuchten wir, die Sphäre der Elementarwesen zur ganzen Welt in Beziehung zu setzen, zum Kosmos, zur Geist*wesenheit* dieses Weltenraumes, der unsere Planetenwelt ist. Ich denke nicht, dass es möglich ist – am wenigsten in Form von Spekulationen – für heutige Menschen, jenseits unseres Planetensystems zu gelangen. Wir können nur raten, dass andere kosmische Strukturen und Wesenheiten auch existieren. Aber *unser* Kosmos ist auf solche Art geordnet, dass es hierarchische Wesen gibt, unsere geistigen Führer, nach denen wir gebildet und erschaffen sind. Dann gibt es die Naturgeister, die unseren Tag in Nacht verwandeln, und unsere Nächte in Tage, die uns leben und atmen lassen, uns am Leben erfreuen und leiden lassen und uns ein Leben auch in der geistigen Welt ermöglichen. Und unsere mit Seele und Geist begabte körperliche Natur trägt in sich selbst eine Struktur lebender Zellen. Ich meine damit aber nicht die Zellen unseres Organismus, sondern die Zellen der astralen Welt.

Diese Zellen sind die Elementargeister, die Elementarwesen. Wir müssen uns vorstellen, dass diese Wesen ständig lebendig sind, in Bewegung sind, weben, arbeiten, streben, ständig kommend und gehend. Wir lernen aus Rudolf Steiners Vorträgen zum Beispiel, wie die Undinen sich während des Sommers mit den steigenden Farben aufwärts bewegen, aus den Ozeanen in die Geisthöhen, um verbraucht zu werden, empfangen zu werden von den Hierarchien. Die Sylphen haben dieselbe Sehnsucht, einfach heraufzukommen und von den hierarchischen Geistern eingeatmet zu werden, während das Streben und Ziel der Feuergeister, der Salamander, ist, wahrgenommen zu werden, gesehen zu werden von den Augen der hierarchischen Geister. So, sagt Rudolf Steiner, *haben sie ihre Ewigkeit*. So werden sie wieder Teil jener Wesen von denen sie sich einst abteilten.[4]

Liebe Freunde, sich die Welt der Elementarwesen vorzustellen, bedeutet, sie ständig in Bewegung zu sehen. In der Bewegung erleben sie ihre Existenz; im Wandern, Tragen, Schweben, Fliegen haben sie ihr Leben. Rudolf Steiner beschreibt beispielsweise, wie für die Gnomen der ganze Erdball nicht hart und fest ist; durch die Metalle, die Kristalle, durch die Felsen, überallhin reichen sie mit ihren Bewegungen. Wanderungen der Elementarwesen gehen ständig vor sich. Dies ist die Welt dieser Wesen. Wir müssen jedoch verstehen lernen, dass diese Wanderungen nicht im Raum stattfinden, weil es für sie keinen Raum gibt. Ihre Wanderungen ereignen sich in der Zeit. So dass zum Beispiel in dem Zeitraum der Welt, der Platonischen Jahre, die Gnomen die Form der Erde in das nächste Stadium der Erdenentwicklung hinein tragen; die Undinen bewegen sich in dem Prozess des Bewusstseins, die Sylphen und Feuerwesen bewegen sich im Zeitraum der Tage. Wir können sagen, dass Zeit für die Elementarwesen Raum wird. Wir müssen uns diese Gedankenformen Schritt für Schritt aneignen, um näher an die Elementarwelt heranzukommen. Mit unserem gewöhnlichen Denken können wir es nicht tun. Wir müssen lernen, uns vorzustellen, dass *ihr Raum Zeit ist* und dass die Zeitenkreise einfach die Wohnung ist, worin sie sich bewegen und wandern und dass auf dem Hintergrund dieser Wanderung durch die Zeit sie ihr Nirwana erreichen, wenn die Augen, der Atem und Verdauung der hierarchischen Wesen sie wieder zu sich nehmen.

Wenn wir dies mehr und mehr denken lernen, uns vorstellen und solche Dinge realisieren können, und ein gewisses Verständnis für diese Wesen aufbringen können, dann werden wir die Rufe hören, mit denen sie sich bis zu uns erstrecken. Dann werden wir wacher werden. Dann lernen wir, uns vorzustellen, was den Geist betrifft.

Wenn wir uns der ganzen Welt der Insekten zuwenden, können wir sehen, wie ein Studium der Insektenwelt uns hilft, die Pforte in die Welt der Elementarwesen zu finden; dies ist so, weil die Insekten eine Art von Spiegelbild der Elementarwesen sind. Wenn wir uns die Käfer, Bienen, Fliegen, Maden usw. anschauen, erfahren wir das Schattenbild dieser lebenden Welt der Zeit, worin die Elementarwesen ihre Existenz haben. Und, was ihre Metamorphose betrifft, kann diese Insektenwelt nicht gemessen werden mit Kriterien, die wir an alle anderen Tiere anlegen, weil Insekten nicht der übliche Typus und Form eines Tieres sind. Wenn ich das Tierreich teilen müsste, würde ich sagen, dass die Gliederfüßer oder Arthropoda – die ganze Gruppe, die Insekten eingeschlossen – nur unter bestimmten Bedingungen Tiere genannt werden können.

Wenn Sie der Sphäre der Insekten näher kommen, werden Sie zwei herausragende Dinge finden, die diese Sphäre anzeigen. Eine erwähnte ich gestern, obwohl ich Ihnen eine völlig falsche Zahl gegeben habe. Die ganze Insektenwelt, hat soweit wir wissen 750.000 verschiedene Arten. Experten denken, dass eigentlich über eine Million Arten existieren. Wenigstens 75 Prozent aller Tierarten sind Insekten. Es ist unmöglich, sich vorzustellen, was das bedeutet, besonders, da jede Art sicherlich Millionen und Milliarden von Einzelwesen hat. Die wahre Welt der Insekten existiert oberhalb wie unterhalb der Erdoberfläche, und ebenso auf ihr, von Maden bis zu Raupen, Puppen und Imagos. Jene von Ihnen, die einige Wochen in Südafrika oder in den Tropen verbracht haben, oder sogar in Nordamerika, werden verstehen, dass die Anzahl der Insekten in der Welt unergründlich ist. Hier in Schottland kann man sich nicht vorstellen, wie das ist, an einem Ort zu leben, wo, wenn die Fenster nicht in jedem Raum mit Fliegengittern geschützt wären, das Haus mit Millionen von Insekten bei Tag und bei Nacht angefüllt wäre. Und sogar in Deutschland werden ungefähr 15.000 verschiedene Insekten auf einem Apfelbaum gefunden, der nicht mit Gift besprüht wird.

Wenn wir dies betrachten, können wir beginnen, eine Ahnung davon zu haben, was die Welt der Elementarwesen ist; ich denke, sie sind nicht weniger zahlreich. Die Insekten und die Elementarwesen halten sich gegenseitig das Gleichgewicht. Obwohl wir das Eine sehen können und es oft nicht mögen, ist das Andere auch da, und zwar in gewaltiger Anzahl.

Die zweite herausragende Eigenschaft der Insektenwelt möge durch die folgenden Gedanken angedeutet werden. Wenn die Insekten um uns herum summen, schweben, kriechen und krabbeln, können wir es kaum ertragen, wenigstens ist es für mich schwierig. Wenn Sie aber ein Insekt nehmen und durch ein Vergrößerungsglas seine Strukturen betrachten, ist es absolut unglaublich. Es ist unmöglich, nicht über das Gesicht einer Fliege oder Spinne zu staunen, über das Bein einer Biene, über die Werkzeuge, die aus einem Schmetterling herausragen oder über die Farben und Formen der Flügel irgendeines Insekts. Liebe Freunde, wenn dies in den Raum hinein gehoben würde, die dem Menschen üblich ist, sodass das Gesicht einer Fliege uns anschauen könnte und wir es unvoreingenommen anschauen könnten, würde es ein unglaubliches Phänomen sein. Sehen Sie sich nur die Formen einer Libelle an, eines Grashüpfers oder eines herumlaufenden Zweiges[5]! Sehen Sie sich die Farben an! Es ist eine wunderbare, unglaubliche Welt – vor allem natürlich, wenn sie vergrößert wird. Aber schwer ist sie für uns zu verstehen, vielleicht sogar ein bisschen Furcht einflößend. Moral scheint darin überhaupt keinen Platz zu haben; was wir Moral nennen, ist der Insektenwelt fremd.

Wenn wir in Einzelheiten untersuchen und beschreiben, was die Wissenschaft das Auge eines Insekts nennt, können wir erkennen, dass es etwas radikal anderes ist, als unsere Augen. Es ist eine vervielfältigte

Linse – acht-, zehn-, zwölftausend Linsen zusammengesetzt – aber wir können es nicht *Auge* nennen. Oder wenn wir auf die Fühler, die Beine oder die Kiefer schauen, finden wir dort ganz bestimmte Formen. Der Kiefer ist wie eine Zange (An dieser Stelle wurden stark vergrößerte Fotos gezeigt). Eine ganze Welt von Werkzeugen erscheint mit dem Insekt; was wir um uns haben – eine Schere, eine Bürste, ein Kamm, Messer und Gabel – es gibt alles. Können Sie sich das vorstellen? Es gibt die Geräte unseres Badezimmers, der Küche und des Esszimmers, aber in organischer Form; diese Elemente sind alle Teil eines Organismus, der – anders als unsere Geräte – sich vermehrt, wächst, sich verändert, frisst und ausscheidet. In diesem Sinne hat es alle Züge, die jedes andere Tier hat; dennoch ist es etwas völlig anderes.

Lassen Sie uns zurückkehren zum Bild der Erdoberfläche. Über diese Oberfläche breitet sich die Hydrosphäre, die Atmosphäre und die Wärmesphäre, wo die Welt der Insekten zu finden ist. Nun können wir vielleicht beginnen zu verstehen, was Rudolf Steiner meinte, als er diesen ständigen Wärmegürtel beschrieb, der durch die Geister der Wärme aufrecht gehalten wird. Aber seitdem können wir auch sehen, wie hier unten die Embryos der Insekten anfangen sich zu entwickeln, wie die Raupen anfangen zu kriechen, herauskommen und allmählich zur Imago werden, können wir wirklich die Oberfläche der Erde von dem Gürtel der Insekten trennen? Sind wir nicht viel näher an der Wirklichkeit, wenn wir sagen, dass die Entwicklung der Insekten ein Überbleibsel dessen ist, was einst die Erde war? Allmählich ist die Erde fest geworden. Die ganze Welt der Insekten zeigt an, Stadium für Stadium, was die Erde gewesen ist.

So müssen wir uns hier oben vorstellen das Bild, hier die Puppe, hier all die Formen der Raupen und hier das Embryo. Sie kennen die vier Stadien der Entwicklung. Ich sprach gestern über sie. Ist es nicht so, dass Polaris, Hyperboräa, Lemuria und Atlantis uns die vier Stadien der Insektenentwicklung zeigen? In der polarischen Epoche gab es die Urbilder – noch nicht physisch, aber in Form von Wärme – aller

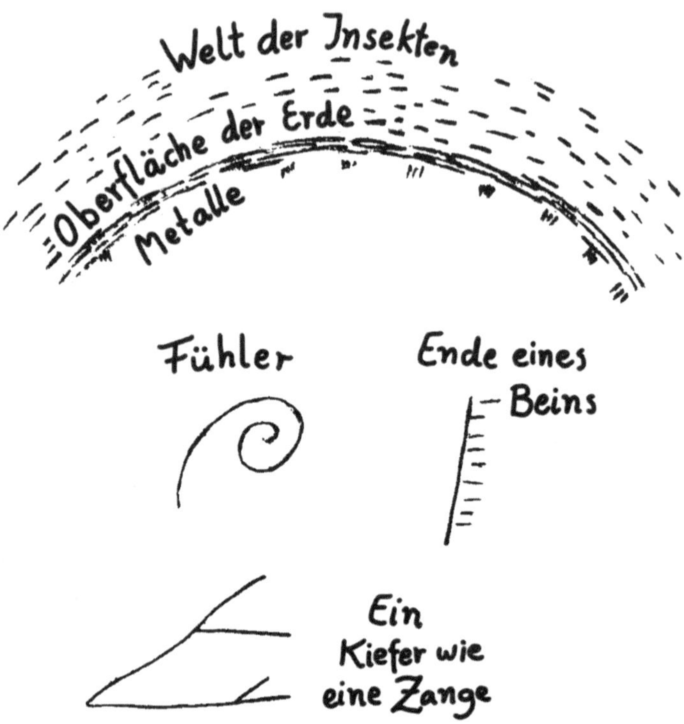

Imagos. Dann entwickelte sich die Erde allmählich in die hyperboräische Epoche. Da entwickelten sich die Bilder der Chrysalis, der Puppe. Der Seidenwurm zum Beispiel mit seiner Puppe, die ganz Sonne ist, aus verfestigten Sonnenstrahlen besteht, formte sich hier aus. Dies festigte sich mehr und mehr in Lemuria: Wasser erschien und mit ihm Maden und Raupen. All dies ist nun physisch, materiell entwickelt. Erst in der Zeit der Atlantis wurde das Embryo gebildet. Dies ist eine wahre Folge von Entwicklung der Insektenwelt, in der Zeit. Die Insekten gehen nun durch die Stadien der Metamorphose, weil sie zurückgehen wollen in die Vergangenheit, woher sie kamen.

Liebe Freunde, von 750.000 verschiedenen Arten in der Insekten-

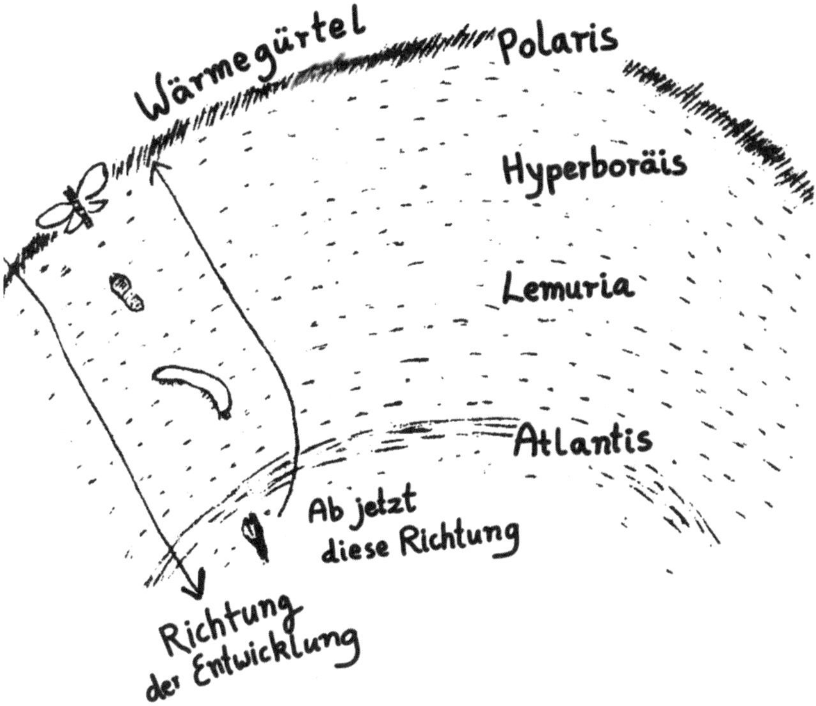

welt zu sprechen ist wirklich so unsinnig wie von jedem Insekt als einem einzelnen Wesen zu sprechen. Wenn wir anfangen, dies zu verstehen, können wir sagen, dass die verschiedenen Welten der Insekten das Gedächtnis des Erdenwerdens sind. Ebenso, wie wir nicht das Gesicht der Erde beschreiben können, ohne die Welt der Pflanzen zu beschreiben, so können wir nicht die Erdenentwicklung beschreiben ohne die Insektenwelt. Das Insekt, die Pflanzen, die Erde, sie sind eins. Können Sie verstehen, was ich meine, wenn ich sage, das Insekt ist vollkommen anders als alle anderen Tiere?

Nun, warum sind sie so seltsam? Warum gehen sie uns so direkt an? Was ist an ihnen, das sie so anders macht? Wenn wir in die Anatomie der Insekten eintauchen, lernen wir, dass sie aus drei Teilen bestehen; dem *Kopf*, dem *Thorax* und dem *Unterleib*. Diese drei Teile haben sich allmählich aus einer viel primitiveren Form entwickelt, eine Form, die wir uns vorstellen können, wenn wir eine Raupe sehen oder einen Wurm, der aus Segmenten besteht. Eine bestimmte Anzahl von Segmenten bildet einen Teil, den Unterleib zum Beispiel. Einige wenige – gewöhnlich drei – Segmente bilden den Brustteil (Thorax) und der Rest bildet den Kopf. Diese sind die Hauptteile der Insekten. Spinnen – die ja nicht Insekten sind – unterscheiden sich in ihrer Struktur: da hat die Brust den Kopf verschluckt und sie bestehen nur aus zwei Teilen, dem Kopf-Brustteil und dem Unterleibsteil. Was nun Kopf eines Insekts genannt wird, ist dem anderer Tiere zunächst ähnlich, das Zentrum der sogenannten Sinnesorgane. Die riesigen Augen nehmen den größeren Teil des Kopfes ein. Dann gibt es aber diese seltsamen Werkzeuge, die herausragen wie Bürsten, Federn, Klauen, Scheren und so weiter. Der Thorax-Teil ist das Atemsystem und Sie wissen alle, dass Atmen in Arthropoda und Insekten sehr besonders ist; mit Ausnahmen der Spinnen haben diese Kreaturen keine Lunge. Sogar die Spinnen haben anstatt einer Lunge *Lungenbücher*; so genannt, weil sie aus mehreren Seiten bestehen. Der Thorax hat immer drei Paare von sogenannten Beinen, sehr auffällig angeordnet. Dann gibt es den Unterleibsteil. In diesem Teil befinden sich der Magen, die Eingeweide, Sexualorgane; alles ist hier zentriert. Der Kopf – sie werden es raten – hat natürlich kein Gehirn; es gibt auch keine Wirbelsäule und kein Rückenmark, obwohl es ein Netzwerk an Nerven gibt, das bei den Insekten vorne, statt hinten entlang geht. So ist alles eigentlich andersherum.

Liebe Freunde, welche Art von Struktur ist dies? Können wir dies wirklich einen Kopf nennen, einen Unterleib, einen Thorax? Oder gibt es irgendeinen bestimmten Unterschied zwischen Insekten und allen anderen Tieren? Ist es nicht einfach eine Sache der Konvention zu sagen, *dies ist eine Kopf-Organisation und ein Thorax und ein Unterleib*? Erinnern Sie sich an die Zeichnung in Rudolf Steiners Vorträgen über die Ele-

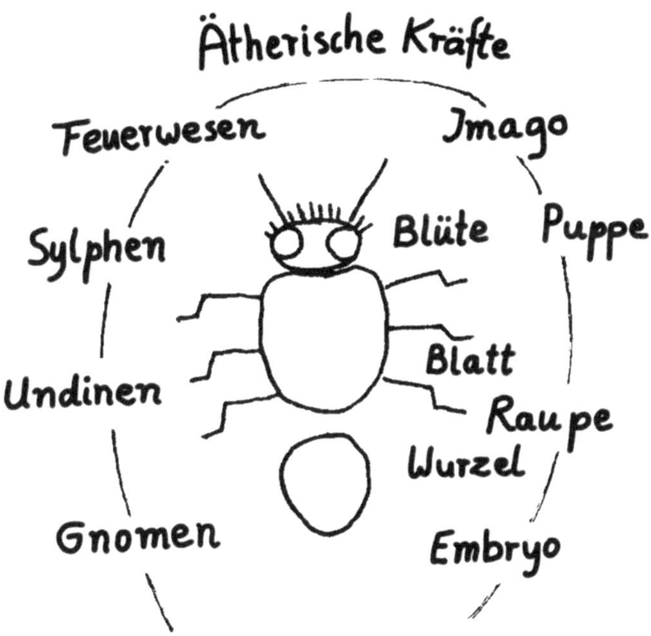

mentarwesen, in denen er gezielt die Pflanze auf eine bestimmte Art darstellt?[6] Ist es nicht vielmehr unsere Aufgabe, sich Blüte, Blätter und Wurzeln parallel zum Insekt vorzustellen? Während in uns die innere Pflanze andersherum gedreht ist – der Kopf entspricht der Wurzel und so weiter – passt hier die gesamte Struktur zusammen. Was wir den Kopf des Insekts nennen, ist bei der Pflanze eine Blüte, was wir den Thorax nennen, ein Blatt und was wir den Unterleib nennen ist eine Wurzel.

Was treffen wir dann an in der Struktur des Gesichts und Kopfes eines Insekts oder seiner Beine oder des Unterleibs, wenn wir versuchen die innere Erfahrung dieser Wesen zu erfassen? Wie leben sie? Fühlen sie sich überhaupt, erleben sie sich selbst? Irgendwie müssen sie es, denn sie bewegen sich, sie vermehren sich, sie leben in Licht und Luft und Ton. Mein Eindruck ist, dass sie im Kopf völlig schlafen, sie haben kein Bewusstsein wie auch immer. Wenn wir ihre Werkzeuge und sogenannten Sinnesorgane untersuchen, verstehen wir, dass diese Organe es sind, auf denen die Kräfte der Welt spielen. Es ist nicht das Insekt, das durch die Augen sieht; es ist das Licht und die Farbe der Welt, die in die Augen des Insekts blicken. Die kosmischen Mächte erleben sich selbst im Zentrum dieses Raums, aber das Insekt – die Gruppenseele des Insekts, die Astralität des Insekts – schläft vollständig hier. [7]

Im Thorax beginnt ein gewisses Traumstadium zu erwachen, obwohl wir uns nicht vorstellen sollten, dass Bewegungen des Insekts von innen heraus motiviert sind. Die Kräfte im Umkreis bewegen den Thorax des Insekts. Die Luft strömt in die Luftröhre und es ist der Wind und das Wasser und all die elementaren Kräfte, die diese sogenannten – und ich sage bewusst *die sogenannten* – Glieder bewegen.

Nur im Unterleib findet ein gewisses Aufwachen statt; es ist hier, wo das Gift hergestellt wird, wo die Sexualdrüsen angelegt sind, wo die Organe agieren. Hier, haben die Spinnen ihre Spinndrüsen, die Ausscheidungsorgane, die eine bestimmte, sehr besondere Flüssigkeit produzieren, die sich, in dem Augenblick, wenn sie mit der Luft in Berührung kommt, zu Seide festigt. In den Spinnen können wir sehen, sogar erleben, was eigentlich niemals bei den Insekten zustande kommt. Solch ein Spinnennetz ist nichts anderes als ein Bild von der Art Organ, das dann Bewusstsein wird. In diesem Netz hat die Spinne, sozusagen, ihr niedriges Bewusstseins*werden*.

Aber können wir wirklich von einer Kopf-Organisation sprechen? Ich sagte, dass die kosmischen Mächte sich selbst in diesem Raum finden als eine Art von Mittelpunkt; das Umfeld, die Sphäre, hat in einer milliardenfachen Weise, sozusagen seinen Brennpunkt in den Köpfen der Insekten, die wir mit Blüten verglichen. Welche Mächte sind dies? Es sind die Mächte, die Rudolf Steiner die Ätherkräfte nennt: die Kräfte des Lebens, des Tons, der Wärme und des Lichts. Man kann eigentlich die verschiedenen Werkzeuge des Kopfes aufzählen und es ist sehr interes-

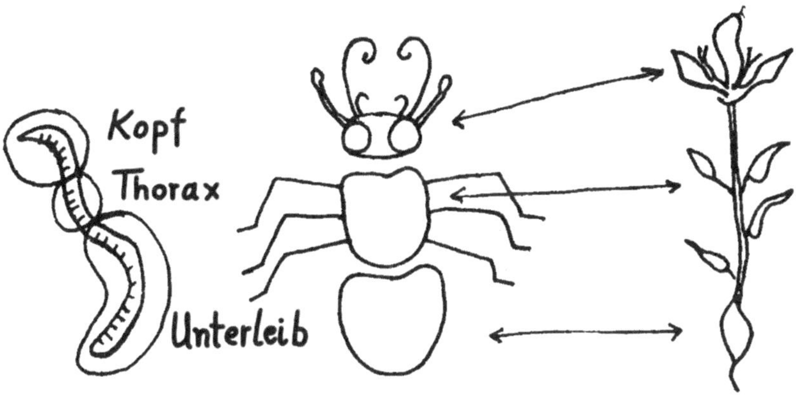
Kopf
Thorax
Unterleib

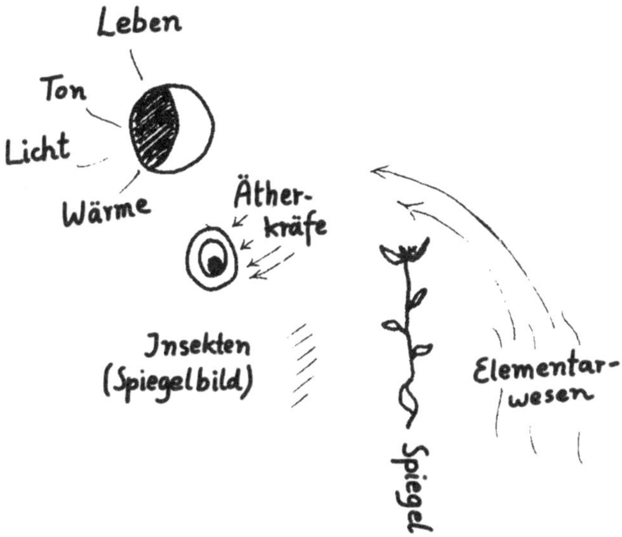
Leben
Ton
Licht
Wärme
Äther-
kräfte
Insekten
(Spiegelbild)
Elementar-
wesen
Spiegel

sant, dass es nicht drei – wie beim Thorax – gibt, sondern vier vertretene Mächte: die Ätherwärme, das Ätherlicht, der Ätherton und das Ätherleben. Im Kopf des Insekts finden wir das *Auge*, womit es sich selbst spiegeln kann.

Wir können nun zu einer ersten Schlussfolgerung kommen. Hier haben wir die Welt der Insekten (s. Zeichnung S. 185) und wir sollten uns vorstellen, wie die Ganzheit der Insekten in ihrer Kopf-Organisation, die Brennpunkte für die vier Kräfte der Ätherwelt bereitstellt. Wir wissen, dass auf der einen Seite die Elementarwesen ihre Existenz und ihr Leben hier haben (s. zweite Zeichnung S. 185). Hier gibt es eine Art von lebendem Spiegel. Die Elementarwesen finden sich selbst bewusst in der Welt der Insekten; sie leben zusammen mit ihnen. Diese ganze Welt ist ein Spiegelbild, ein materiell-substanzieller Schatten von dem, was hinter dem Spiegel lebt und webt und wirkt.

Hinter all diesem, liebe Freunde, steht eine große dreigliedrige Existenz, von der wir morgen Abend sprechen werden. Hinter all diesem steht die Dreigliedrigkeit von Schwefel, Quecksilber, und Salz. Diese sind die drei großen Mächte, welches die Wesen, die wahren Wesen des Insektendaseins sind, die drei großen Kräfte, die die ganze lebende Existenz der Natur formen, sowohl in uns als auch um uns herum: die Macht des Salzes, die Macht des Schwefels und die Macht des Quecksilbers. Und wenn wir den Insektenleib dreigliedrig anschauen, dann müssen wir verstehen, dass der Kopf des Insekts das Bild der Schwefelkraft ist, der Unterleib das Bild der Salzeskraft ist und der Thorax das Bild der Quecksilbermacht ist. Es ist von größter Wichtigkeit für Bauern und Gärtner, zu verstehen, dass diese drei Mächte, diese drei großen Wesen Salz, Quecksilber und Schwefel alle lebenden Kräfte führen, leiten und beherrschen, ob es sich um Insekten, Elementarwesen, oder um die viergliedrige Struktur von Licht, Ton, Leben und Wärme handelt.

Gespräch

Kommentar: Am Ende Ihrer Erklärungen sprachen Sie über Schwefel, Quecksilber und Salz in Bezug zum Insekt, aber nicht zur Pflanze.

K. König: Nein, weil – und das werde ich morgen versuchen zu erklären – dieser Spiegel die Pflanze ist (König zeigt auf die Zeichnung). Verstehen Sie? Hier ist die Blüte, hier sind die Blätter und hier ist die Wurzel. Aber ich werde morgen ausführlicher darüber sprechen. Die Pflanzen sind der lebende Spiegel zwischen der Insektenwelt und den Elementarwesen und durch sie fließen die ätherischen Kräfte. Dies ist alles viergliedrig, aber auch dreigliedrig wegen der drei großen Kräfte, die dahinter stehen.

Frage: Werden Sie mehr in diesem Zusammenhang über die Spinne sprechen? Die Spinne ist zweigliedrig anstatt dreigliedrig und ich bekomme sie nicht in das Bild hinein.

K. König: Sie steht auch außerhalb des Bildes. Die Spinne gehört nicht zu den Insekten. Die Spinne ist etwas geworden, was nicht in die gewöhnliche Linie der Entwicklung passt. Wenn Sie Angst vor Spinnen haben, haben Sie ganz Recht, wenn nicht, ist es nicht so gut. Menschen müssen Angst vor Spinnen haben, weil sie nicht mehr dreigliedrig sind; das Traumstadium ist sozusagen verschluckt worden. Die Spinne ist nicht mehr den ätherischen Kräften hingegeben, daher hat der Kopf der Spinne nicht mehr solche Anhängsel, wie sie die Insekten haben. Sie werden niemals irgendeine Art von Antennen oder Kiefer oder dergleichen finden. Die Spinnen haben riesige Augen und nichts anderes. Sie haben sich abgewandt von der Hingabe an die Kraft des Schwefels. Man könnte sagen: Für die Spinne gibt es keinen Schwefel; es gibt Salz und Quecksilber und dies ist die Welt der Spinnen.

Frage: Es ist interessant zu sehen, was die Spinne fängt.

K. König: Für die Insektenwelt müssen Sie Ihre Denkform ändern, wenn Sie solche Dinge sagen wie *töten*, *fressen* oder *leben*. Ich gebe Ihnen ein Beispiel. Wenn Insekten sich vermehren, dann haben sie eine Art von sexuellem Paarungsleben, das auf manche Art und Weise seltsam ist. Sie benehmen sich bei diesem Akt fast so, wie wir es aus gruseligen Märchen kennen. Aber wenn wir dies wirklich zu verstehen versuchen, können wir sagen: hier findet ein erster Ausdruck von Gedankenleben statt. Als Ergebnis entwickeln sich die Embryos in der Insektenwelt auf die gleiche Art, wie sich Ideen in Menschen entwickeln. Ich beziehe mich im Besonderen auf die Kräfte der Sexualität, weil sie direkt verbunden sind mit dem Denken. Und es ist ein Aberglaube, dass die Insekten die Welt sehen; im Gegenteil, die Welt sieht das Insekt. Glauben Sie nicht, dass Insekten Sie sehen – sie erleben Ihre Hand. Der Stich der Bienen zum Beispiel ist das erste Aufwachen und dann sterben sie. Lesen Sie die Vorträge Rudolf Steiners über Bienen und Sie werden das verstehen.[8]

Frage: Was geschieht, wenn Insekten eine Plage werden, wie Heuschrecken oder so. Und was geschieht, wenn wir diese Insekten verbrennen und *Pfeffer* aus ihrer Asche machen und sie über das Land streuen als Abschreckung?

K. König: Ich wäre nicht in der Lage, dies sofort zu beantworten, weil ich es nicht weiß. Unsere menschlichen Gedanken sind recht unnütz. Es ist ziemlich unangemessen, diese Insekten *Schädlinge* zu nennen, weil sie für sich selbst keine Plage sind. Wenn wir ein Gleichgewicht in der Natur aufrecht halten wollen, können *Schädlinge* die größte Heilung bringen. Heute wissen wir bereits, dass wir Schädlinge einführen müssen, um Schädlinge zu vernichten.

63

Auch hier tritt wieder eine Umkehrung auf. Denn oben, wo der Kopf ist, herrschen die Sulphur-Prozesse vor. Licht, Wärme, Klang u. Sehen finden sich dort zusammen.

Die Merkur-Prozesse aber leben im Thorax der Insekten, wo die Luft ein- u. ausströmt u. die Beine sich im Rhythmus von Erde, Luft u. Wasser bewegen.

Der Sal-Prozeß wirkt im Abdomen. Dort verdichtet sich die Materie u. wird ausgeschieden u. ausgestoßen. Dort gibt es arteigene Substanzen.

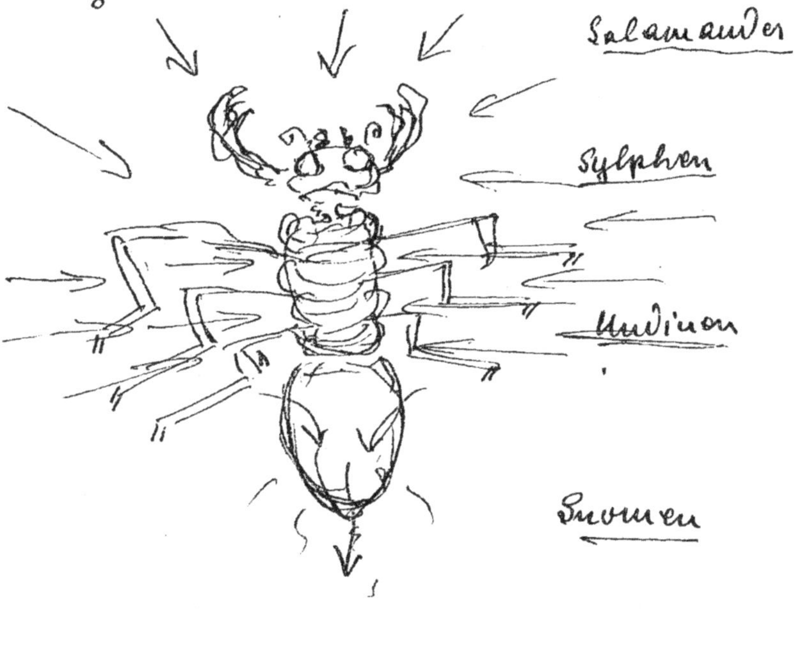

Aus den Vorbereitungsnotizen für den Vortrag vom 6.12.1962.

Vortrag III

Camphill Hall, 7. Dezember 1962

Wir haben versucht, im Laufe der letzten zwei Vorträge, der Welt der Elementarwesen näher zu kommen, um einen Einblick in das Reich zu gewinnen, das unsere Vorfahren kannten und das uns durch das Werk Rudolf Steiners wieder näher gebracht worden ist. Wir haben versucht, einen neuen Zugang und Haltung zu diesem Bereich zu finden, basierend auf den Sprüchen, in denen Rudolf Steiner unsere Aufmerksamkeit auf die Ermahnungen lenkt, welche die Elementarwesen dem Menschen zurufen.[9]

Wir haben uns auch bestimmten Beispielen in der Welt der Natur zugewandt, um zu einem Verständnis der Welt der Elementarwesen zu gelangen. Wir haben beschrieben, wie das ganze Reich der Arthropoda – und vor allem der Insekten – auf besondere Weise mit den Elementarwesen verbunden ist. Wir konnten sogar sagen, als wir diese weite, unerschöpfliche Welt der Insekten studierten, dass wir in ihnen die Schattenbilder, die Spiegelbilder der Elementarwesen finden. Wir haben auch versucht, auf den Menschen, mit den eigentlichen menschlichen Qualitäten zu schauen. All dies ist wirklich ein vielfältiger Versuch gewesen, der Welt der Elementarwesen näher zu kommen, und das ohne Romantisierung oder irgendeine Erwähnung von Gartenzwergen, kleinen Elfen oder Feen. Dennoch, liebe Freunde, trotz dieser Anstrengungen, gibt es eine große Frage, die sich wie ein roter Faden durch all diese Tage und Versuche zieht, nämlich: *Wie steht der Mensch selbst innerhalb dieser ganzen Welt?* Immer wieder tauchte zwischen uns die Frage auf: Was haben wir mit dieser Welt zu tun? Wie steht der Mensch selbst in dieser Welt drinnen? In den so oft erwähnten Vorträgen *Der Mensch als Zusammenklang des schaffenden bildenden und gestaltenden Weltenwortes* beschreibt Rudolf Steiner in sehr besonderen Sprüchen, was die Elementarwesen zu sagen haben. Sie sprechen, aber der Mensch bleibt absolut still; der Mensch wird angesprochen, aber er gibt keine Antwort. Es scheint, als ob wir weder mit diesen Elementarwesen etwas zu tun haben, noch etwas für sie tun können.

Doch, die Frage – und ich denke es ist eine brennende Frage – die alle von uns, die wir in dieser Konferenz versammelt sind, angeht ist: *Wie soll die Verbindung des Mensch zu diesen Wesen aussehen?* Ist ihre Welt eine, die der Mensch völlig verloren hat? Sollte er diese Welt bewusst wieder gewinnen? Sollte er sich den Elementarwesen nähern? Was soll er tun? Obwohl diese Frage keine fertige Antwort finden wird, hoffe ich, dass sie im Laufe der folgenden Gespräche eine gewisse Klärung erfahren wird.

Bevor ich dies weiter ausführe, lassen Sie uns zurückkehren zur gestrigen Darstellung, als ich – mit Bezug auf Rudolf Steiners Bild – die Pflanze mit ihren Blütenblättern, Fruchtknoten, Stängel, Blättern und Wurzeln beschrieb. Rudolf Steiner beschreibt, wie die Gnomen, Undinen, Sylphen und Feuerwesen in diesen unterschiedlichen Sphären wirken. Darf ich Sie daran erinnern, dass wir besprochen haben, wie wir die Welt der Insekten als eine Art Spiegelbild sehen können; nicht dadurch, dass wir die verschiedenen Arten anschauen, sondern durch die Beobachtung der Entwicklungsstadien als Ganzes. Aus dem Embryo des Insekts entwickelt sich die Raupe, die Puppe oder Chrysalis, und als letztes erscheint das Wunder und die Schönheit der Imago. In diesem Bereich zeichneten wir die ätherischen Kräfte, die beide Welten verbinden. Und dann lernten wir, dass die Pflanze selbst, die Urpflanze,

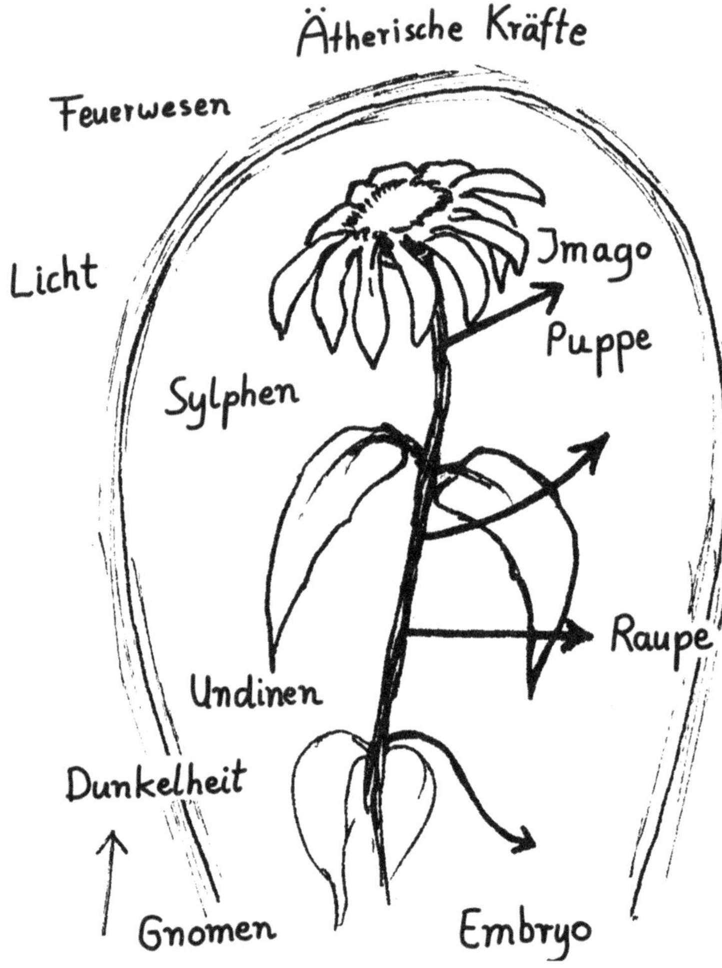
Ätherische Kräfte
Feuerwesen
Licht
Sylphen
Undinen
Dunkelheit
Gnomen
Imago
Puppe
Raupe
Embryo

die in jeder Pflanze, Baum und Busch lebt, der Spiegel ist, der die Bilder der Insekten in die Welt wirft. Diese Bilder der Insekten haben ihre Wirklichkeit in dem Bereich der Elementarwesen.

Dies ist das erste Bild. Darf ich Sie daran erinnern, dass diese ganze Welt natürlich eine ungeheuere Geschichte hinter sich hat, eine, die zu den Anfängen der Erde zurückgeht, als die Erdkugel viel größer, viel weiter, viel großartiger war. Schrittweise, durch die Stadien von Polaris, Hyperboräa, Lemuria, Atlantis wurde die harte Materie dieser Erde immer mehr verfestigt, und die verschiedenen Schichten der Insekten-Entwicklung blieben rund um die Erde. Die Elementarwesen kamen mit der Erde. Die Insekten kommen und führen wieder zurück. Hier ist etwas, was wir verstehen lernen müssen.

Sobald die Pflanze nicht länger außerhalb der Erde war, nicht länger in einem Kommen und Gehen, in einem fließenden Dasein begriffen war,[10] fasste sie schließlich Wurzeln in diesem sich allmählich formenden Prozess, mit dem Verdichten und Härten der Erde. In der Evolution ist dies der letzte Vorgang. Erst gab es die Früchte und Samen, dann die Blüten, dann kamen die Blätter und schließlich formten sich die Wurzeln aus. Aber sobald sich die Wurzeln geformt hatten in diesem Entwicklungsprozess, ereignete sich etwas mit der Pflanze; sie begann zu zeigen, was Goethe *ein offenbares Geheimnis* nennt. Die Pflanze begann zu zeigen, dass sie nicht nur viergliedrig ist, sondern dass sie auch eine dreigliedrige Existenz haben wird. Von oben strömt das Licht und von unten die Dunkelheit – und zwischen Licht und Dunkelheit erschien die Welt der Farben. Ein offenbares Geheimnis entstand.

Sobald sich dieses Geheimnis offenbart hatte, spiegelte es die Insektenwelt solcherart, dass diese Dreigliederung in der Imago erschien. Liebe Freunde, anstatt die Pflanze zu beschreiben, brauche ich nur die Urform der Insektenwelt zu zeigen: erst die sogenannte Kopforganisation mit den riesigen Augen, Fühlern und Antennen; dann den Thorax mit den drei Paar Beinen; und schließlich den Unterleibsteil. Sie können sehen, dass dies das Spiegelbild von Blüte, Blatt und

Wurzel ist. Wir haben schon darüber gesprochen. In der Viergliedrigkeit offenbart sich die Dreigliedrigkeit selbst. Dies ist einer der wichtigsten Schritte in der Entwicklung der Welt, dass aus der Viergliedrigkeit der Natur die Dreigliedrigkeit – und wir können sagen die Dreigliedrigkeit des Menschen – offenbar wurde. Mit diesem Schritt wurde eine völlig neue Entwicklung in dem ganzen Vorgang der Erdenentwicklung erreicht. Wir können auch sagen: aus der Viergliedrigkeit des Mars begann sich die Dreigliedrigkeit des Merkur zu entwickeln. Aber die Dreigliedrigkeit entsteht erst allmählich, Schritt für Schritt.

Menschen haben versucht, diese Dreigliederung zu verstehen. Sie haben verschiedene Wege gefunden, sie zu beschreiben. Der französische Philosoph Louis Claude de Saint-Martin benutzt in seinen Buch: *Des Erreurs et de la Verité* [11] eine Terminologie, die seinen Versuch zeigt, diese Dreigliedrigkeit zu verstehen, die sich allmählich im Menschen, in der Natur, in der Chemie und in der menschlichen Seele zeigt – in jeder viergliedrigen Schöpfung, in der die dreigliedrige Form, eine dreigliedrige *Wesenheit*, allmählich geboren wird. Saint-Martin spricht über Salz, Schwefel und Quecksilber. Auf diese Weise versucht er zu begreifen, was die Alchemisten des Mittelalters – deren Schüler Paracelsus und Jacob Böhme waren – auch versuchten zu verstehen. In sehr bewegenden Worten sprach Rudolf Steiner über die Art, in der die rosenkreuzerischen Wissenschaftler oder Alchemisten begannen, dieser Welt des Salzes, des Schwefels und des Quecksilbers näher zu kommen.[12] Er beschreibt, wie die wahren Alchemisten nur die äußeren Vorgänge, die vor ihren Augen sich abspielten, benutzten, um gewisse Veränderungen in der Seele hervorzurufen, die durch eine Gebetshaltung eine Umwandlung verursachten. Sie beobachteten, wie aus der Lösung die Salzkristalle allmählich verdichtet wurden, wie die schönen Formen der Kristallisierung erschienen, wie Kupfer oder Kupfersulphat sich ausformte. Und in ihren Seelen begannen sie zu denken: *Wenn ich nicht meine Triebe und Emotionen überwinden kann durch den salzformenden Vorgang meiner Denkkraft, wenn meine Denkkraft nicht durch innere Anstrengung kristalli-*

siert, dann werde ich in meinem nächsten Leben mit der Anlage zu Krankheit und Zerstörung geboren werden. Hinter den Formen des Kristalls erscheint göttliche Weisheit. Für diese Alchemisten, war Salz oder «Sal» keineswegs das, was wir heute Salz nennen. Sal war eine Beschreibung der Wege Gottes, die bis in das kleinste Atom reichen. Göttliche Weisheit, in materieller Substanz reflektiert, erscheint im Sal.

Und wenn sie den Schwefel ansahen, konnten sie ihn nur zu fassen bekommen, wenn sie versuchten, Substanzen zu verbrennen und zu beobachten, wie jede Substanz in einer anderen Farbe brennt, wie zwei oder drei Substanzen in einer Mischung von Farben abbrennen, wie der Rauch aufsteigt und wie die Asche herunterfällt. Und wiederum, wenn sie dies in einer betenden Haltung schauten, begannen sie zu verstehen, dass hinter diesem Vorgang ein Opfer der Götter stattfand. Sie fühlten, dass die niedrigeren Götter den höheren Göttern opferten. Göttlichkeit opfert sich selbst einer höheren Göttlichkeit. Dies ist der Vorgang der Verbrennung in der Materie. In sich selbst erlebten sie, wie die Hingabe an den Menschen und an die Natur die Verwirklichung dieses Opfervorgangs in der eigenen Seele bedeutet.

Und Quecksilber wurde als ein Auflösungsvorgang gesehen, wo das, was sich verfestigt hatte, sich wieder auflöst. Indem sie diese Auflösung miterlebten, lernten sie zu erfahren: *Dies ist nichts anderes als göttliche Liebe.* Göttliche Liebe im Quecksilber, göttliches Opfer im Schwefel, göttliche Weisheit im Sal. Dies waren die Erfahrungen der rosenkreuzerischen Alchemisten, wenn sie die Versuche anschauten, die vor ihren Augen stattfanden.

Was Saint-Martin beschreibt, war jedoch ein Ende. Es war kein Neubeginn, es war das Ende einer alten Sicht, einer alten Möglichkeit zu denken, was Schwefel, Quecksilber und Sal betrifft. Der moderne Mensch ist recht unfähig, dies zu tun. Heute können wir nicht mehr in diesen Ausdrücken sprechen, weil sie uns fremd sind.

Wenn wir jetzt die Rufe betrachten, die die Elementarwesen dem Menschen zurufen, in denen – so erfahren wir von Rudolf Steiner –

die formenden Kräfte des Weltenwortes tönen, die die menschlichen Glieder, das Stoffwechselsystem, das rhythmische System und das Sinnes-Nerven-System bilden, dann wird uns klar, dass die Stimme eine viergliedrige ist.[13]

–*Bewegungssystem.* Gnomen: *Erstrebe zu wachen!*
–*Verdauungsorganisation.* Undinen: *Denke im Geiste!*
–*Rhythmisches System.* Sylphen: *Lebe schaffend atmendes Dasein!*
–*Nerven-Sinnes-System.* Feuerwesen: *Empfange liebend Götterwillenskraft!*

Wir entdecken, dass es nicht nur vier Stimmen, sondern vier Ströme sind. Zwei von ihnen werden eins, wenn sie im Menschen wirken. Das Gliedmaßen- und Verdauungssystem sind eins, und dann gibt es das Rhythmische und das Nervensystem.

Sie sollten diese Vorträge von Rudolf Steiner lesen, um völlig zu verstehen, was ich meine. Der Ruf der Elementarwesen zum Menschen ist viergliedrig, aber im Menschen – in soweit er ein Naturwesen ist – wird der vierfache Ruf zur Dreigliederung. Und die Dreigliederung der alten Rosenkreuzer – Salz, Quecksilber und Schwefel – ist im modernen Menschen das Stoffwechsel-Gliedmaßen-System, das rhythmische System und das Sinnes-Nerven-System geworden, eine Dreigliedrigkeit entwickelt sich aus der Viergliedrigkeit.

Liebe Freunde, diese Erkenntnis der Dreigliederung, eine Einsicht, die von Rudolf Steiner in den Jahren 1916 und 1917 enthüllt wurde, ist eine Einsicht, die er in sich selbst trug.[14] Die Erkenntnis, dass die Dreigliederung des menschlichen Körpers und der Seele – des Denkens, Fühlens und Wollens – verwoben und verbunden sind mit dem Sinnes-Nerven-System, dem rhythmischen System und dem Stoffwechsel-Gliedmaßen-System, ist der erste Schritt für eine moderne Vergeistigung des menschlichen Wissens. Verstehen Sie, was ich meine? Die Elementarwesen rufen mit vier Stimmen. Aber diese vier Stimmen verwandeln sich mehr und mehr in eine Dreigliederung. Diese Dreigliederung ist nicht etwas, was es schon immer gab. Es ist etwas, das schrittweise geboren wird. Und je lebendiger wir lernen zu denken, was den dreigliedrigen Menschen betrifft, desto mehr wird es für uns möglich sein, der Viergliedrigkeit und den Elementarwesen näher zu kommen; nicht, um sie zu ermahnen oder ihnen etwas vorzupredigen, und nicht, damit wir über ihr Dasein romantisieren, sondern um sie immer mehr an die Dreigliederung heranzubringen, sodass, wenn wir hinausgehen und die verschiedenen Blumen im Frühling, Sommer und Herbst ansehen, die verschiedenen Blumen eine Stimme für uns werden. Sie wollen zu uns sprechen, liebe Freunde, auf solche Art und Weise, dass wir durch die Frühlingsblumen lernen können, wie wir in unseren Seelen versuchen können, uns zu den geistigen Sphären emporzuheben. In den Herbstblumen fühlen wir unsere eigene Finsternis; wir fühlen unsere Fehler, unsere Irrtümer. Und allmählich lernen wir diese Verständigung; wir beginnen zu verstehen, dass die Welt der Blumen um uns herum das ausgebreitete Gewissen des Menschen ist. Diese Stimmung ist es, was die alten Alchemisten, die wahren Rosenkreuzer, erlebten, wenn sie über das Opfer der Götter in dem Vorgang des Brennens, des Schwefels, sprachen. Oder, wenn wir am Morgen hinausgehen und die verschiedenen Formen des Taus sehen, in dem sich alle Farben des Morgenlichts spiegeln, und unsere Seelen angefüllt sind mit der Freude und dem Wunder dieser Erneuerung der Lebenskräfte, wenn die Dunkelheit zurückweicht und die Sonne erscheint, wenn unser Atem belebt und befruchtet wird, wenn wir Freiheit in uns fühlen, dann beginnen wir wie die rosenkreuzerischen Alchemisten, die Zuneigung der Götter zu erleben. Und wenn wir die verschiedenen Formen der Wurzeln verfolgen – die schweren und die leichten, die kristallin geformten und die bizarren – dann verstehen wir, dass in den Wurzeln etwas lebt, was die Pflanze festhält, auf der Erde hält; wir lernen, dass dies der gleiche Salzprozess ist, der die Kraft unseres Denkens geformt hat und noch formen wird.

Wenn wir das lernen, wenn wir lernen, mit der Pflanzenwelt zu kommunizieren, indem wir sie nicht nur als viergliedriges Wesen ansehen, aber in der Viergliedrigkeit der Natur ein Bild der Dreigliederung des Menschen sehen, dann liebe Freunde, werden die Elementarwesen aufhören, sich über den Menschen lustig zu machen; dann werden sie plötzlich sehen: *Wir erwachen im Geiste, wir denken im Licht, wir weisen die Kräfte des göttlichen Willens nicht ab, die uns näher kommen wollen.* Ohne, dass wir zu ihnen sprechen, werden sich ihre Gesichter verändern – weil es ihr größter Wunsch ist, zu lernen, was nur der Mensch ihnen beibringen kann, und wahrzunehmen, was sich dann als Freude, Gewissen, als Kraft des Denkens entwickelt. Wenn Hoffnung, Liebe und Glaube in unseren Seelen zu wachsen beginnen, dann wird die Vergeistigung der ganzen Welt der Elementarwesen anfänglich zustande kommen können.

Als ein Hintergrund zu allem, was ich versuchte zu sagen, lassen Sie mich zurückgehen zu bestimmten Hinweisen, die Rudolf Steiner uns gegeben hat. Immer wieder in den Vorträgen aus den Jahren 1905, 1906, 1907 und 1908, erklärte er das folgende Urgesetz: immer da, wo Raum bezeichnet wird, herrscht dort die Zahl zwölf – die zwölf Tierkreiszeichen zum Beispiel. Immer da, wo Zeit bezeichnet wird, dann herrscht die Zahl sieben – sieben Planeten, sieben Metalle, sieben Tage der Woche und so weiter. Warum erwähne ich dies? Weil sowohl in der Zwölf als auch in der Sieben die Drei und die Vier herrschen. Weil drei mal vier zwölf ist, und drei plus vier sieben ist. Und das Verhältnis von der Drei und der Vier im Menschen und in der Natur bringt eine neue Offenbarung der Zeit und eine neue Offenbarung des Raumes mit sich; die alten Dimensionen von Zeit und Raum fallen allmählich fort und führen zu einer völlig neuen Zeit-Raum-Wahrnehmung.[15]

Wenn wir es nun wagen, die letzte Frage zu stellen – in welchem Augenblick kam es zustande, dass der Mensch aus seinem viergliedrigen Wesen heraus begann, eine dreigliedrige Existenz zu entfalten? – dann gibt es nur eine Antwort. Diese Antwort ist einfach und offensichtlich, aber auch erschütternd: es ereignete sich in dem Moment, als der Mensch anfing, seine ersten Worte zu sprechen – als in der atlantischen

Zeit, in der Bevölkerung der Rmoahals, die ersten gesprochenen Laute aus dem menschlichen Körper kamen, als die Tlavatlis anfingen, miteinander zu sprechen, als allmählich die Wesen, die die Sprache in den Menschen einführten sich zurückzogen und das menschliche Ich selbst das Wort ergriff.[16] Von diesem Augenblick an begann sich das natürliche Dasein des Menschen – der physische, ätherische, und astralische Leib und das Ich – in die dreifache Existenz des Stoffwechsel-Gliedmaßen-, rhythmischen und Sinnes-Nerven-Systems zu entwickeln. Was in den Insekten, liebe Freunde, nichts anderes als eine Art mechanischen Bildes ist, das fest und unbeweglich ist – Kopf, Thorax, Unterleib – ist ein Spiegelbild: Im Menschen ist es ein Same geworden, ein Same, der ständig erneuert wird durch das Wort, durch Sprache, durch Gespräch, durch Kommunikation.

Quecksilber
Schwefel
Sal
3 x 4 = 12
3 + 4 = 7
Mensch Natur

Wenn wir lernen, dies zu begreifen, werden wir verstehen, was Rudolf Steiner meint, wenn er in einem Vortrag mit dem Titel: *Die Geisteswissenschaft und die Sprache*[17] sagt, dass der ganze menschliche Körper gestaltet wurde, um Träger der menschlichen Stimme zu sein. Der Kehlkopf, aus dem wir sprechen, hat noch eine viergliedrige Form. Er besteht aus vier verschieden geformten Knorpeln. Aber innerhalb dieses Kehlkopfes da entfaltet sich die *Pflanze* der menschlichen Stimme. Von oben steigen die Gedanken herunter und in der Mitte, da erscheinen die Worte. Und aus diesen Worten heraus werden die Gefühle, die von unten hochsteigen, wahrgenommen. Aus dem dreigliedrigen Wort heraus geht die dreigliedrige Existenz des Menschen hervor, formt sich und spiegelt sich.

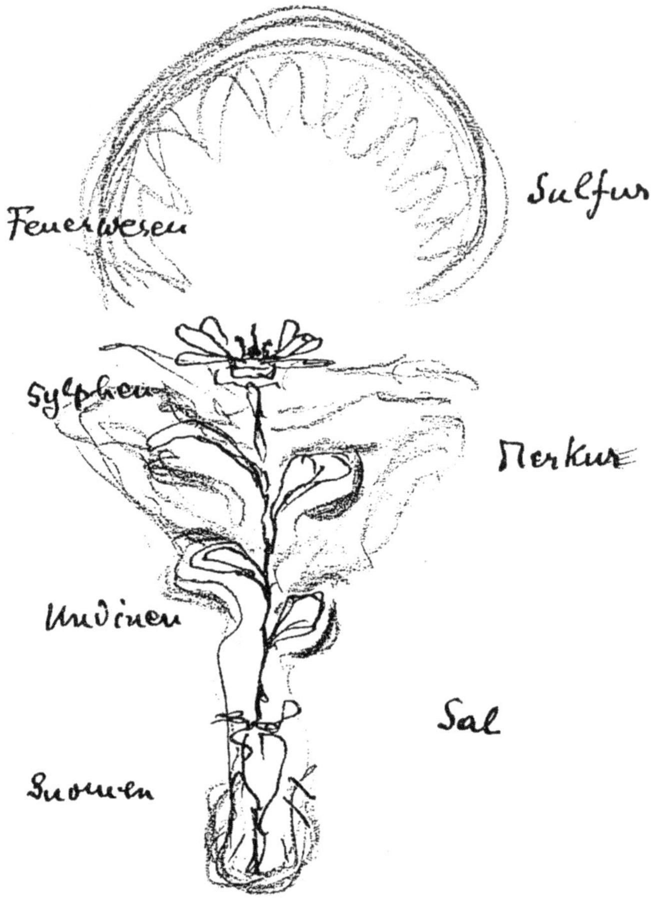

Aus den Vorbereitungsnotizen Karl Königs

Der Mensch und die Haustiere

von Karl König

Vortrag I

Botton Hall, 2. Dezember 1964

Liebe Freunde!

Als ich mich während meiner Studien der letzten zwanzig Jahre mit dem Tierreich beschäftigte, bin ich immer wieder auf das große Problem der Haustiere gestoßen. Was sind sie? Welche Bedeutung haben sie? Welche Tiere können wir Haustiere nennen? Solche Fragen können kaum beantwortet werden. Es gibt so viele Tiere, die dem Menschen nahe stehen, aber deshalb können wir sie nicht Haustiere nennen. Denken wir zum Beispiel an Vögel, wie die Schwäne, die nie da leben würden, wo es keine Menschen gäbe. Wäre es möglich, einen Schwan, einen Storch, einen Raben oder einen Spatz Haustier zu nennen? Wir wissen, dass der Bär, obwohl er manchmal ein wildes Raubtier ist, immer wieder die Behausung des Menschen aufsucht, indem er um die Dörfer herumstreicht und der Wolf tut das Gleiche. Sie sind auf keinen Fall Haustiere. Ist es andererseits richtig, wenn wir an Hunde und Katzen denken, die nahe bei uns leben, sie Haustiere zu nennen? Ich glaube nicht.

Wir sollten versuchen, das Problem der Einordnung eingehend zu betrachten, einerseits, um die Grenze zu den Haustieren zu finden und andererseits, um festzustellen, welche die sogenannten wilden Tiere sind. Wir müssen sagen, dass es da keine genaue Grenze gibt, sie liegen sozusagen dazwischen. Wir finden wilde Tiere, wie Bären und Wölfe, die mit dem Menschen sehr verbunden sind. Wir finden zahme Tiere, wie Hund und Katze, die noch bedeutsame Eigenschaften haben, die sie vom Menschen fern halten. Und wenn wir uns vorstellen, dass einige Zoologen sogar Bienen und Seidenraupen als Haustiere bezeichnen, können wir uns vorstellen, wie schwierig es ist zu sagen, welche wohin gehören. Ist die Biene ein Haustier? Sie benötigt jedoch den Menschen. Ist die Seidenraupe ein Haustier? Auch sie benötigt den Menschen. In dem Augenblick, da ich sage, *es braucht den Menschen*, sind wir schon der Erklärung des Begriffs Haustier einen Schritt näher gekommen.

Können wir nicht zunächst sagen, ein Haustier sei nicht mehr imstande, seine Funktionen innerhalb der Grenzen und Rhythmen der Naturkräfte auszuleben, sondern benötige die Nähe und die Hilfe des Menschen? Können Sie verstehen, was ich meine? Ein Haustier kann nicht mehr für sich allein leben, der Mensch muss ihm zu Hilfe kommen. Wir müssen Ställe bauen für unsere Schweine und unser Vieh, in denen auch die Schafe Obdach finden und wir müssen unsere Weiden bearbeiten, damit die Haustiere leben können. So, wie Kinder Erwachsene brauchen, die sich um sie kümmern, so brauchen die Haustiere unsere Hilfe. Wir können sagen, dass es Tiere gibt, die die Nachbarschaft des Menschen suchen und andere, die die Hilfe des Menschen brauchen. Dann gibt es eine dritte Gruppe von Tieren, die – wie Hunde und Katzen – dem Menschen sehr nahe sind und doch ohne ihn leben können. Nur, wenn wir dies verstehen, wird es uns möglich sein, zu begreifen, dass es ein anderes sehr wichtiges Merkmal für Haustiere gibt.

Haustiere benötigen die Hilfe des Menschen aus einem ganz besonderen Grund: sie sind nicht mehr in die Naturkräfte eingeschlossen, wie alle anderen Tiere. Liebe Freunde, die Kuh, das Pferd, das Schwein, das Schaf sind alle Tiere, die bis zu einem gewissen Grad von der Natur abgerückt sind; wie wäre es sonst möglich, dass Hennen das ganze Jahr hindurch Eier legen, Kühe das ganze Jahr hindurch Milch geben und Schweine zu jeder Jahreszeit Ferkel haben können, so wie die Menschengeburten auf das ganze Jahr verteilt sind? In früheren Zeiten, sagen wir vor vier-, fünf-, sechstausend Jahren, war auch der Mensch einbezogen in die Naturgesetze, in die kosmischen Gesetze von Sonne und Mond und von den Jahreszeiten, und Menschenkinder wurden nur in der Osterzeit gezeugt und zu Weihnachten geboren. Schauen wir auf die wilden Tiere: sie haben ihre Brunstperioden und bringen ihre Jungen zu bestimmten Zeiten des Jahres zur Welt. Haustiere sind in dieser Beziehung frei von diesen Rhythmen und darin dem Menschen gleich.

Mit alledem kommen wir ein wenig dem Verständnis näher, was ein Haustier ist und was nicht. Ich will keine Definitionen geben; es gibt keine bindende Regel, zu bestimmen, was ein Haustier ist und was nicht. Es gibt Tausende von Arten wilder Tiere, von denen einige dem Menschen nahe sind. Viele Vögel, viele Säugetiere suchen und leben in der Nachbarschaft des Menschen. Einige von ihnen sind viel näher und brauchen wirklich die Hilfe des Menschen, und wir geben ihnen, was sie nicht mehr imstande sind, selbst für sich zu beschaffen. Dann gibt es einige wenige Tiere – ich erwähnte Katze und Hund – die sozusagen unter den Füßen des Menschen leben; sie sind uns sehr nahe – fast unsere Schatten – obwohl sie irgendwie durchaus nicht so von uns abhängig sind, wie das Vieh, Schafe, Pferde und Schweine.

Mein erster Versuch wird nun sein, Ihnen eine Art Überblick über alle diejenigen Tiere zu geben, die mehr oder weniger Haustiere genannt werden können – nicht, indem ich ihre Einordnung in Tiergruppen beschreibe, sondern versuche, ein Bild ihrer kosmischen Bedeutung darzustellen. Um uns herum sind zwölf Tierkreiskonstellationen und diese bedeuten durch und durch Bildekräfte, die von Geistwesen ausströmen. Wir wissen, dass wir hier auf Erden erschaffen wurden und dass während Millionen von Jahren die Naturreiche aus der Menschheitsentwicklung herausgewachsen sind. Es ist die Zwölfheit dieser Bildekräfte, aus der der Mensch geschaffen wurde und durch ihn alle Tiere. Es gibt vier hauptsächliche Bildekräfte, die in der Schöpfung wirksam sind. Ich möchte darauf hinweisen, dass sie von den vier verschiedenen Ecken des

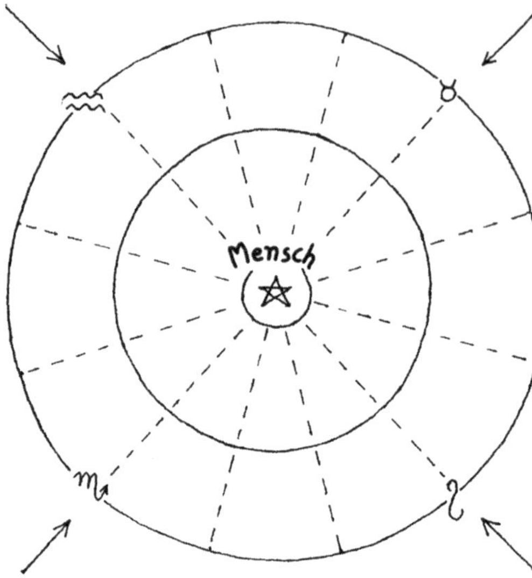

kosmischen Raumes herkommen. Es sind *Wassermann, Skorpion, Stier* und *Löwe*. Ich werde diese Bildekräfte nicht beschreiben, sondern Ihnen nur in Erinnerung rufen, dass, wie uns Rudolf Steiner lehrte und alle Geheimwissenschaft uns sagt, diese die vier Hauptkräfte sind, die den Menschen zu drei plus eins Teilen schufen. Skorpion ist wie der *Adler* und erschafft die Kopforganisation, der *Löwe* unser mittleres System, das Herz, die atmende Lunge, alles Rhythmische in uns. Der Stier schafft das untere System, alles, was zur Verdauung, zu den Stoffwechselkräften gehört, die Substanzen verwandeln. Der *Wassermann* ist alles, was wir menschlich nennen; er fasst *Adler, Löwe* und *Stier* zusammen. Das sind die vier Bildekräfte und ich möchte sagen, dass in der Mitte, wo sich die vier Kräfte treffen, niemand anderes ist als der Mensch selbst. Der Mensch ist der wahre Ausdruck dieser vier, er war einst so weit und groß, wie diese vier Kräfte. In der Nacht können wir Stier oder Widder oder Skorpion, Wassermann, Löwe, Jungfrau sehen – das ist der kosmische

Umkreis, aus dem das Menschenwesen in seiner gegenwärtigen Form entstanden ist. Und Schritt für Schritt hat der Mensch seinen Körper verdichtet. Der Mensch hat sich konzentriert und jetzt ist dieses kleine, aber billionenfache Ding auf Erden die harmonische Summe dieser kosmischen Schöpferkräfte.

Alles, liebe Freunde, was sich zwischen dem Zentrum und der Peripherie befindet – alles, was vom Menschen übrig blieb, als sich seine Existenz allmählich zu dem verdichtete, was er hier im Zentrum wurde – alles das ist ein Überbleibsel der Menschwerdung. Es gibt Tiere, die dem Menschen nahe stehen, andere, die weiter und solche, die viel weiter von ihm entfernt sind. Sie werden sich bei einem solchen Bild vorstellen können, dass Mensch und Tier einmal eins waren (s. Zeichnung Seite 206). Damals bestand noch kein Unterschied zwischen Tier und Mensch, aber wir mussten allmählich unsere Existenz verdichten und uns in das Zentrum von allem begeben unter Zurücklassung von Teilen von uns – Formen, Gestalten, Entitäten, Seelen- und Verstandeskräften, Gemütsbewegungen, die kriechen, schwimmen, fliegen – die ohne uns leben konnten und allmählich Fremdlinge wurden. Sie haben sich nicht von uns entfernt, sondern wir haben uns nach und nach von ihnen entfernt.

Ich sage dies, weil noch heute Wissenschaftler nach den wilden Rassen suchen, aus denen Haustiere gezähmt wurden. Sie suchen wilde Kühe, wilde Pferde, wilde Schweine und denken sich, dass einst der Mensch mit einem großen Knüppel kam und diese Tiere zu Haustieren machte. Das ist völlig falsch. Es ist nicht das zahme, sondern das wilde Tier, das das zweite ist. Die ersten Tiere waren zahm. Menschen waren alle eins mit ihnen; sie waren mit uns, wir waren mit ihnen, aber wir mussten sie hinter uns lassen – als verlorene Brüder und Schwestern – auf unserem Wege der Entwicklung zum Menschen. Wenn wir nun heute mit unseren Kühen und Schafen leben, so sind sie es, die mit uns geblieben sind. Das Pferd ist noch immer mit uns; das Przevalski-Pferd, das sogenannte wilde Pferd in den asiatischen Steppen, ist das zurückgelassene. Der wilde Eber wurde zurückgelassen, das Schwein ist nicht ein gezähmter wilder Eber. Ich möchte gern, dass Sie die alten Ideen umdrehen und sehen, dass die Haustiere diejenigen sind, die damals bei uns blieben und die wilden Tiere sind die zurückgelassenen. Heutzutage sind uns am nächsten: Pferde, Schweine, Rinder und Schafe. Das sind die wichtigsten Tierarten, die die letzten Überbleibsel der großen Kräfte repräsentieren: das Schaf von den Löwenkräften, das Rind von den Stierkräften, das Schwein von den Menschen- oder den Wassermannkräften und das Pferd von den Skorpionkräften. Wenn Sie das einsehen, werden Sie auch die Natur der vier kosmischen Schöpferkräfte auf Erden verstehen.

Liebe Freunde, auf einem Bauernhof leben Sie umgeben von einer Sphinx, der ägyptischen Sphinx dieser großen, vierfältigen kosmischen Kräfte. Die Sphinx ist verschwunden, aber ihre letzten Überreste erscheinen in Pferd, Kuh, Schaf und Schwein – ob Sie es glauben oder nicht.

Jetzt (es wird an die Tafel gezeichnet) schreibe ich im Zusammenhang mit dem Schaf die Ziege und hier sind das Zebu-Rind und der Bison, hier ist der wilde Eber und hier sind der Esel und das Maultier; das ist mehr oder weniger auch eine Art Gruppierung. Mit einer gewissen Berechtigung bezeichnen einige den Elefanten als Haustier. Er steht in Verbindung mit dem Schwein. Sie können hier an dieser Stelle das Kamel und das südamerkianische Lama finden und hier können Sie das Rentier einordnen. Wir sehen, wie sich nach und nach um die vier Tiergrundformen herum die Abwandlungen und Metamorphosen dem Menschen nahe stehender Tiere einreihen lassen.

Wichtig ist die Einordnung des Hundes hier nahe dem Menschen, der Katze aber nahe den Häusern, die die Menschen bauen. Ein wenig weiter weg sind die Vögel; meiner Meinung nach – nehmen Sie es mit einiger Vorsicht – würden Sie hier den Schwan und hier die Gans finden und auf dem Wege zwischen Gans und Schwan die Enten. Alle Arten von Hühnern wären hier, auch die Fasane und so weiter. Hier finden Sie die Spatzen, hier unten die Taube und hier den Storch.

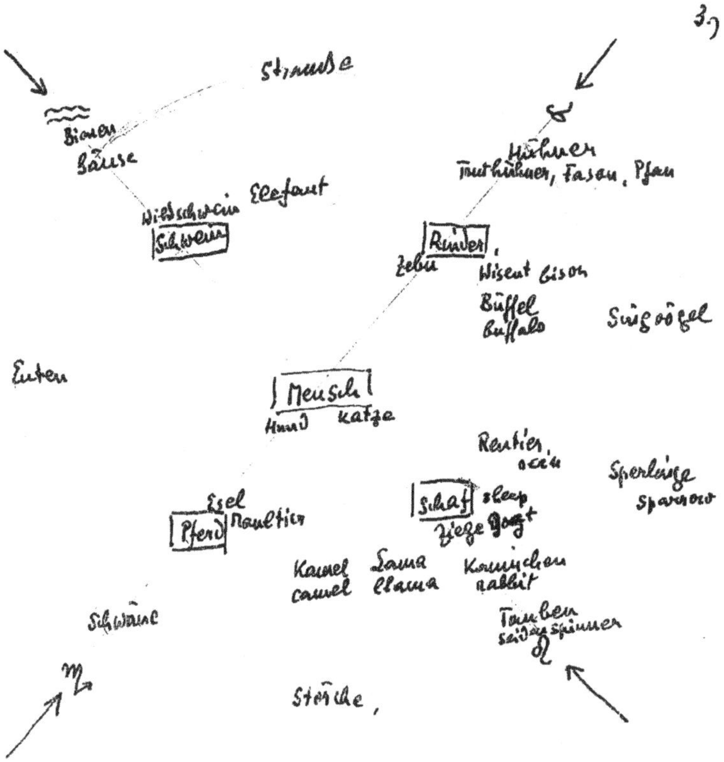

Mit dieser Ordnung ist ein erstes mögliches Schema einer „natürlichen" Gestalt der Haus- u. menschennahen Tiere gegeben.

Die zwei Gruppen der Insekten, Bienen u. Seidenspinner, sind nur angedeutet. Sie stehen dem Wesen eines Haustieres allzu fern. Man könnte sie bestens „Geschenke des Himmels" nennen.

Aus den Vorbereitungsnotizen.[1]

So ist der Kreis der Vögel auch erwähnt. Hier mit Schaf und Taube finden Sie die Bienen und hier die Seidenraupe. Sie können sich jetzt einige Überbleibsel der Verwandtschaft zwischen kosmischen und irdischen Menschen vorstellen. Das ist ein erster möglicher Weg, die Tiere nahe zum Menschen einzuordnen, zahme Tiere, die dem Menschen dienen.

Wenn wir uns nun fragen, ob Tiere, die dem Menschen nahe sind, charakteristische Eigenschaften an sich tragen, so können wir in der Tat solche Merkmale finden. Ich möchte diese Eigenschaften mit ihnen besprechen, um herauszufinden, was sie bedeuten. Tiere, die dem Menschen nahe stehen, unterscheiden sich von den wilden Tieren in der Größe. Es wäre jedoch falsch zu behaupten, dass Haustiere unbedingt kleiner sind als wilde Tiere, aber es wäre auch nicht richtig zu sagen, sie seien allesamt größer. Es ist unterschiedlich. Pferde sind zum Beispiel viel größer als die Wildpferde, Schweine sind viel kleiner, Hühner viel größer. Der Größenunterschied ist ganz verschieden.

Wenn wir die Kopfform betrachten, können wir feststellen, dass die Haustiere und diejenigen Tiere, die in der Nähe des Menschen leben, meist eine verkürzte Schädelvorderseite haben. Schauen Sie und Sie werden verstehen, was ich meine.

Die Vorderseite des Schädels hat nicht die übliche Länge sondern neigt zu Verkürzung. Das Maul ist zurückgezogen und die Stirn wird mehr oder weniger vorherrschend. Wir finden das nicht nur bei Hunden, sondern auch bei Kühen, Schafen und Pferden. Was bedeutet das? Nichts weniger, als dass der Kopf vermenschlicht wird. Ich will nicht sagen, die Bulldogge sei der menschenähnlichste Hund, aber die Form ihres Gesichtes ist die menschenähnlichste, weil das verlängerte Maul und die verlängerte Nase zurückweichen und die Stirn sich ausbildet.

Aber da ist noch etwas anderes. Die Haustiere haben feinere Haare, viel weniger rauh als die wilden Tiere. Einige sagen, das Schaf habe sein struppiges, kräftiges Haar verloren; aber es ist andersherum. Je wilder ein Schaf aufwächst, desto rauher und struppiger wird sein Haar. Das

feine Haar einiger Schafarten ist das sogenannte Lanugohaar. Das neugeborene Tier und jeder neugeborene Mensch haben es noch, es ist aber eigentlich eine vorgeburtliche Behaarung des Menschen. Kleine Kinder, besonders Säuglinge, haben ähnliche Haare wie unsere Schafe – lang, fein, seidig.

Weiter finden wir, dass die Farbe der mit den Menschen lebenden Tiere verschieden ist von derjenigen der wilden Tiere. Wilde Tiere neigen zu allen Schattierungen und deutlichen Farben: blau, gelb, rot. Die Haustiere werden nach und nach entweder weiß oder bekommen weiße oder schwarze Flecken oder sind ganz schwarz. Keine wilden Rinder zum Beispiel haben weiße Flecken, nur Haustiere. Dann gibt es Farben, die ins Braune oder Rötlich-Braune übergehen, sodass wir sagen können, dass die wirklichen, die schönen Farben verschwinden. Haustiere sind entweder weiß, schwarz, weiß und schwarz oder braun. Und schließlich ist da natürlich noch ein Merkmal, das ich schon erwähnte: die Fortpflanzungsfähigkeit der Haustiere ist nicht länger an den Rhythmus innerhalb der Jahreszeiten gebunden, sondern ist frei wie beim Menschen. Das sind die hauptsächlichsten Merkmale, die alle Haustiere aufweisen.

Schauen wir noch einmal auf die Behauptungen der Wissenschaftler. Es wird gesagt, diese Merkmale seien Zeichen für das Schwinden von Kraft und Stärke der wilden Tiere, dass die Haustiere sanfte, sich unserer Zivilisation anpassende Wesen seien, die wohl bald Hosen trügen, um sich warm zu halten. Dem ist aber nicht so. Wenn wir all diese Merkmale genau betrachten, bedeuten sie nur eines: Haustiere bleiben mehr kosmisch, ich könnte auch sagen, sie sind kindlicher oder auch ein bisschen allgemeiner. Sie sind nicht spezialisiert nach Begriffen gewisser Naturkräfte, sie bleiben etwas mehr verallgemeinert als ihre wilden Brüder. Und der Mensch ist das in seiner Form am meisten verallgemeinerte Wesen.

Es gibt keine einfachere Hand als diejenige des Menschen; er kann sie deshalb auf tausenderlei Arten benützen. Diese Tendenz, kindlich, allgemein, weich, uneindeutig zu bleiben, weniger farbig leuchtend, mit einem verkürztem Gesicht, einem großen Kopf, einfachen Gliedern, das alles ist charakteristisch für das Haustier. So können wir sehen, was wir tatsächlich machen, wenn wir die Tiere um uns auf dem Bauernhof genau betrachten: wir umgeben uns mit den einfachen, primitiven, allgemeinen Daseinsformen, die uns an die Bildekräfte erinnern können, die die anderen Tiere, die nicht beim Menschen geblieben sind, zurückließen. Der Wolf, der Bär, der Löwe, der Auerochse, der Büffel – sie alle blieben zurück. Aber einige kamen mit uns. Woher kamen sie mit uns?

Liebe Freunde, sie kamen nur von einem Ort – obzwar von einem sehr ausgedehnten Ort – sie kamen von Atlantis. Die Geschichte der Arche

Noah ist wahr. Noah, einer der größten Eingeweihten und diejenigen, die bei ihm waren, nahmen ausgesuchte Tierarten mit sich. Wir können aber auch sagen, einige Tiere wählten Noah und seine Anhänger aus, um sie auf ihrem Weg von Westen nach Osten zu begleiten. Das war zu der Zeit, zehntausend Jahre vor Christus, als der riesige Kontinent, Atlantis, auf dem eine der bedeutendsten menschlichen Zivilisationen lebte, zu Ende ging. Während der Atlantiszeit entstanden alle Säugetiere. Vor der atlantischen Zeit gab es auf Erden keine Säugetiere, keine Nagetiere, keine Raubtiere, keine Wiederkäuer, nichts dergleichen. Dort – während einer Zeitspanne von ungefähr zwanzigtausend Jahren – entwickelten sich allmählich diese Tiere. Der Mensch, indem sich sein Körper immer mehr verdichtete, ließ gewisse Teile seiner Existenz zurück und aus diesen Teilen entwickelten sich die verschiedenen Arten von Säugetieren. Einige blieben bei dem Menschen – ob sie das mit der Arche glauben wollen oder nicht, wir können sagen: sie begleiteten die großen Eingeweihten und den Menschen, die ihnen folgten, in zwei großen Strömen nach Osten. Ein Strom ging nach Nordeuropa, über Irland, Skandinavien, Russland nach dem Fernen Osten; der andere Strom ging durch Südeuropa, Spanien, Italien, Nordafrika, Arabien und ebenfalls in den Fernen Osten. Auf ihrem Weg blieben da und dort einige Tiere zurück und wurden wild, andere begleiteten die Völkerwanderung, vermehrten sich, nahmen zu an Wachstum und siedelten sich schließlich in der heutigen Wüste Gobi an. Dort müssen wir unsere Pferde, Schweine, Rinder, Schafe – und Menschen – vorstellen, die sich um bestimmte Mysterienstätten herum konzentrierten und sich schließlich vorbereiteten, weiter zu ziehen und die nachatlantische Zivilisation in Indien, Persien, Babylon, Mesopotamien, Ägypten und zuletzt in Griechenland und Rom zu gründen.

Wenn wir heute an früheren Orten, wo Menschen des Stein- und Bronzezeitalters lebten, Ausgrabungen vornehmen, finden wir Überreste der verschiedenen Rassen und Arten von Haustieren. Warum? Weil sie ihre Meister schon nach dem Osten begleitet hatten und dann vom Osten wieder zurückkehrten.

Wenn Sie heute auf den Britischen Inseln herumwandern und einen Ort wie Stonehenge besuchen, finden Sie Felder und Weiden und grasende Rinder. Ich war dort und konnte mir deutlich vorstellen, wie einmal von diesen Mysterienstätten aus – sei es Stonehenge oder Hunderte von anderen in Europa, Asien und Afrika – Kräfte ausströmten, die diese kosmischen Kindheits-Kräfte stärkten, was den Menschen zum Menschen machte und außerdem dazu führte, dass etliche Tiere im zahmen Zustand als Haustiere verblieben. Diejenigen aber, die sich vor diesen Kräften fürchteten, zogen fort von diesen Zentren und wurden in der Folge wilde Tiere, sodass wir – um ein anderes Bild zu gebrauchen – sagen können: von diesen Mysterienstätten strömten Kräfte aus, die wir Kräfte der ewigen Kindheit nennen können. Diese Kräfte behielten einige der Tiere in einem allgemeinen, nicht spezialisierten Zustand ihres Daseins zurück. Deshalb sind sie imstande, im Überfluss Milch zu erzeugen, kontinuierlich die kosmische Form des Eies hervorzubringen, sowie das schöne Haar, womit sie auch dem Menschen dienen können.

Das ist der Anfang dessen, was ich Ihnen mitteilen wollte, damit wir uns eine allgemeine Vorstellung oder ein klareres Bild des Haustiers machen können. Morgen möchte ich mehr in Einzelheiten gehen, auch wenn das ein Vorgang ist, der tatsächlich dem Wesen des Haustiers nicht entspricht. Dennoch müssen wir diesen Weg gehen!

1. Gesprächsrunde

Frage: Als Sie dieses *Zurückbleiben* beschrieben, musste ich an die Darstellung von Christi Geburt denken, bei der einige Tiere zur Krippe kommen und bei der Geburt zugegen sind.

K. König (zustimmend): Sie standen dahinter.

Frage: Sie sprachen über die Vögel und die Säugetiere; aber Sie sagten nichts über die Fische. Ich erinnere mich an Dr. Schaumanns Aussage über den Delphin als eine Art – wahrscheinlich der letzten – die beim Menschen verblieb. Ist das so?

K. König: Der Delphin ist kein Fisch – auf keinen Fall. Am Freitagmorgen werde ich über den Delphin und seine Verwandtschaft – seien Sie nicht erstaunt – mit all den paarhufigen Tieren sprechen. Delphine, Wale und paarhufige Tiere haben eine Wurzel und teilen sich dann in zwei verschiedene Zweige. Nun verstehen Sie, warum ich nicht von Delphinen gesprochen habe, sie sind aber keine Fische. Denken Sie bitte daran und erinnern Sie sich, dass auch Seehunde, Seelöwen und so weiter zur Gattung der Raubtiere gehören.

Kommentar: Man kann betroffen sein über die menschlichen Züge der Seehunde.

K. König: Dennoch sind sie den Löwen, Bären, Wölfen und Hunden viel ähnlicher. Das ist die eine Gruppe. Delphine und Wale sind die andere.

Frage: Meine Frage bezieht sich auf die verschiedenen Menschenrassen – schwarz, rot, gelb, etc. – und ihre verschiedenen Beziehungen zu den Tieren. Wenn ich mich recht entsinne, kamen nicht alle Menschenrassen von Atlantis. Ich möchte deshalb fragen: wie schlossen sich Tiere zum Beispiel der schwarzen Rasse an?

K. König: Das ist eine sehr wichtige Frage und ich bin Ihnen dankbar, dass Sie sie stellen, weil ich sie vorher hätte erwähnen sollen. Keine dieser farbigen Rassen haben Haustiere von Atlantis mitgenommen, außer den indo-germanischen Stämmen. Das sind die Völker, die Haustiere mit sich führten und die anderen haben die Haustiere von ihnen erworben. Weder die schwarzen Menschen, noch die sogenannten nordamerikanischen Indianer, noch die Malaien hatten Haustiere. Das ist sehr bedeutungsvoll. Sie haben natürlich viele ihnen nahestehende Tiere, die ihre Nachbarschaft suchten, weil sie sich den Naturreichen noch näher befanden, als die weiße Rasse. Die weiße Rasse nahm Tiere mit sich in den Zustand ewiger Kindheit. Die anderen Rassen hielten einfach Tiere in ihrer Nachbarschaft. Es gibt heute zum Beispiel immer noch einen Stamm, den Sie sich zwischen Eskimo und Mongolen vorstellen können, der mit dem Bär zusammenlebt. Sie halten in ihren Dörfern das ganze Jahr hindurch Bären in Käfigen und der Bär wird gefüttert und gepflegt wie ein kleines Kind – bis das große Bärenfest herannaht, in dessen Verlauf der Bär als heiliges Opfertier geschlachtet wird. Diese Völker heißen Ainu und leben zum Beispiel in Hokkaidō. Wir wissen auch, wie eng die Menschen in Afrika mit Löwen und Tigern zusammengelebt haben. Nur allmählich erwarben diese Rassen durch die Weißen Rinder. Früher besaßen sie nur Antilopen und ähnliche Tiere; aber das sind keine Haustiere, sie lebten nur in der Nähe des Menschen. Nehmen Sie die nordamerikanische Urbevölkerung als Beispiel. Da ist es das Gleiche: sie hatten immer Tiere in ihrer Nachbarschaft, aber nur die weiße Rasse hatte Haustiere.

Frage: Was ist die eigentliche Bedeutung der zoologischen Gärten? Sie nehmen immer mehr zu.

K. König: Ich glaube es ist nichts anderes als der Wunsch des Menschen, der Natur näherzukommen – allerdings hier deutlich auf einem falschen Wege.

Frage: Könnte man – wie man es bei Hund und Katze getan hat – auch von den Vögeln zum Beispiel das Rotkehlchen auf irgendeine Weise in die Nähe des Menschen rücken?

K. König: Ja, ich würde das Rotkehlchen – Ihnen zu Gefallen – neben den Sperling setzen, aber eigentlich gehören auch die Nachtigall und alle anderen Singvögel dahin.

Frage: Sie erwähnten, dass die Haustiere den Menschen nötig hätten, auch die Bienen. Ich kann nicht recht verstehen, dass die Bienen den Menschen brauchen; sie wurden domestiziert, oder scheinbar domestiziert, vor Tausenden von Jahren; aber wenn sie allein gelassen werden und schwärmen, können sie von einem Tag zum anderen ganz glücklich in einem wilden Staat leben wie ihre Brüder in den Wäldern.

K. König: Ich beabsichtigte nicht, die Bienen und Seidenraupen Haustiere zu nennen. Ich sagte, dass sie zu uns gehören, aber auch ebenso gut ohne uns leben können. Ich möchte diese zwei – die Bienen und die Seidenraupen – Geschenke des Kosmos an den Menschen nennen. Wir nehmen sie, aber sie brauchen uns nicht so, wie uns die wahren Haustiere nötig haben. Sie haben ganz Recht.

Frage: Ich war sehr überrascht, in welcher Weise Sie die Entwicklung der wilden Tiere erklärten und ich versuchte Beispiele dafür zu finden. Wenn wir die altsteinzeitlichen Bilder in südfranzösischen Höhlen betrachten, die vor vielen Tausenden von Jahren entstanden sind, und dann unsere heutigen Haustiere, unser Vieh anschauen, so sehen wir, dass die uralten Arten viel kultivierter waren als die heutigen. Wir können sagen, die Entwicklung unserer Haustiere gehe zurück und nicht vorwärts. In alten Zeiten sahen die Rinder und auch die Pferde viel feiner aus als heutzutage.

K. König: Wildheit hat zu tun mit Spezialisierung, liebe Freunde. Es ist sehr wichtig, das zu sehen. Zahmheit hat zu tun mit allgemeiner Kindheit, früher Kindheit. Je mehr wir lernen, dies zu verstehen, desto besser verstehen wir die Naturkräfte. Ein wildes Tier ist ein spezialisiertes Tier; ein wildes Tier hat Klauen, nicht Hände. Gewiss, unsere Haustiere haben Hufe – sie müssen sie haben – aber sie sind nicht spezialisiert, wie beispielsweise die Hufe einer wilden Bergziege. Eine gewöhnliche Ziege wäre absolut unfähig, mit ihren Beinen zu tun, was eine Bergziege tun kann. Vielleicht füge ich noch eine Sache an, die ich zwar im ersten Vortrag nicht erwähnen wollte, weil sie unsere jungen Freunde wohl verwirrt hätte; aber Sie sollen wissen, dass es nicht die einzige Entwicklung ist, die von der Peripherie zum Zentrum verläuft (König zeigt auf die vorher entstandene Zeichnung), sondern es gibt noch eine andere Linie, die so verläuft: (er zieht an der Wandtafel eine rote Spirale in die Zeichnung, beginnend beim Wassermann-Zeichen und im Uhrzeigersinn zum Zentrum verlaufend). Sehen Sie, was ich meine? Hier ist einer nach dem anderen und der Mensch kommt zuletzt, so dass Sie hier die Amphibien und die Fische und außerhalb – zurückgelassen – alle wirbellosen Tiere haben würden. Beide sind Entwicklungslinien, beide wirken zusammen.

Frage: Welche Bedeutung hatte das Tieropfer in alten Zeiten? Zur Zeit Salomos opferten die Leute buchstäblich Tausende von Tieren an einem einzigen Tag. Was bedeutete das?

K. König: Erinnern Sie sich, auf welche Weise im Alten Testament Saulus[2] sein Königreich verlor? Weil er fremdes Vieh seinem eigenen Gott zum Opfer bringen wollte. Sie können dies nachlesen im 2. Buch Samuel. Das Tieropfer war von größter Wichtigkeit. Ende des vorigen Jahrhunderts gab es eine Schule von Wissenschaftlern, die sich um einen Professor Hahn[3] scharte, der sogar dachte – und schrieb – dass Haustiere sich aus geopferten Tieren entwickelten, dass Tiere um menschliche Behausungen herum gehalten wurden, um geopfert zu werden. Diese Leute glaubten, dass aus den zur Opferung bestimmten Herden sich allmählich die Haustiere entwickelten. Sie müssen sich vorstellen, dass Tiere geopfert wurden, um den geistigen Mächten für die Fortschritte in der Entwicklung des Menschen zu danken. Der Mensch wusste, dass er gewisse Tiere hinter sich gelassen hatte und dadurch weitere Schritte in seiner Menschwerdung machte. Nichts kann erlangt werden ohne die Hilfe der Götter; deshalb brachten die Menschen den Göttern diese Opfer. Nun dämmerte es den Leuten, wie dem vorher erwähnten Hahn, etwas, über dessen Bedeutung sie aber nichts wussten. Natürlich Haustiere – oder Tiere, die dem Menschen nahe stehen – waren die Opfertiere: sie wurden geopfert, der Widder, das Lamm, die Kuh – und sie hatten nichts dagegen.

Kommentar: Hinsichtlich der Opfertiere scheinen besonders Rinder und Schafe ausgewählt worden zu sein, nicht Raubtiere oder katzenartige Tiere.

K. König: Und Tauben.

Kommentar: Es geht alles in die gleiche Richtung (indem auf die Zeichnung hingewiesen wird).

K. König: Gewiss.

Kommentar: Die Affen sind nicht sehr spezialisiert, aber man kann eigentlich nicht sagen, dass sie dem Menschen nahe stehen.

K. König: Bestimmt nicht – bestimmt nicht. Sie stehen dem Menschen nicht nahe, aber sie sind Menschen, sie sind der Schatten des Menschen. Sie gleichen dem Hund und der Katze. Sehen Sie, wir ließen sie im letzten Stadium unserer Entwicklung zurück – nach Atlantis, nach der Tertiärzeit.

Frage: Sie sprachen über Spezialisierung. Würden Sie so weit gehen und sagen, dass es falsch ist, zu spezialisieren, sagen wir nur in Milchvieh oder Fleischvieh.

K. König: Ja, es ist falsch. Aber Sie können nichts dagegen tun. Sie werden verstehen, wie ich es ansehe, wenn Sie hören was ich morgen über Kühe und Milch sagen werde. Ein Tier zu nichts anderem zu machen als zu einer Milch produzierenden Maschine, ist äußerst falsch. Ich bin überzeugt, dass dadurch die Rinder völlig ruiniert werden. Schafe werden zugrunde gerichtet, wenn Sie sie zu Wollerzeugern machen. Das jüdische Volk – und das war eines der letzten Überbleibsel alter Weisheit – ließ den Boden jedes siebente[4] Jahr unbebaut. Ich bin überzeugt, dass ein ähnlicher Rhythmus auch bei den Haustieren eingeführt werden sollte, um ihnen Gelegenheit zu geben, sich zu erholen. Ich meine nicht das einzelne Tier, sondern die Herde. Wir müssen lernen, auf Jahre der Ausbeutung Jahre der Ruhe folgen zu lassen, genau so wie wir es mit den Feldern tun. Sonst wird alles falsch laufen. Ein Haustier ist für sich schon einseitig, aber darüber werde ich morgen sprechen. Diese Einseitigkeit in eine Spezialisierung umzuwandeln wird nicht gut enden. Wir schaffen damit Tiermaschinen.

Frage: Sie erwähnten die ewige Kindheit von Tieren und Menschen. Könnten Sie uns etwas mehr erklären, was Sie in diesem Zusammenhang unter *Kindheit* verstehen?

K. König: Unter *Kindheit* verstehe ich die frühen Zustände allen Seins, das sich in jedem Kind wiederfindet. Einst war die Menschheit eine *all-*

gemeine Einheit und aus diesem *Allgemeinen*, aus dieser ewigen Kindheit, spezialisierten wir uns allmählich und wurden sozusagen Erwachsene, individuelle Menschen. Ein Säugling ist noch kindlich rund, kosmisch, allgemein; je mehr wir uns entwickeln, desto mehr spezialisieren wir uns. Aber ich glaube, dieses Kindheitswesen wenigstens eine Zeitlang zu erhalten, ist sehr wichtig in unserer Zeit. Denn heute wird der letzte Rest von Kindheitskräften aus jedem Menschen herausgedrückt, wodurch der Mensch immer mehr zu einem spezialisierten Automaten gemacht wird. Verstehen Sie, was ich meine? Dasselbe wird auch mit den Haustieren getan. Was immer getan wird, hat den Zweck, das Tier zu einer Maschine zu machen, alle Naturkräfte zu unterdrücken.

Frage: Könnten Sie uns etwas darüber sagen, was geschieht, wenn eine Tierart im physischen Bereich ausstirbt? Ist es denkbar, dass neue Arten entstehen?

K. König: Das ist eine Frage, die ich nicht mit Bestimmtheit zu beantworten vermag. Ich will deshalb mit meiner Antwort sehr vorsichtig sein und sie so persönlich wie möglich formulieren, und ich bitte Sie, das was ich jetzt sage, nicht als endgültiges Urteil zu übernehmen! Ich persönlich habe nicht den Eindruck, dass noch neue Tierarten erschaffen werden; ich denke, dass dies nicht möglich ist. Ich weiß nicht, ob Rudolf Steiner etwas sagte, das dem widerspricht. Wir müssen uns folgendes vorstellen: Um die Mitte des 19. Jahrhunderts hat der Mensch hinsichtlich seines Körpers die höchstmögliche Stufe seiner Entwicklung erreicht; sein Körper kann sich hier auf Erden nicht weiter entfalten. Als dies geschah, wurden wir – durch Rudolf Steiner – fähig, das dreigliedrige Menschenwesen zu verstehen. Vorher wussten wir nichts davon. Zu diesem Zeitpunkt jedoch war das dreigliedrige Wesen des Menschen – Adler, Löwe und Stier, oder die Sinnes-Nerven-Organisation, die rhythmische Organisation und die Stoffwechsel-Gliedmaßen-Organisation – harmonisch vereinigt. In diesem historischen Augenblick war der Höhepunkt der menschlichen physischen Entwicklung erreicht. Jetzt kann die Menschheit, vom physischen Aspekt her, nur noch abwärts gehen. Vielleicht werden auf diesem absteigenden Weg seltsame Tiere entstehen, aber es wird nicht eine wahre Erschaffung von Tieren sein; es wird eher einem Auswurf, einer Absonderung von Tiergestalten in der zerfallenden Menschenform gleichkommen. Verstehen Sie, was ich meine? Was wir zu tun haben ist: den Tieren Kindheitskräfte so lange wie möglich zu bewahren, aber keine anderen Eingriffe zu machen. Deshalb sterben viele Tiere – wilde Tiere – aus und das mag sogar nötig sein. Wir sollten es nicht mit zu großem Bedauern oder mit Sentimentalität aufnehmen. Die Gruppenseelen müssen sich von der Erde lösen, um sich für die nächste Erden-Inkarnation vorzubereiten. So sehe ich es, aber ich wiederhole: ich sage dies sehr persönlich.

Frage: Ist es richtig, dass Haustiere vom Menschen gegessen oder sonst verwertet werden, anstatt der Erde zurückgegeben zu werden?

K. König: Aber durch den Menschen kehren sie zur Erde zurück. Ich habe den Eindruck, dass man dies der Entscheidung des Menschen überlassen muss. Es gibt da keine andere Möglichkeit und ich habe mir darüber nie Sorgen gemacht. Wenn wir für die einzelnen Tierarten in der richtigen Weise sorgen, werden wir auch nach und nach wissen, was wir zu tun haben. Ich glaube aber nicht, dass wir Tiere bloß wegen unserer Ernährung halten sollten. Wir sollten sie halten, um dadurch die Quellen allen Lebens und der Schöpfung in unserer Nähe und in unserer Verantwortung zu wissen.

Vortrag II

3. Dezember 1964

Gestern versuchten wir uns ein erstes Bild, oder besser eine erste Vorstellung, des Haustieres zu machen. Wir sahen, dass vier bestimme Richtungen aus dem Kosmos die vier wichtigsten Arten oder Formen von Haustieren erschaffen haben. Es hat vielleicht einige von Ihnen befremdet, dass ich auf diese vier Gattungen hinwies: das Pferd, die Kuh, das Schwein und das Schaf. Aber da wir weiter fortfahren, unser Verständnis in dieser Sache zu vertiefen, werden Sie sehen, dass irgendwo in dieser typologischen Form die Wahrheit wenigstens berührt wird. Erstens bekamen wir eine Vorstellung der vielen Unterschiede zwischen den Haustierarten. Zweitens begannen wir zu verstehen, dass der Gedanke, die Haustiere hätten sich allmählich aus wilden Formen entwickelt, das Gegenteil der Wahrheit ist: die wilden Formen sind solche Arten, die zurückgelassen wurden und die Tiere, die bei dem Menschen blieben, sind die heutigen Haustiere. Und wenn wir uns das Bild der vier verschiedenen Tiergattungen vergegenwärtigen, erinnern wir uns, dass der Mensch in der Mitte steht, angeschaut von diesen vier Strömen des Daseins, die vom Kosmos selbst ausstrahlen. Solange wir diese grundlegenden Dinge im Bewusstsein behalten, befinden wir uns mehr oder weniger auf dem richtigen Pfad, wenn wir uns mit den Haustieren befassen.

Ein Bauernhof ist ein lebendiger Organismus und für einen lebendigen Organismus ist Ganzheit charakteristisch. Deshalb sollte jeder Bauerhof versuchen, wenigstens ein Exemplar von jeder dieser Tierarten zu halten. Dadurch wird das kosmische Bild eines Bauernhofes erhalten.

Heute möchte ich hinsichtlich der vier Haupttypen von Haustieren ein wenig mehr ins Einzelne gehen: wir sollten über die Kuh, das Schwein, das Schaf und das Pferd sprechen. Wir können das jedoch nur tun, wenn wir die umfassendere Gruppe, zu der diese vier Arten gehören, nämlich die Säugetiere, kennenlernen. Aus Rücksicht auf die jungen Leute unter ihnen, möchte ich einen kurzen Überblick über das ganze Tierreich geben, sodass wir verstehen, wo die Säugetiere einzuordnen sind. Sehen Sie, Rudolf Steiner lehrte uns, dass wir das Tierreich zwölffach betrachten sollten. Auf der einen Seite gibt es sieben Gruppen der sogenannten wirbellosen Tiere, das heißt Tiere ohne Rückgrat als Mitte ihres Körpers. Das Skelett der wirbellosen Tiere ist immer identisch mit der Haut. Denken Sie an Insekten, Krebse oder Mollusken, Muscheln. Sie werden sehen, dass das Skelett sich immer außen befindet und das weiche Tier innen lebt. Das ist völlig anders bei den Wirbeltieren. Hier ist das Skelett nicht außen, sondern eine vollständige Metamorphose hat stattgefunden. Der Mensch und alle Wirbeltiere sind außen mehr oder weniger weich, haben aber innen ein starkes, hartes, gesteinsartiges Skelett. Alle Säugetiere gehören zum Reich der Wirbeltiere und die Wirbeltiere selbst sind in fünf verschiedene Klassen eingeteilt: Fische, Amphibien – Frosch, Kröte und so weiter – Reptilien – Schlange, Schildkröte, Krokodil – Vögel und schließlich die Säugetiere. Aus dieser kurzen Beschreibung können Sie ersehen, dass die Säugetiere tatsächlich der Gipfel des Tierreiches sind. Es gibt nichts was so kompliziert, so vielfältig, so abweichend voneinander gestaltet ist als das Säugetier. Wenn wir diese fünf verschiedenen Wirbeltiergruppen betrachten, müssen wir, im Hinblick auf unseren eigenen Körperbau, uns selbst der Gattung der Säuger zuordnen. Wir gehören insofern zu dieser Gruppe, als sie die letzte der von uns ausgestoßenen ist. Sie wissen jetzt, was ich

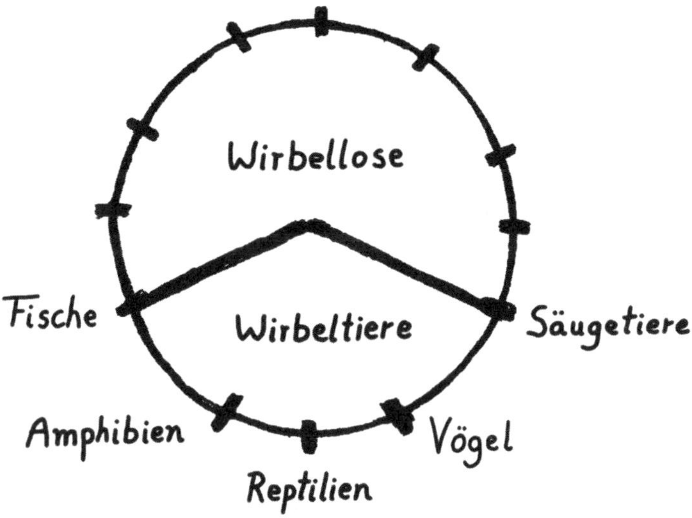

meine? Wir gingen sozusagen vom Kosmos aus und entwickelten uns nach und nach zur Erde herab. Schritt für Schritt kamen wir auf die Erde und stießen zuerst die wirbellosen Tiere aus; deshalb finden wir sie jetzt in den tiefsten Ablagerungen der frühesten Zeiten des Erdendaseins. Allmählich stießen wir Fische, Amphibien, Reptilien, Vögel und schließlich Säugetiere aus. Und hier sind wir nun als Menschenwesen auf der Erde. Das sollten wir im Gedächtnis behalten, denn nur, wenn wir dies begreifen, liebe Freunde, können wir beginnen, die Gruppe der Säugetiere ganz zu verstehen.

Würde ich Sie nach der Bedeutung der Säugetiere fragen, was sie zu so sehr besonderen Tieren macht, hätten Sie schon mit dem Namen einen sehr wichtigen Hinweis. Die Säugetiere werden zunächst durch zwei wichtige Dinge gekennzeichnet: sie sind lebend gebärdend und ernähren ihre Nachkommen mit eigener Milch. Das es einige wenige Ausnahmen dazu gibt, ist klar. Diese zwei Merkmale sind aber innig

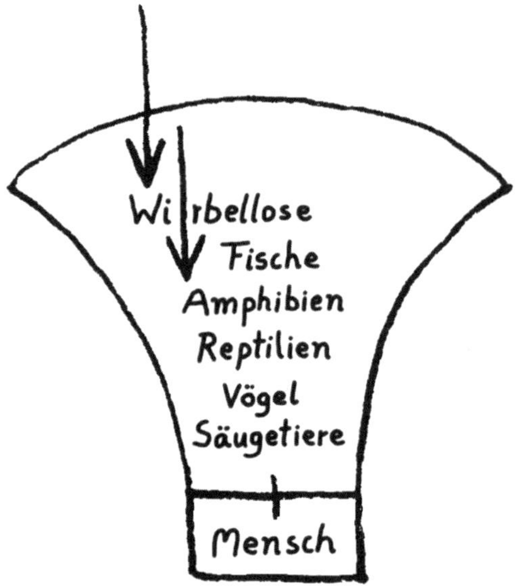

verbunden mit einem dritten, auf das ich hinweisen möchte. Also: sie bringen ihre Nachkommen selbst zur Welt und produzieren für sie die Milch. Das ist etwas, was wir mit unserem Kopf wissen, aber das ist nicht genug. Wir müssen mit unserem Fühlen und Wollen verstehen lernen, was es bedeutet. Vögel, Fische, Amphibien und die meisten Reptilien – von den wirbellosen Tieren nicht zu sprechen – sie alle legen Eier. Diese Eier werden entweder im Körper befruchtet oder außerhalb in der Natur und dann wird darüber verfügt. Das befruchtete Ei wird den Elementarkräften der Außenwelt ausgesetzt – dem Licht, der Dunkelheit, dem Wind und Regen, dem Wasser und der Wärme. Nester werden gebaut, Nester werden in der Erde gebaut, in Bäumen, unter Blättern. Auf tausenderlei Art und Weise wird für die Eier gesorgt: Tag und Nacht, Sonne und Mond, die Sterne und alle Kräfte rings um die Erde sorgen dafür, dass die Eier ungezählter Gattungen von Lebewesen sich entwickeln können. Das ist anders bei den Säugetieren. Das Säugetier gehört zu einer ganz besonderen unter den genannten zwölf Gruppen; denn es benötigt die äußeren Kräfte nicht so sehr wie die anderen Tiergruppen. Die Säuger sind imstande, in sich selbst diese Kräfte zu konzentrieren. Es ist deshalb für das befruchtete Ei möglich, im Leib des weiblichen Säugetieres zu einer gewissen Reife gebracht zu werden. Sobald der Zeitpunkt für die Geburt gekommen ist, entledigt sich das weibliche Säugetier seines Jungen durch den Geburtsvorgang. Zur selben Zeit wird im Euter oder in der Brust eine Substanz – Milch – entwickelt, um das Junge zu ernähren und sein weiteres Wachstum zu fördern. Wir können im Kängeruh ein sehr seltsames Phänomen beobachten, das uns darauf hinweist, wie übereinstimmend die in der Muttermilch und die im Mutterschoß enthaltenen Kräfte sind. Das weibliche Kängeruh trägt das Embryo nur einige Wochen. Nach ihrer Geburt kriechen die noch nicht fertig entwickelten Jungtiere an der Außenseite des mütterlichen Bauches entlang, klettern in den Kängeruh-Beutel und dann – stellen Sie sich vor! – wachsen die Lippen der Kleinen mit den im Beutel der Mutter enthaltenen Zitzen zusammen. Ein ununterbrochener Strom, nicht von Blut, sondern von Milch ernährt so die Kängeruh-Embryos bis sie ausgewachsene Junge sind und von selbst abfallen.

Es ist sehr wichtig, dass der Landwirt dies erkennen lernt, denn es bedeutet, dass die Reifekraft des Jungen und die Kraft der Milchsubstanz ein und dasselbe sind. Treiben Sie die Rinder zu vermehrter Milchproduktion an, vermindern Sie auf Dauer unbedingt die Fortpflanzungskraft; in jedem Tier ist nur ein gewisses Maß dieser Kraft vorhanden. Sie können diese Kraft entweder in die Milch oder in die Erzeugung von Jungen verlegen. Es gehört zur Kunst der Landwirtschaft, beides im Gleichgewicht zu halten. Durch diese Beschreibung habe ich versucht, auf die Bedeutung der Gruppe der Säugetiere hinzuweisen. Was bedeutet das? Es heißt, dass die Säuger die einzige Gruppe im Tierreich ist, die soweit gekommen ist, dass alle irdischen Kräfte und Elemente harmonisch in ihrem Körper vorhanden sind. Obwohl der Mensch allein ein *Mikrokosmos* genannt werden kann, dünkt es mich, dass wir den Säuger

Mikrotellus nennen können. *Tellus* heißt *Erde*. Der Mensch ist ein Mikro*kosmos* und das Säugetier ein Mikro*tellus*. Die Säugetiere sind imstande, ihre Nachkommen in sich selbst oder durch ihre eigene Kraft hervorzubringen. Sie benötigen dabei gewiss Sonne, Mond und Sterne, aber nicht mehr direkt, nur indirekt.

Nun müssen wir uns fragen: was ist ein Mikrotellus? Das will sagen, dass alle Elementarkräfte – Erde, Wasser, Luft und Wärme – und alle Ätherkräfte – Leben, Ton, Licht und Wärme – im Körper des Säugetieres vereinigt sind und dadurch das Bedeutsame zustande kommt, dass Feuer in der Wärme lebt, Licht die Luft durchdringt, Ton das Wasser und Leben die Erde. Sobald wir gelernt haben, das zu verstehen, sind wir einen sehr großen Schritt vorwärtsgekommen.

ERDE	–	LEBEN
WASSER	–	TON
LUFT	–	LICHT
WÄRME	–	FEUER

Was bedeutet es, wenn ich sage, Feuer lebt in der *Wärme*, Licht lebt in der *Luft*, Ton lebt im *Wasser*, Leben durchdringt die *Erde*? In jedem anderen Tier durchdringen sich diese Elementar- und Ätherkräfte nicht vollständig. Nur im Säugetier – nur in einem Mikrotellus – ist dies möglich. Was geschieht, wenn Feuer in der Wärme lebt? In diesem Augenblick wird das Tier warmblütig. Das ist das dritte Element, das mit den beiden Hauptmerkmalen zu tun hat – dass sie lebend gebären und die Nachkommen mit eigener Milch ernähren. Es gibt Tiere, die völlig abhängig sind von der Außentemperatur; andere – wie der Mensch auch – behalten ihre eigene Temperatur. Einige von Ihnen, die diese Dinge schon wissen, werden sagen: *Aber das ist nicht wahr, denn auch die Vögel sind warmblütig*. In den Vögeln ist jedoch erst die erste Phase der Warmblütigkeit – dort ist diese neue Entwicklung erst eingetreten. Den Vögeln ist es sogar so heiß, dass sie fortwährend Wärme abgeben, abgeben müssen, und indem sie von ihrer Hitze abgeben, schaffen sie die Sphäre, in der sie fliegen können. Die Vögel fliegen nicht in der Luft, sie fliegen in der sie umgebenden gleichmäßig angewärmten Sphäre, immerzu Wärme produzierend. Wenn ich Ihnen sage, dass das Herz eines kleinen Sperlings in der Minute sieben- bis achthundert Mal schlägt – Sie können nicht so schnell in die Hände klatschen, wie ein Spatzenherz schlägt – dann verstehen Sie, dass ständig Luft und Wärme abgegeben werden und darin kann der Vogel fliegen.

Bei den Säugern ist es anders. Da ist ein Gleichgewicht zwischen Wärme und Feuer vorhanden und in diesem Gleichgewicht lebt das in sich zentrierte, selbstversorgende Tier. Das geschieht aus einem ganz besonderen Grund. Beim Säuger ist das Herz in vier Kammern geteilt, zwei obere und zwei untere. Als dies in der Evolution entstand – auch bei den Vögeln übrigens – fand die Trennung in blaues Venenblut und in rotes Arterienblut statt. Nach Vollendung dieser zwei Blutarten, kam eine andere Eigenschaft zustande: das rote, arterielle Blut wurde zum Träger der Lichtkräfte, der Leichtigkeitskräfte, aber es ist nicht Licht im Gegensatz zur Dunkelheit, sondern Leichtigkeit – es ist wunderbar, wie diese beiden deutschen Worte im Englischen noch eins sind! Und das blaue, venöse Blut ist der Träger von Gewicht und Schwere. Sie sollten sich jetzt vorstellen, dass einerseits das rote Blut der Träger von Leichtigkeitskraft und das blaue Blut Träger der Schwerkraft ist. Dadurch wird der Säuger zum Tier, das zur Erde gehört. Die Vögel fliegen, die Fische schwimmen im Wasser, die Amphibien, Krokodile und Reptilien sind Sumpftiere. Die Säuger sind die ersten, die auf der Erde, auf dem festen Grund und Boden der Erde auftreten. Und sofort kommt das Wechselspiel zwischen Schwerkraft und Leichtigkeit zwischen Schwere und Leichtigkeit ins Spiel. Wir können sehen, wie dies beim Herzen durch die ausgleichende Wärme des Blutes vor sich geht, durch den roten arteriellen und den blauen venösen Blutstrom. Das ist, was wir vor allem verstehen sollten.

Wir haben nun gesehen, wie durch das sie durchdringende Feuer die warmblütigen Tiere erschaffen wurden. Durch diesen ersten Schritt wurde ein zweiter ermöglicht. Das Herz hat vier Kammern und das Blut ist vollständig in zwei Arten getrennt – die eine Art ist hell, die andere dunkel; die dunkle ist schwer, die helle ist leicht. Durch diesen Vorgang geschieht etwas von größter Bedeutung: im Knochenmark, im härtesten, schwersten Teil des Säugerkörpers wird das Licht geboren – das Licht in Form von roten und weißen Blutkörperchen. Die roten Körperchen gehören mehr oder weniger zum arteriellen Blut – oder sind Indikator für das arterielle Blut – die weißen zeigen venöses Blut an. Milliarden dieser Zellen – bis zu einer bestimmten Anzahl – werden täglich hervorgebracht, sterben ab und werden ersetzt. Sie müssen sich vorstellen, dass bei diesem Vorgang der Bluterschaffung in dem tiefen Felsenquell des Skeletts ein stetes Gleichgewicht der wunderbarsten Art aufrechterhalten wird. Ginge ich in weitere Einzelheiten, würden Sie sehen, wie ein Abbild des Kosmos in Zeit und Raum in der Bluterzeugung mitten in unserem Knochengerüst besteht. Können Sie das Wunder erkennen, das sich im Säugetier offenbart? Es ist Teil der Schwerkraft der Erde, doch innerhalb dieser Schwere wird das Licht geboren, das rote Blut, die Erneuerung alles Lebens. So haben wir zunächst das in der Wärme lebende Feuer und dann sehen wir, wie Leben die Erde durchdringt. Obwohl wir so einfach das Säugetier als warmblütiges Tier bezeichnen, bedeutet dies in Wirklichkeit, dass sich Feuer mit Wärme verbunden hat und nun habe ich Ihnen die verschiedenen Schritte angegeben, die dazu führen. Das Blut ist in zwei, das Herz in vier Teile geteilt. Innerhalb der Knochen, innerhalb der Erde wird der höchste Punkt des Lebens, der Quell des roten Blutes, ununterbrochen erneuert. Das ist die zweite Ebene zum Verständnis des Säugetiers, dass das Erdenelement mit Leben durchdrungen wird.

Aber es kommt noch etwas anderes dazu. Der Säuger ist das einzige Tier, das richtige Glieder entwickelt: Vorder- und Hinterbeine, Arme und Beine. Kein anderes Tier hat sie so vollkommen entwickelt. Die Krokodile haben kleine Stummel, die Vögel haben kleine Stelzen; nur die Säugetiere haben richtige Glieder. Was bedeutet das? Ich will wieder versuchen, hier ein Bild zu zeichnen.

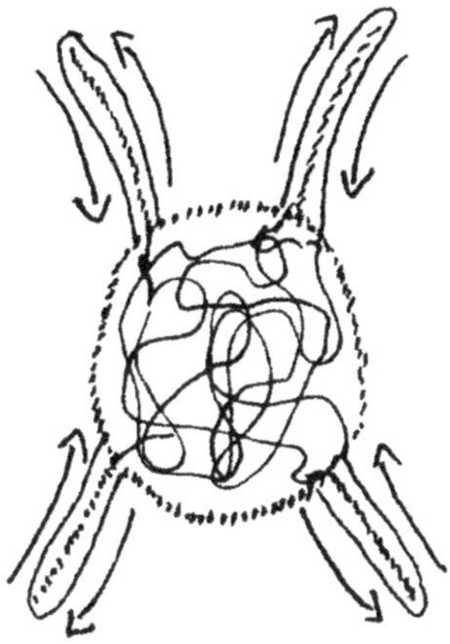

Hier ist ein Tierkörper, sagen wir es ist der Körper eines Vogels. Sobald richtige Glieder entwickelt sind, vorne und hinten, fließt der Blutstrom nicht nur durch diesen Rumpf, sondern hinaus in die vier Richtungen und kommt dann wieder zurück. Die Glieder strecken sich aus. Sie gehen hinaus zum Wassermann, Aquarius, zum Adler, Scorpio, zum Löwen, Leo und zum Stier, Taurus, und versuchen, auf dem einen oder anderen Weg, diese vier kosmischen Kräfte in den einzelnen Tierkörper zu bringen. Sie versuchen es, es gelingt ihnen aber nicht, dafür erreichen sie etwas anderes: das Blut kreist nicht mehr im Körper umher, es fließt hinaus in die vier kosmischen Richtungen – hin und her, her und hin. Und indem dies geschieht, wird dieses Fließen zu dem, was wir *Bewegung* nennen. Die Bewegung des Säugers – und auch die Bewegung des Menschen – kann sich nur durch den Fluss des Blutes durch die Glieder einstellen. Diejenigen unter Ihnen, die mich während der vergangenen zwanzig Jahre sprechen hörten, werden sich erinnern, wie ich immer wieder versuchte, auf die Tatsache hinzuweisen, dass Bewegung und Ton zwei Seiten von ein und derselben Sache sind. Bewegung unterliegt den Gesetzmäßigkeiten der Musik. Es ist keine andere Bewegung möglich als eine tönende, musikalische, die in sich selbst die Kräfte dessen trägt, was in der Welt tönt.

Und nun haben wir die dritte Ebene zur Charakteristik der Säugetiere, das sich auf Wasser und Ton bezieht. Sehen Sie, das Ende der Glieder der Säuger – und besonders derjenigen Tiere, die uns interessieren – verwandeln sich in Hufe. Horn wird aufgebaut – vor allem sind da die Hörner der Wiederkäuer, was auch eng verbunden ist mit allem, was ich zu beschreiben versuchte. Haben Sie jemals genau beobachtet, wie ein Hirsch sein Geweih trägt? Wenn Sie es tun, können Sie sehen, wie Kräfte der Leichtigkeit vom Kopf ausströmen und wie die Kräfte der Schwere sich am Ende der Glieder verdichten. Schwere formt die Hufe; Leichte, Licht formt die Hörner und das Geweih. Hier können Sie noch einmal sehen, wie die Säuger stehen – oder zu stehen versuchen – zwischen den Kräften der Schwere und den Kräften der Leichtigkeit, des Lichts.

Wir sprachen über die Erdenkräfte mit den Lebenskräften, die Flüssigkeits- und Wasserkräfte und die Kräfte des Tons und schließlich müssen wir uns fragen: wo ist die von Licht durchdrungene Luft? Es ist die vierte, äußerst wichtige Ebene im Reich der Säuger. Alle, abgesehen von einigen Ausnahmen – und ich werde nicht über diese Ausnahmen sprechen, weil sie uns zu weit in die Zoologie hineinführen würden – tragen Haare. Der Fell der Säuger ist *Licht in dem Luftelement*. Das Licht kommt jedoch nicht von außen, sondern es strömt hinein, wird vom Blut aufgenommen und wächst dann von innen her, formt sich aus und wird zur Haarsubstanz. Wenn Sie das Fell eines Säugers anschauen und seine Färbung betrachten, dann können Sie sagen, dass es das umgebildete, verwandelte, umgeformte Licht ist, das von innen nach außen strömt. Das Wechselspiel zwischen äußerem und innerem Licht – das Wechselspiel zwischen äußerer und innerer Luft – erklärt uns die unendliche Vielfalt von Mustern und Farben der Felle im Reich der Säugetiere. Das ist eine erste Einführung in das Reich der Säugetiere.

Nun möchte ich zurückgehen zum guten, alten Schwein, dem geliebten Pferd, der verehrten Kuh und dem lieben Schaf. Was ist das

Schwein? Das Schwein ist hitzig, relativ ohne Haare: Feuer in Wärme. Und die Kuh? Sie ist Leben im Erdelement. Und das Schaf? Licht in Luft. Und das Pferd? Es ist Ton im Wasser. Was heißt das?

↘ Schwein Feuer in Wärme	↙ Kuh Leben in Erde
Ton in Wasser Pferd ↗	Licht in Luft Schaf ↖

Das Schaf bringt das schönste Fell hervor: Wolle. Nach Rudolf Steiner bildet die Seidenraupe ihren Kokon durch die Kräfte des inneren Lichtes. Sie können jetzt verstehen, warum die Menschen das Lamm immer wieder mit der höchsten Vision von Christus in Verbindung bringen, weil das innere Licht die Wolle bildet. Diejenigen unter Ihnen, die in Wien gewesen sind und die höchst trainierten Pferde, die Lippizaner, zu den Rhythmen der Musik haben tanzen sehen, oder diejenigen, die die verschiedenen Schritte und Gangarten anderer Pferde beobachtet haben, werden wissen, dass Rhythmus, Grazie und Harmonie in ihren Bewegungen leben. Wir können ganz klar sehen, wie Musik durch den Blutstrom ihrer Glieder fließt. Und wiederum, wenn wir betrachten, was wir am Anfang beschrieben haben, als wir über die Säuger sprachen, als wir sahen, wie die Lebenskräfte aus dem Erdigen des Körpers der Säuger aufgenommen werden, dann finden wir die Kuh; Milch ist nichts anderes als Leben innerhalb der Erdensubstanz. Sie ist genau die gleiche Kraft, die die Nachkommen im Leib des weiblichen Säugers zur Reife bringt.

Auf diese Weise sehen Sie, wie wir in den vier Haustieren den vier kennzeichnenden Merkmalen des Reiches der Säuger begegnen. Und wir können noch ein wenig mehr sagen. Aus dem, was wir gestern besprachen, wurde ganz deutlich, dass der Mensch mit den Haustieren eng verbunden und verwandt ist, ganz besonders mit den genannten vier. Diese sind nicht nur mit den Menschen verwandt, sondern *gemeinsam* mit ihm zivilisieren sie die ganze Erde. Der Mensch – zusammen mit den Haustieren – gestaltet die Erde um; sie erschaffen Landschaften. Eine Landschaft ist nicht etwas, das aus der Natur heraus wächst. Die Landschaft ist das Ergebnis der Begegung von Mensch und Tier mit den Natur- und Erdkräften. Durch diese Begegnung erschaffen sie ein Kind, das wir Landschaft nennen können. Der Mensch allein kann dies nicht leisten – das ist nicht möglich. Die Tiere müssen ihm zu Hilfe kommen. Mit der Kuh gestalten wir Wiesen und Felder. Die ganze Kunst der Landwirdschaft ist verbunden mit dem Leben der Kuh. Gesternabend sagte jemand, in einigen Ländern habe die Landwirtschaft aufgehört. Das kann nur sein, weil die Kühe von Wiesen und Feldern abgesondert worden sind. In dieser Trennung können weder Wiesen und Felder noch Kühe weiter gedeihen. In den grünen, vollen, sprießenden und sprossenden Wiesen, in den goldenen Feldern mit den Hecken und einzelnen Bäumen und in den Kuhherden können die Kräfte wirken, die vom Stier herabströmen.

Die Schafe erschaffen etwas ganz anderes, etwas mit Heide und Hügeln tief Verbundenes. Das gehört auch zu den Landschaften, den ewigen Landschaften, in denen der Mensch auf Erden lebt. Stellen Sie sich eine große Schafherde vor, die in einer hügeligen, von rauhem Gras und Heidekraut bewachsenen Landschaft weidend umhergeht und Sie haben ein anderes Bild – das Bild des Löwen.

Das Pferd erschafft Steppe und Prärie. Stellen Sie sich die Weiten der Steppe, die Weiten der Prärie vor und die weidenden, springenden, galoppierenden Pferde: ein Strom von Musik überwältigt den Zuschauer.

Und schließlich haben wir das Schwein, das aus dem Wald und dem Forst kommt. Das sind die vier hauptsächlichen Landschaften, die der Mensch mit diesen vier Arten von Tieren erschafft. Aber da ist noch etwas mehr darin. Wir können zum Beispiel sagen, der Mensch wird hier (auf die Zeichnung deutend) ein Landwirt, hier ist er ein Schäfer und hier ist er ein Soldat, ein Kämpfer. Wir hoffen jedoch, dass er schließlich auch einer von denen werden kann, die Güter von einem Ort zum anderen bringen, Handel betreiben.

↘ Schwein Wald und Forst Förster und Jäger	Kuh ↙ Wiesen und Wälder Landwirt
Soldat und Kaufmann Steppe und Prärie ↗ Pferd	Schäfer Heide und Hügel Schaf ↖

Mit diesen Hinweisen versuchte ich zu zeigen, wie alles seine Bedeutung hat und nichts ohne Sinn ist. Wenn wir uns nur bemühen zu schauen, zu beobachten und richtig nachzudenken – über eine Kuh, ein Schaf, ein Pferd, ein Schwein zu meditieren – dann werden wir den Hintergrund der kosmischen Kräfte finden. Liebe Freunde, wenn solche Bilder von Landschaften wieder in unseren Dörfern lebendig gemacht werden können – nicht nur in uns, sondern so stark, dass sie Hügel, Heiden, Wiesen und Felder, Gebüsche und Wälder, sowie Teile von Steppen und Prärien erschaffen – dann können wir helfen, einen Platz zu schaffen, wo Pferde, Kühe, Schweine und Schafe leben können. Sie müssen nicht nur in einer Natur-erschaffenen Umgebung leben, sondern in einer von Menschen gestalteten Landschaft. Auf diese Weise können wir die Ziele der biologisch-dynamischen Landwirtschaft erfüllen. Das heißt nicht, einfach Präparate in einen Komposthaufen zu geben; es bedeutet die Neuschaffung der Oberfläche der ganzen Erde, einer Erde, der wir dienen dürfen.

2. Gesprächsrunde

3. Dezember 1964

Frage: Ich hatte etwas Schwierigkeit, als Sie das Pferd mit Ton und Wasser und das Schwein mit Feuer und Wärme in Zusammenhang brachten. Ich hatte den Eindruck, dass das Pferd eher das feurige, mit unserem Ich verbundene Element ist, während das Schwein aus den sumpfigen Wäldern kommt, in der Erde und im Feuchten wühlt. Können Sie das erklären?

K. König: Nein, ich denke, Sie sollten es für sich selbst erklären. Ich will auch nicht meine eigene Ansicht anderen aufdrängen. Versuchen Sie mit diesem Bild zu leben und nehmen Sie es entweder an oder lehnen Sie es ab. Das wird viel besser sein, weil – sehen Sie – wenn Sie von Sumpf sprechen, ist dies etwas außerhalb des Schweins, nicht in ihm, und wenn Sie sagen, das feurige Pferd sei mit unserem Ich verbunden, so ist dies nicht ein erlebtes Bild, selbst wenn es etwas sein mag, das Sie in einem Vortrag von Rudolf Steiner gelesen haben. Das ist aber nicht genug.

Kommentar: Im Hochsommer, wenn es sehr warm und sonnig ist, wenn es fast unerträglich heiß wird, dann versuchen wir auch Wasser zu finden. Das Schwein muss Wasser und Sumpf aufsuchen.

K. König: Richtig.

Kommentar: Überlegen Sie, unter welchen Bedingungen Schweine zu leben haben, ohne Haare. Verglichen mit anderen Tieren haben sie keine Hülle. Und Sie sehen, welche riesige Fettmasse ein Schwein in sich aufspeichern kann, die ihm ermöglicht, ständig Wärme abzugeben. Es ist ein großes Wunder, dass ein Tier eine solche Beziehung und Affinität zur Wärme hat.

K. König: Das ist genau, was ich meine. Sie tauchen auch in ein kaltes Bad, wenn es Ihnen zu heiß ist. Lassen Sie das Schwein dasselbe tun. Wir brauchen es nicht wegen seines Wunsches nach Wasser zu kategorisieren. Selbstverständlich haben alle Tiere einen Bezug zu allen Elementen.

Kommentar: Ich möchte ergänzen, was gesagt worden ist. Das Schwein veranschaulicht in ganz erstaunlicher Weise Hitze und Licht. Es hat tatsächlich keine Haare wie andere Tiere, nur Borsten, und das Schwein kann nicht schwitzen, nicht ausdünsten, außer in einem sehr begrenzten Bereich um sein Rüsselchen herum. Es ist daher kein Mangel an Sauberkeit – oder anders gesagt, es ist nicht das Bedürfnis nach Schmutz – was das Schwein veranlasst, sich im Schlamm zu wälzen. Es ist vielmehr der Versuch, sich abzukühlen, nicht nur von Wasser umgeben zu sein, sondern von Wasser, das auf ihm liegen bleibt, nämlich durch den nassen Schlamm. Das ist so, weil das Schwein nicht schwitzen kann. Ein Pferd dagegen kann über und über schwitzen und muss deswegen abgerieben werden. Das Schwein ist tatsächlich ein viel reineres Tier als das Pferd. Das Pferd macht im Stall schrecklichen Schmutz. Das Schwein hat im Stall seinen eigenen Bedürfnisplatz. Ich erwähne aber das Schwein, weil ich eine Frage stellen möchte. Es wird gesagt – ich glaube es kommt hauptsächlich aus Yorkshire – dass Schweine auf einem Bauernhof immer ein Spiegelbild des Glücks oder Ähnlichem in des Landwirts Haushalt seien. Ich glaube, das wird wirklich ernst genommen, wie eine Regel, dass es Schweinen nie gut geht an einem Ort, wo ...

K. König: Mann und Frau sich zanken!

Kommentar: Von anderen Tieren gibt es keine Sprüche in der Hinsicht, nur im Zusammenhang mit Schweinen.

K. König: Weil sie dem Menschen so nahe sind.

Frage: Ich habe Wärme immer mit etwas vom Feuer Kommenden in Verbindung gebracht, nicht Feuer von Wärme. Wie sind diese beiden Dinge voneinander zu trennen?

K. König: Wärme ist latentes Feuer. Feuer ist die Quelle von Wärme. Beide sind nicht identisch. Feuer ist eine fortwährend schöpferische Kraft. Wärme ist eine gleichbleibende Kraft. Feuer kann durch Abbau von Materie erzeugt werden. Wärme wird erzeugt, indem Feuer ins Gleichgewicht gebracht wird, was zu einer anderen Sphäre und zu einem anderen Vorgang gehört. Ich glaube, das zu unterscheiden, wäre gut. Ton und Wasser gehören natürlich nicht so nahe zusammen wie Feuer und Wärme. Es besteht ein großer Unterschied zwischen Erde und Leben, ein kleinerer zwischen Ton und Wasser, weniger zwischen Luft und Licht und noch weniger zwischen Feuer und Wärme: sie verbinden sich miteinander.

Frage: Ich glaube, Sie sagten, dass die Tiere die Umwelt schufen. Könnte nicht angenommen werden, dass die Umwelt schon da war und die sich entwickelnden Tiere erschaffen wurden, um sich der Umwelt anzupassen?

K. König: Gerade das Gegenteil. Wiesen sind Menschenwerk; Sie finden sie dort nicht, wo keine Menschen sind. Ich habe den Eindruck, Landschaftsgestaltung ist ein besonderer Vorgang, der sich zwischen der Natur einerseits und dem Menschen mit den ihm angeschlossenen Tieren andererseits zustande kommt.

Frage: Ich frage mich, ob die Landschaft der Gletscher, der Felsen und dergleichen so mit dem Menschen zusammenhängt, wie mit den wilden Tieren.

K. König: Genau. Sie müssen Landschaft immer im Zusammenhang mit Tier und Mensch sehen. Die wilde Landschaft gehört dem wilden Tier, die *Kultur*landschaft dem *Haustier*. Um das geht es.

Frage: Hinsichtlich Mist. Ich finde es bemerkenswert, dass Schweinemist kalt ist, aber Pferdemist heiß.

K. König: Das ist deshalb so, weil jegliche Wärme in dem Schwein herausgezogen wird, dann geht es um Gleichgewichtsverhältnisse. Und ähnlich verhält es sich beim Pferd.

Kommentar: In Verbindung mit Tieren, die dem Menschen bei der Schaffung der Landschaft auf der Erde helfen, erinnere ich mich an ein Buch, das ich vor Jahren las: *Ancient White Cattle in Britain*.[5] Der Verfasser dieses Buches verfolgt die Herkunft der Herden der weißen Rinder bis zu ihrem Ursprung und versucht, die Gründe herauszufinden, warum diese Tiere weiß sind. Er kommt zu dem Schluss – oder legt wenigstens den Gedanken nah – dass, da wo Reste von reinweißen Rindern zu finden sind, wir immer auf Überbleibsel der Rinder der Druiden stoßen.

K. König: Ich bin völlig überzeugt davon. Sie werden auch feststellen, dass manche Druiden Albinos waren. Es gab Druidenfamilien, die Albinofamilien waren und wenn Sie alte jüdische Bücher lesen, werden Sie finden, dass Noah als weißhäutig und rotäugig beschrieben wird. Man hat den Eindruck, dass gewisse, mit der Priesterschaft verbundene Familien, Albinofamilien gewesen sind. Es ist noch heute bekannt, dass gewisse Stämme der amerikanischen Indianer einige Albinos unter sich hatten. Wenn ein Albino geboren wurde, war er schon dazu bestimmt, Medizinmann zu werden. Es ist unbedingt richtig, dass die Druiden weiße Rinder als Opfertiere hatten. Wissen Sie was es bedeutet – oder zumindest bis vor kurzem bedeutete – in Birma einen weißen Elefanten zu haben? Die birmanischen Könige hielten immer einen besonderen Palast mit Hunderten von Dienern bereit, falls es einem weißen Elefanten, belieben würde, einzutreten. Ein solcher Elefant wäre während seines ganzen Lebens mit auserlesener Nahrung versorgt worden. So scheinen alle weißen Tiere – wie auch Moby Dick etwas Heiliges an sich zu haben.

Kommentar: Im Zusammenhang mit Landschaft und Gartenbau mag es von Interesse sein, festzuhalten, dass, obwohl mit dem Wort *Garten* ein eingezäunter Platz gemeint ist, und obwohl im Mittelalter Gärten überall eingezäunt waren, die Herren des 18. Jahrhunderts in der großen Ära des neuklassischen Formalismus in England – und ich glaube, einzig in diesem Land – eine eigentümliche Sache erfanden: das *Ha-Ha*. Das war ein Graben ohne Zaun, sodass der eingezäunte Garten tatsächlich wieder mit der ihn umgebenden Landschaft in Verbindung kam.[6] Wenn ein Engländer seinen Garten anlegte, versuchte er instinktiv diese Verbindung – eine ökologische Verbindung – mit seiner ganzen Umgebung beizubehalten und brachte sogar viele Elemente von außen herein, so dass er damit zusammenlebte. Der Rasen ist nichts anderes als eine Weide, das Blumenbeet nichts anderes als Wiesenblumen, der Ziersteingarten nichts anderes als natürliches Waldland und so weiter. Dieses Gefühl für Natur ist offensichtlich und der Entschluss, mit dem Draußen in Verbindung zu bleiben, wurde durch das *Ha-Ha* möglich gemacht, das erlaubt, auch größere Tiere im Freien zu halten und ohne Hindernis, ohne Zaun in die Umgebung zu schauen.

Kommentar: In Bezug auf die Schaffung von Landschaften hat ein berühmter Franzose, namens Voisin, mehrere Bücher über Weideland veröffentlicht. Er versuchte, wissenschaftlich zu beweisen, dass Kühe – aber nur wenn sie gut gehalten werden – Weiden schaffen können. Wenn sie nicht gut gehalten werden, können sie Weideland zerstören. Auch hielt vor einigen Wochen ein Professor in Konstanz einen Vortrag über den Sinn von Gemeinschaft in Dörfern im Allgemeinen.* Er hat herausgefunden, dass das wichtigste Element zur Bildung eines Gemeinschaftssinns in einem Dorf nicht mehr vorhanden sei. In den heutigen Dörfern, in denen es verschiedene Kirchen oder verschiedene Religionen gibt, bringe die Kirche keine Gemeinschaft mehr zustande. Es seien die Schulen, in denen ältere Kinder verschiedener Religionsgemeinschaften zusammenkommen, die nun diesem Zweck dienen. Er wies darauf hin, die Hauptaufgabe des Dorfes sei, die Landschaft zu erschaffen und für sie zu sorgen, sodass der Bauernhof selbst ein Organ für die Erschaffung von Landschaften werde.

Kommentar: Klima muss in der Landwirtschaft und in der Landschaft eine Rolle spielen.

K. König: Gewiss. Ich gab nur einige allgemeine Hinweise, Sie müssen den vorliegenden Bedingungen von Klima, Land und so weiter entsprechend ausgearbeitet werden.

Frage: Hat der Volksgeist etwas mit Landschaft zu tun?

K. König: Ich bin überzeugt, dass es so ist. Sie werden immer feststellen können, dass die Landschaft in direkter Beziehung steht zum Dialekt, den die Leute sprechen. Liebe Freunde, vor einem Jahr oder anderthalb Jahren hielt ich vor jungen Leuten einen Vortrag und sagte unter anderem, es sei Phantasterei zu glauben, dass die Werkstätten wichtiger seien als die Landwirtschaft und dass das Geldverdienen das Allerwichtigste sei. Unsere Dorfgemeinschaften müssen neue Landschaften werden, mit Tieren zusammen, das ist absolut grundlegend. Und Sie haben hier jegliche Möglichkeit dafür: Hügel, Heide, Felder, Wälder, Sträucher,

* Konnte bislang nicht ermittelt werden.

Hecken. Sie sollten keine Steppe schaffen, Sie haben schon eine! Sie werden erleben, wie dann eine schöne, fruchtbare Landschaft entsteht und nicht nur hier.

Kommentar: Ich war fasziniert von einem Vortrag, den Lieven Blockhuys anlässlich der letzten Konferenz gab, in der er Landschaften beschrieb – menschengemachte, gottgemachte und natürliche Landschaften – und erklärte, wie der Mensch auf den verschiedenen Stufen seiner Entwicklung verschiedenartige Landschaften um sich herum benötigte. Als eine Übertreibung erwähnte Lieven die französischen Gärten, in denen der Mensch mit der Natur tat, was er für richtig hielt, wo er sich als Meister der Natur fühlte.

K. König: Er setzte der Natur eine Perücke auf!

Kommentar: Wenn wir diese herrlichen Bilder nehmen, die uns Dr. König gegeben hat und dann auf die Mythologie hinblicken, werden wir wundervolle Parallelen finden. Wenn wir zum Beispiel das Pferd in der griechischen Mythologie studieren und dann die großen Pferdeskulpturen betrachten, erkennen wir die Verbindung des Pferdes mit Poseidon, dem Gott des Meeres.

Kommentar: Oder bei Homer in der Geschichte von Odysseus, in dem das neue Bewusstsein zu erwachen beginnt, da finden wir eine wunderbare Beschreibung des Schweinehirten. Viele Leute haben gesagt, das Schwein sei das intelligenteste Tier; Homer beschreibt, wie das, was im Schwein lebt, im Zusammenhang mit dem Heraufkommen des modernen Bewusstseins steht.

K. König: So ist es.

Frage: Ich kann gut verstehen, dass das Schwein so eng mit dem Menschen verbunden ist. Warum betrachten die Juden denn das Schwein als unreines Tier?

K. König: Es ist ein unreines Tier für die *Ernährung* des Menschen, denn Schweinefleisch enthält so viele menschliche Elemente, dass, wenn wir es essen, es ein wenig wie Alkohol wirkt; es löscht die individuelle Identität aus. Und das jüdische Volk musste das verhüten. Wenn Menschen Schweinefleisch essen, werden sie hinsichtlich ihrer *Selbstheit* etwas benommen. Denken Sie nun nicht, dass Sie deswegen auf Ihren Schinken verzichten müssen; die Dinge sind heute anders, aber das Feuer des Alkohols und das Feuer des Schweins sind einander sehr ähnlich.

Frage: Gestern erwähnten Sie das Heruntersteigen des Menschen von der Gruppenseele, die alle diese Tiere einschließt. Als wir sie durchgingen, schüttelten wir einige mit diesen Tieren zusammenhängende Elemente ab; die Tiere wurden dann wild und wir ließen sie zurück. Wollen Sie damit sagen, dass die Gruppenseele an sich eigentlich wilder Natur ist? Oder auf welche Weise werden diese Tiere, die wir zurücklassen, wild?

K. König: Die Gruppenseele ist an sich keinesfalls wild, sie wird jedoch durch den Bezug zum sich entwickelnden Menschen erzogen, gebildet. Das heißt aber auch durch die Begegnung mit den einzelnen Tieren, die mit dem menschlichen Wesen zusammenhängen. Sie können wilde Tiere mit Kindern vergleichen, die noch nicht zur Schule gingen und daher unerzogen bleiben. Wohlgemerkt, sind manche Gruppenseelen sehr besorgt über ihre Kinder, die – im übertragenen Sinn ausgedrückt – weder lesen noch schreiben können. Deshalb sterben heute so viele wilde Tiere aus. Ich spreche besonders von den Säugetieren.

Kommentar: Man wird erinnert an die Bilder vom Garten Eden, wo auch der Löwe zu finden ist. Löwen sind heute wild, aber einstmals waren sie zahme Tiere.

K. König: Gewiss. Eine kurze Geschichte von Goethe zeigt, wie das Kind im Menschen sozusagen die tierische Wildheit zu ihrer wirklichen und wahren zahmen Natur zurückbringt. Deshalb bringt das flötespielende Kind den Löwen völlig zur Ruhe, weil es die wahre Natur des Löwen ergreift.

Frage: Ich frage mich, ob wir tatsächlich während unserer Entwicklung diese Tiere von ihrer wilden Natur weggezähmt haben? Das könnte mit dem Bibelausspruch in Verbindung gebracht werden, dass sich der Löwe mit dem Kalb niederlegen und Stroh fressen wird.

K. König: Ja, nur ist es ein unrichtiges Bild, wenn sie denken, dass wir die Wildheit der Tiere gezähmt haben; wir zähmen unsere *eigene* Wildheit.

Kommentar: Ich lese soeben ein Buch über Kräutermedizin. Der Verfasser beschreibt, wie viele Tierkrankheiten durch die Entfremdung der Tiere von ihren natürlichen Instinkten hervorgerufen werden. Als ich das las, kamen mir zwei Dinge in den Sinn: erstens, dass es Weisheit ist, die in den sogenannten wilden Tieren lebt; und zweitens, dass die Anhänglichkeit der Haustiere an uns Liebe ist.

K. König: Güte.

Kommentar: Güte, ja. Kann man sagen, die Mechanisierung unserer Haustiere sei auf Misshandlung zurückzuführen, die aus Mangel an Liebe, aus Kälte ihnen gegenüber geschieht? Es scheint sie von ihrem Schicksal abzubringen und die wirkliche Ursache von Tierleiden und Krankheiten zu sein.

Dr. König: Ich meine das auch. Dann bekommt jedes Tier seine spezifischen Krankheiten. Denken Sie zum Beispiel an die Erysipelas – Rotlauf – der Schweine; das hat typisch mit Feuer und Wärme zu tun.

Vortrag III

4. Dezember 1964

Jetzt kommen wir zum letzten Vortrag und ich möchte verschiedene Sachen zusammenbringen, die Antwort auf die hier vorgebrachten Fragen geben könnten. Natur, liebe Freunde, ist sehr kompliziert und in jedem Stück der Schöpfung, nicht nur im Menschen, sind Mannigfaltigkeit, Vielfalt, und das Potential so groß, dass immer verschiedene Standpunkte möglich und nötig sind. Ich sage dies, um Sie vor vorgefassten Meinungen über eine Kuh, ein Schaf, eine Blume, ein Korn, einen Baum oder den Himmel zu warnen. Wir können diese Dinge von verschiedenen Seiten betrachten und unsere Schlussfolgerungen hängen immer von unserem Standpunkt ab. Das will nicht heißen, dass wir keinen Standpunkt haben sollten. Wir können ohne nicht leben. Es ist jedoch für uns nötig, heute von dieser und morgen von jener Seite eine Sache zu betrachten. Gar nicht hinzuschauen, ist eine der größten Sünden. Geben Sie den fixierten Standpunkt auf und gewinnen Sie dafür so viele wie möglich, aber vergewissern Sie sich, dass sie richtige sind. Zu diesem Zweck werde ich eine Ouvertüre spielen, bevor wir in nähere Einzelheiten der uns interessierenden vier Haustiere eintreten.

Was ich gestern zu beschreiben versuchte, waren Bedeutung und Merkmale dieser vier Tiere in ihrem Zusammenhang mit der ganzen

Gattung des Säugetierreiches. Ich beschrieb sie als zum Kreis der Säugetiere gehörig. Ich beschrieb sie nicht, wie ich es heute tun will, als einzelne Gruppenseelen, die ihr eigenes Schicksal, ihre Bedeutung innerhalb der Geschichte von Erde und Menschheit haben.

Jede Person ist ein menschliches Wesen und trägt deshalb die menschlichen Merkmale. Aber wir tragen auch unser Einzelschicksal und mit diesem persönlichen Schicksal tragen wir andere Merkmale. Deshalb können wir in jedem Menschenwesen ein Mitglied einer bestimmten Nation sehen und auch eines kleinen Teilbereiches innerhalb der Nation. Alles fließt zusammen, verschmilzt, ergänzt sich und wird schließlich Teil von einem ganz bestimmten Einzelwesen innerhalb der allgemeinen Menschheit.

Vergleichen wir dies einmal mit einem Tier, liebe Freunde. Nehmen wir eine Kuh, die zweifellos ein besonderes Glied des Säugetierreiches ist. Für mich gibt es nichts Schöneres als eine schöne Kuh – aufrecht, gerade, stark, ein Bild des Dienens; aber eine Kuh ist auch ein typisches Beispiel eines behuften Tieres – und wenn wir die Kuh als ein Huftier beschreiben, als ein Herdentier, dann müssen wir es anders beschreiben, als wenn wir es einfach als Säugetier betrachten. Wir müssen daher lernen, die verschiedenen Richtungen, die wir bei unserer Beurteilung einschlagen können, zu bestimmen und zu verstehen. Wir ziehen verschiedene Wege in Betracht, um ein und dasselbe Objekt wahrzunehmen – und das gesamte Säugetierreich besteht in der Tat aus einer ungeheueren Vielfalt von Arten und Gruppen. Indem wir das tun, werden wir feststellen, dass die Reihenfolge sehr wichtig ist; wir werden unter all den Säugetieren drei Hauptformen unterscheiden können, die zum dreigliedrigen Menschenwesen direkt in Beziehung stehen. Da sind die Nagetiere, die Raubtiere und die Huftiere. Typisch für diese Gruppen sind die Kaninchen, der Löwe und die Kuh. Bitte merken Sie sich das Folgende: alle Haustiere gehören zur Gruppe der Huftiere, deshalb sind sie alle mehr oder weniger Stoffwechsel-Gliedmaßen-Tiere. Die Nager gehören zur Spitze. Sie sind klein, rasch, wachsam, ganz Sinnesorgan.

Die Raubtiere sind rhythmische Tiere; wenn ein Löwe geht, können wir tatsächlich sehen, wie Atmung und Herzschlag in die Bewegung der Glieder einfließen und ihnen die Schönheit ihres Rhythmus' verleihen. Und die Schwere und die Kraft finden wir bei den Huftieren.

Nagetiere – Kaninchen – Sinne
Raubtiere – Löwe – Rhythmus
Huftiere – Kuh – Gliedmaßen/Stoffwechsel

Die Geschichte dieser Tiergruppen ist eine höchst dramatische. Stellen Sie sich vor, dass keines dieser Tiere in der Geschichte der Erde älter ist als 35.000 Jahre. Ich erwähne das, weil die von der Wissenschaft genannte Jahresangabe absolut nicht stimmig ist, denn die Wissenschaft zieht die ungeheure Kraft der Metamorphose, die über dem ganzen Erdball herrscht – selbst während des atlantischen Zeitalters – nicht in Betracht. Auch der Mensch hatte während der atlantischen Zeit keineswegs den harten, soliden Körper, den wir heute tragen. Damals konnten wir unsere Arme und Beine ausstrecken und wieder einziehen, wenn wir einen Gegenstand haben wollten, wir hatten aber noch kein festes Skelett. Wir waren noch plastisch, biegsam – und so waren auch die Tiere. Nur nach und nach verhärteten sich die Lebewesen und dann kamen dramatische Augenblicke in der Geschichte der Tiere.

Lassen Sie uns zuerst einmal die Fledermaus betrachten, ein sehr seltsames Tier, das man als Ausdruck von Angst und Furcht kennt. Sie hat aus Hautfalten bestehende Flügel und ein merkwürdiges Gesicht. Das sind Tiere der Dunkelheit, die kaum sehen können, aber so mechanisiert sind, dass eine Art Radarsystem ihren Flug in der Nacht möglich und sicher macht. Sie haben sich nicht über Millionen von Jahren entwickeln müssen. Denken Sie an die Nager: Eichhörnchen, die in den Bäumen leben, und ihre Schwänze benutzen, um von einem Baumgipfel zum anderen zu fliegen, von einem Zweig auf den anderen zu hüpfen. Und es gibt viele kleine Nager, wie die sogenannten Baummäuse, die ganz klein sind und fast wie Vögel singen – es ist eigentlich ein Pfeifen. Ein Schritt weiter in der Metamorphose aus dem Licht in die Luft hinein, aber in *dunkle* Luft – und Sie haben die Fledermaus.

Dann finden wir eine ganze Gruppe von Raubtieren, die nicht mehr auf der Erde leben wie ihre Verwandten, Löwe, Tiger, Hund, Wolf, Bär und viele andere, sondern nur aus den Meeren und Gewässern an Land kommen, um ihre Nachkommen zu gebären. Nachher kehren sie wieder ins Wasser zurück und leben monatelang in den Tiefen der Ozeane. Denken Sie nicht, dass es Zehntausende oder Hunderttausende von Jahren gebraucht hat, bis die Seehunde sich von den Raubtieren abspalteten. Das ist durchaus nicht so. Die atlantischen Fluten stiegen. Das ist absolut kein Märchen: im Verlauf von einigen Hundert Jahren versank allmählich ein Kontinent. In Angst und Grauen versanken die Tiere im Wasser; aber ihre Gruppenseelen bildeten andere Kräfte aus und formten andere physische Körper; aus den Raubtieren – Hunde, Wölfe und so weiter – entstanden Seehunde, Seelöwen und alle ähnlichen Tiere. So können wir sagen, etwas Ähnliches wie das, was mit den Fledermäusen und den Seehunden geschah, ereignete sich mit den Huftieren.

Nagetiere – Fledermaus
Raubtiere – Seelöwe
Huftiere – Wale, Delphine

Liebe Freunde, alles das ist uns heute nahe, sei es das Kamel, die Antilope, das Lama, der Hirsch, die Kuh, das Schwein, der wilde Bär, das Pferd oder der Esel – alle diese Tausende von Arten hatten in der frühen atlantischen Zeit eine Art Körper, der einzig mit dem Körper eines Drachen verglichen werden kann. Dieser Drache wird im zoologischen Ordnungssystem *Archaeoceten* genannt. Archaeoceti heißt *Urwale*. Er hat verschiedene Gestalten und Formen und ist nicht zu vergleichen mit den Dinosauriern, diesen Riesentieren aus der lemurischen Epoche, die zu den Reptilien gehören. Ich spreche von einem kurzbeinigen

Säugerdrachen mit verlorenen oder nie entwickelten Hinterbeinen, was darauf hinweist, dass in der atlantischen Periode noch kein harter Grund bestand, auf dem diese Tiere hätten gehen können. Ganz Atlantis war mehr oder weniger Sumpf und Moor und dort lebten diese Archaeoceten. Nach und nach verdichtete und verhärtete sich das Land, als sich Flüssigkeit in Salz ausformte und das Wasser klarer wurde. Einerseits entstand Wasser, andererseits verhärtete und verdichtete sich das Land. Nehmen Sie ihre Vorstellungskraft zu Hilfe, liebe Freunde, und Sie werden sehen, wie Archaeoceten und ihre Nachkommen sich dem Wasser, dem Meere, den Ozeanen zuwandten und wurden, was sie heute noch sind: die Riesen unter den Tieren, die Wale; die Wale mit den riesigen Köpfen, den enormen Körpern – Säugetiere, nicht Fische – schwimmen in den Sieben Meeren um den ganzen Erdball herum und machen den gesamten Ozean zu ihrem Land, zu ihrer Wiese. Mit wenigen Ausnahmen leben sie von Plankton, das durch ihr zahnloses, riesiges Maul eingeht und verdaut wird. Ähnliche Glieder der gleichen Gruppe sind die Delphine, sie sind ein Zweig der Archaeoceten, die nicht nur in allen Ozeanen leben, sondern auch in Flüssen, besonders um den Äquator herum, im Brahmaputra zum Beispiel.

Der andere Zweig besteht aus allen Huftieren. Als die Sümpfe sich gliederten und verdichteten, wurden Hufe – paarzehig und unpaarzehig – benötigt, um darauf umher zu gehen. So haben wir zuerst die Archaeoceten, dann alle Huftiere auf dem Boden und die Wale und Delphine in den Meeren. Wenn wir daher unsere Haustiere betrachten, müssen wir sie umgeben sehen von ihren Brüdern, den Delphinen und Walen, die in die Gewässer gingen, während sie – die Haustiere – ihre Hörner und Geweihe entwickelten und mit dem Menschen auf seine weiten Wanderungen von Westen nach Osten und wieder zurück nach Westen gingen. Dies gibt ihnen eine erste Skizze – noch nicht ein Bild – des ganzen Säugetierreiches im Zusammenhang mit der Entwicklung der Erde. Und Sie sehen in diesem großen Tableau – wir könnten es das Tableau der Entstehung von Mensch und Erde nennen – dass es besondere Merkmale zur Unterscheidung von solchen einzelnen individuellen Gruppenseelen wie Schwein, Kuh, Pferd und Schaf gibt.

Was ist das ganz besondere Kennzeichen des Schweins? Das Schwein ist ein nacktes Tier. Obwohl es Borsten hat, ist es nur mit einer größeren Menge von Haaren bedeckt, die einen Pelz bilden, wenn es sich zu einer wilden, sozusagen zurückgelassenen Gestalt entwickelt. Das gegenwärtige Hausschwein ist nackt, sogar rosig. Kein anderes Tier hat eine der menschlichen so ähnliche Hautfarbe wie das Schwein. Ich will nicht sagen, dass es immer pfirsichblüt ist – aber bei wem ist die Hautfarbe wirklich pfirsichblüt, es sei denn, sie ist aufgemalt! Aber die Haut des Schweins ist wenigstens rosig. Und Ferkelchen erinnern uns leicht an menschliche Säuglinge – allerdings mit einigen Ausnahmen! Aber wir können die Ähnlichkeiten fühlen. Andererseits ist da etwas äußerst Unmenschliches, das auch ein Merkmal des Schweins ist – die scheußliche Schnauze, die runde, offene Nase. Sobald wir das erblicken, können wir das Schwein mit all den Tieren in Zusammenhang bringen, die zur Gruppe der Elefanten gehören. Wir müssen nur den Rüssel des Elefanten etwas verkürzen, um zu sehen, dass er auch der Rüssel des Schweins ist. Wir können die seltsame Form der Maulöffnung sowohl beim Elefanten als auch beim Schwein sehen. Diese besondere Öffnung, die wir anderswo nur beim Fisch finden – die Haie sind ein besonderes gutes Beispiel – wird in der Physiognomie des Tieres sichtbar.

All das bedeutet, dass das wichtigste Sinnesorgan des Schweins die Nase oder richtiger der Geruchssinn ist. Und was bedeutet diese sehr

besondere Form der Schnauze oder des Rüssels der Elefanten? Lassen Sie mich versuchen, dies zu erklären. Der menschliche Körper – und auch der Tierkörper – wird von seinem Träger durch die vier sogenannten unteren Sinne erfahren: Tasten, Leben, Bewegung und Gleichgewicht. Diese vier unteren Sinne geben uns Kenntnis – die unmittelbare Sinneserkenntnis – dass wir einen Körper haben. Im Menschen durchdringen diese vier Sinne die Umwelt-Sinne – Sehsinn, Geruchssinn, Geschmackssinn und Wärmesinn – nur recht unmerklich. Aber wenn wir uns jetzt vorstellen, dass der Mensch diese vier Sinne zusammenführen würde – und das sind *Sinne*, liebe Freunde, es ist nicht die Lebens*kraft*, es ist der Lebens*sinn*; es ist nicht *Bewegung*, es ist der Bewegungs*sinn* – wenn der Mensch diese Sinne, Lebenssinn, Bewegungssinn, Tasten und Gleichgewicht zusammenführen und einen einzigen Teil seiner Gestalt mit diesen vier Kräften austatten würde, was können wir dann voraussagen? Wären diese vier Sinne in die Nase geströmt, um sich mit dem Geruchssinn zu verbinden, hätte sich der Mensch zum Schwein entwickelt. Natürlich geht das nicht heutzutage, denn unser Körper ist jetzt zu fest, dennoch können Sie sehen, was das Schwein mit diesem so besonders ausgebildeten Teil seines Körpers alles zu tun vermag. Der Elefant, das Mammut, sie haben alle diesen verlängerten Rüssel. In Atlantis waren die Wälder Dschungel. Um ihren Weg durch den Dschungel zu finden, mussten sie ihn mit ihren Rüsseln bahnen und mit Bewegung alles um sie herum riechen, betasten und wahrnehmen. Auf die Augen kam es nicht an, weil sie nicht sehen konnten, auch wenn wir es uns nicht mehr vorstellen können. Durch diese Wildnis bahnten sich die Elefanten ihren Weg. Ein Überbleibsel davon ist noch im Schwein vorhanden. Wenn so etwas in einem Organismus geschieht, müssen sich seine anderen Teile anpassen, und so entwickelte das Schwein eine riesige Niere. Wenn wir den Embryo eines Schweins im zweiten Monat öffnen, so finden wir nahezu den ganzen Unterleib mit einer ungeheueren Niere ausgefüllt, weil alles auf Geruch ausgerichtet ist. Dann können wir vielleicht ahnen, dass diese Niere das Gehirn des Schweins ist. Und wenn wir uns die Gestalt des Schweins vorstellen, wie es lebt, dann können wir sehen, wie alles in diesem Geruchssinn ist und wie sich als Ergebnis diese riesige Niere entwickelt.

Liebe Freunde, das Resultat davon ist eine tiefe Fettschicht, die die gesamte Oberfläche unter der Haut bedeckt. Warum dies so ist – chemisch, biologisch, – uns würde leider die Zeit nicht reichen, das auszuführen. Ich wollte Ihnen zunächst nur diesen bildhaften Eindruck des Schweins vor Augen führen.

Wenn wir einen Schritt weiter gehen, kommen wir zur Kuh; was geschieht? Es ist nicht länger der Geruchssinn, aber der Geschmackssinn, der vorherrscht. Die Kuh schmeckt mit dem ganzen oberen Teil ihres Körpers. Was so bedeutsam an der Kuh ist, ist, dass sie ein Wiederkäuer ist, ein Tier, das Nahrung einnimmt, sie bis zu einem bestimmten Punkt im Magen verdaut, sie wieder zurückbringt, wieder kaut und sie wieder verschluckt. Gewöhnlich, wenn dies zweimal geschehen ist, dann ist die Nahrung fast richtig verdaut. Nun hat der Magen der Kuh und anderer Wiederkäuer, das Schaf einbegriffen, eine besondere Form. Einige von Ihnen werden wissen, dass es nicht so ein einfacher Magen ist wie der des Menschen, der etwa so aussieht: (siehe Zeichnung S. 253).

Hier kommt der Zwölffingerdarm herein und hier hinaus. Nahrung kommt hier herein, wird verdaut und geht so rasch wie möglich wieder hinaus. Der Magen eines Wiederkäuers dagegen ist ein vierfältiges Or-

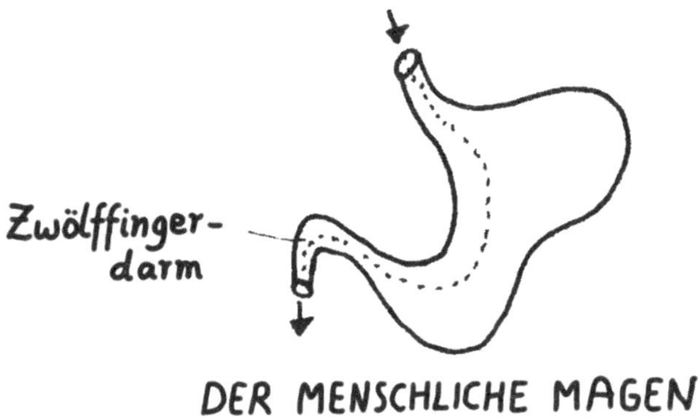

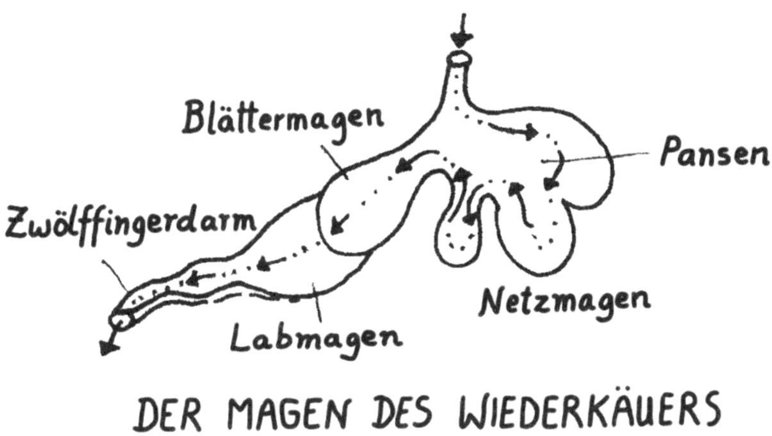

gan und sieht so aus: (im unteren Teil der Zeichnung). Der Kuhmagen ist ein großer sogenannter erster Magen oder Pansen. Hier kommt der Darm herein und in diesem Magen werden Gras und Blumen umgewandelt. Von dort geht das Futter in den sogenannten Netzmagen und geht dann wieder zurück in das Maul, wird gekaut und geht wieder hinunter. Nur nachdem dies geschehen ist, geht das wiedergekäute Futter durch den Blättermagen und den Labmagen in die Eingeweide. Liebe Freunde, wenn sie das sehen und sich erinnern, wie das Gehirn geformt ist, werden sie sofort feststellen, dass es sich hier um eine Gehirnstruktur handelt, geradeso, wie wir beim Schwein sagen können, die Niere ist das Gehirn. Was heißt das? Was bedeutet eigentlich Wiederkäuen? Warum sind Kuh und Schaf und viele andere Tiere Wiederkäuer? Ich denke, dass wir dies auf folgende Weise verstehen können. Wir wissen, dass wir im Verdauungsvorgang die aufgenommene Nahrung völlig zerstören und uns zueigen machen. Bei den Tieren ist dieser Prozess etwas anders, weil nicht alle Nahrung völlig zerstört wird; einiges davon wird in der ihr eigenen Form und Funktion zurückgehalten. Wiederkäuen verhindert die völlige Zerstörung der Nahrung. Die Kuh genießt und lebt völlig mit ihrer Nahrung. Sie müssen nur einer Kuh beim Wiederkäuen zusehen und hören, wie sie schmatzt und kaut, um zu verstehen, wie sie sich gänzlich mit ihrem Futter verbindet. Wir können sagen, dass sie sie nicht zerstören möchte. Die Kuh, die Antilope, das Schaf, die Ziege, alle wiederkäuenden Tiere verbinden sich mit der Erdensubstanz und indem sie das so tief und innig wie möglich tun, durchdringen sie diese Substanzen mit ihren eigenen geistigen Kräften.

Rudolf Steiner hat uns gesagt, die Kuh trage geistige Kräfte in sich.[7] Schon in frühesten Zeiten wurde die Kuh als heiliges Tier verehrt, weil der Mensch Ehrfurcht vor den ungehemmten, unverdorbenen, in ihr lebenden kosmischen Kräften verspürte. Diese Kräfte leben nicht im Physischen, sondern in der Astralität der Kuh; die Kuh trägt sozusagen ein Stück Tierkreis in ihrem Wesen und durch den Prozess des Wiederkäuens verbinden sich diese Sternenkräfte mit irdischer Substanz und durchdringen sie. Das ist tatsächlich das Schicksal der Kühe. Warum haben wir ein Gehirn? Wir haben ein Gehirn, damit Licht, Ton, Geruch, Geschmack und alle die Formen der Natur nicht in unser Wesen hereinfallen, sondern aufgehalten werden. Es ist ähnlich mit dem Magen-Gehirn der Kuh; die Nahrung der Kuh wird nicht vollständig verdaut, aber sie ist durchdrungen von den geistigen Kräften dieser Tiere, geradeso wie unsere Wahrnehmungen von unseren eigenen Gedanken durchdrungen werden und dadurch – mittels des zentralen Nervensystems und speziell des Gehirns – außerhalb von uns bleiben.

In gleicher Weise, wie das Fett im Schwein als Ergebnis des Zusammentreffens der vier unteren Sinne und des Geruchssinns sowie des Nieren-Gehirns entsteht, wird in der Kuh die Milch durch die Verbindung der unteren Sinne mit dem Geschmackssinn und die Durchdringung der Nahrung mit geistigen Kräften erzeugt. Die Milch ist das Ergebnis all dessen, was in der Kuh vor sich geht und das Fett ist das Ergebnis all dessen, was in der speziellen Form und Funktion des Schweins geschieht. Und nun wollen wir uns dem Schaf zuwenden.

Beim Schaf ist weder die Milch noch das Fett im Vordergrund, sondern die Wolle. Wenn wir uns nach dem speziellen Sinnesprozess des Schafes fragen, muss ich Ihnen sagen, dass es der im Auge liegende Sehsinn ist. Es mag allerdings oberflächlich gesehen nicht scheinen, dass das Schaf so sehr von seinem Auge geleitet wird. Wenn wir jedoch die wilden Schafe und Ziegen betrachten, besonders diejenigen – Bergziegen, Steinböcke – die in den Bergen herumklettern, können wir sehen, dass ihre Geschicklichkeit von der Bemeisterung des Raumes abhängt. Obwohl unsere heutigen zahmen Schafe allmählich diese Fähigkeit verloren haben, müssen wir uns dennoch über die Bedeutung dieses einströmenden Sehsinns klar werden. Die Augen, vereint mit den vier unteren Sinnen, entwickeln ein besonderes Organ, das Herz. Betrachten Sie das Schaf. Schauen Sie, wie das Licht – und somit der Raum – die vier unteren Sinne durch die Augen zusammenzieht, das Herz gestaltet und – als ob es ein Denkmal schaffen würde, in dem alles, was das Schaf ist, sich manifestiert – die riesigen Hörner, die sich in allen Schafen in der einen oder anderen Form ausbilden. Es wäre wunderbar übrigens, wenn der eine oder andere von Ihnen sich darum bemühen wollte, die verschiedenen Formen der Hörner des Schafes zu studieren. So könnten wir sehen, was die Natur tatsächlich dort schafft. Und das Ergebnis des ganzen Gestaltungsprozesses, liebe Freunde, ist das Vlies, die Wolle. Die Gehirnformation im Schaf ist kein Organ mehr. Das Gehirn im Schaf ist das ganze Vlies. Was bedeutet die Argonauten-Sage, der zufolge Jason ausging, das Goldene oder Heilige Vlies zu suchen? Jason suchte nach dem Gehirn, der einstigen kosmischen Weisheit. Wenn wir zum Beispiel den Kopf des Zeus anschauen, wie er in der alten griechischen Zeit dargestellt wurde, so sehen wir, dass auch Zeus von einem Vlies umgeben ist – von den Kräften der kosmischen Weisheit, des kosmischen Goldes. Wir müssen versuchen, diese Tatsachen alle zusammenzubringen.

Was noch zu entdecken bleibt, ist das Pferd. Es wird für Sie vielleicht nicht leicht sein zu verstehen, was ich meine, wenn ich sage, dass wir im Pferd den *Wärmesinn* erkennen müssen. Der Wärmesinn ist im ganzen Pferdekörper wirksam. Erinnern Sie sich, wie Carl Alexander Mier erzählte,[8] wie Pferde über und über schwitzen? Das rührt von den Schweißdrüsen her, die die Regulatoren für den Wärmesinn sind. Der Wärmesinn des Pferdes ist ungeheuer, denn es befindet sich ständig in Bewegung, zittert, schlägt mit den Hufen aus oder bewegt sich sonst irgendwie, unfähig einen Augenblick zu ruhen wie die Kuh oder wie das Schaf herumzulungern. Das Pferd ist fortwährend in Bewegung, sein Ausschlagen ist ein ganz natürliches Phänomen. Im Pferd ist der Wärmesinn das unsichtbare Gehirn, geradeso wie es im Schaf der Vlies ist. Der vorherrschende Sinn ist identisch mit der besonderen Gehirnstruktur: im Schwein die Niere, in der Kuh der Magen, im Schaf die Wolle und im Pferd die Wärme. Das im Pferd ganz besonders entwickelte Organ ist die Lunge. Kein anderes Tier hat, vergleichsweise gesprochen, eine so starke, große und gut entwickelte Lunge.

Jetzt beginnen wir, die Individualität der Gruppenseelen dieser vier Tiere zu erkennen. Was geben uns diese Tiere? Das Pferd mit seiner fortwährenden Bewegungskraft wird zum Träger des Reiters, trägt Lasten, zieht Karren und alle unsere anderen Fahrzeuge mit Rädern. Die Kuh gibt uns Milch, die – obwohl sie schließlich zur Nahrung wird – zuallererst mittels des Wiederkäuervorgangs die Durchdringung mit physischen und geistigen Kräften brachte. Das Pferd gibt uns die Fähigkeit zu arbeiten. Es gab seinen Namen – die *Pferdestärke* – einer Welt, die nach und nach den Bedürfnissen der Erde genügen muss. Das Schwein gibt uns Fett und wir verwandeln dieses Fett in Wärme und Licht. In alten Zeiten beleuchteten wir unsere Räume mit Hilfe von Öl aus Fettsubstanzen. Und das Schaf gibt uns Wolle, Kleidung und macht die Lebensbedingungen der Menschen angenehm. Vielleicht kann ich jetzt all dies aufzeichnen, damit Sie den Zusammenhang zwischen Aquarius und dem Schwein, dem Stier (Taurus) und der Kuh, dem Löwen (Leo) und dem Schaf und Skorpion und dem Pferd besser verstehen können. Das Schwein stellt den Geruchssinn dar, mit dem die Niere verbunden ist. Die Kuh lebt hauptsächlich im Geschmackssinn, der mit dem Magen und der Leber in Zusammenhang steht. Der im Schaf vorherrschende Sehsinn steht im Zusammenhang mit dem Herzen. Und im Pferd ist der Wärmesinn mit der Lunge verbunden.

Liebe Freunde, diejenigen unter Ihnen, die Rudolf Steiners *Landwirtschaftlichen Kurs* kennen, werden sich an seine Beschreibung der besonderen Substanzen erinnern, die, indem sie als Träger der Bildekräfte wirken, Protein und besonders Albumin erzeugen. Hier können wir sehen, wie durch die Kräfte von Kohlenstoff, Stickstoff, Sauerstoff und Wasserstoff sich alles zusammenfügt und ein Ganzes wird. Stellen Sie sich nun vor (zeigt auf das Diagramm, S. 258), dass wir hier Haar oder Wolle haben, hier Milch – Nahrung, hier Bewegung – Pferdestärke und hier Fett, das sich in Wärme und Licht verwandelt hat. Wenn Sie über eine solche Skizze nachdenken, kann es eine Hilfe sein, die Entwicklung des Menschen während der atlantischen und den nachatlantischen Perioden zu erfassen.

Einige von Ihnen mögen sich an Rudolf Steiners Erläuterungen zu den vorirdischen Taten des Christus erinnern.[9] Diese drei großen Taten, mit denen die Christus-Wesenheit die Sinne des Menschen, seine Lebensorgane und die drei Seelenkräfte in Einklang brachte, stehen historisch hinter allem, was ich Ihnen hier zu beschreiben versuchte. Der Geruchssinn im Schwein ging seinen eigenen Weg, der Geschmackssinn in der Kuh ging seinen eigenen Weg, der Sehsinn im Schaf ging seinen eigenen Weg und der Wärmesinn im Pferd ging seinen eigenen Weg. Man kann sagen, jedes Tier opferte sich nach

verschiedener Richtung hin. Sie blieben nicht nur um uns herum, sondern sie umgaben uns durch ihr Opfer – Milch, Wolle, Fett und Pferdestärke – und ermöglichten die Entwicklung der Zivilisation. Um diese Zivilisation herum stehen die Hügel des Schafes, die Weiden der Kuh, die Wälder des Schweins und die Prärien und Steppen des Pferdes. Soviel zu diesen vier Haustieren.

3. Gespräch

Frage: Darf ich auf eine der letzten Feststellungen zurückkommen, die Sie in Ihrem wunderbaren Vortrag hinsichtlich der drei vorirdischen Taten des Christus machten und fragen, inwiefern wir die Tiere durch diese Taten entstanden sehen können? Ich konnte dies nicht verstehen, da Sie nur kurz darüber sprachen. Ich möchte auch die Krippe erwähnen, wie sie in so vielen Weihnachtsbildern dargestellt wird. Da ist die Kuh, das Pferd – in der Gestalt des Esels – und das Schaf, das von den Hirten dargebracht wird. Was aber ist mit dem vierten Tier?

K. König: Die Lampe – die Lampe brennt. Es sind alle hier, niemand fehlt – nur das Schwein selbst ist nicht da. Ich würde es vorziehen, wenn Sie nichts dagegen haben, nicht in Einzelheiten über die drei vorirdischen Taten der Christus-Wesenheit einzutreten. Um allen Gelegenheit zu geben, darüber ins Gespräch zu kommen, müssten es alle auch erst einmal gelesen haben. Wenn Sie sich einen von Rudolf Steiners Vorträgen darüber vornehmen, vielleicht vom 1. oder 2. Januar 1914 aus dem Zyklus *Christus und die geistige Welt*, werden Sie staunen, welche Gedanken und Zusammenhänge Ihnen dort eröffnet werden.

Kommentar: Ich weiß, dass das Blut eine sehr wichtige Rolle in unserem Dasein spielt. Als ich diese vier Grundbegriffe überdachte, kam mir letzte Nacht in den Sinn, dass auch das Blut in vier Gruppen zerfällt.

K. König: Ja, genau: was wir besprochen haben, steht im Zusammenhang mit den vier Blutgruppen. Sie haben Recht. Vor einigen Jahren versuchte ich, in einer schriftlichen Aufzeichnung darzustellen, wie die verschiedenen Blutgruppen in den verschiedenen Menschenrassen – ein Gebiet, auf welchem heute ernorme wissenschaftliche Forschungen unternommen werden – den vier Kräften entsprechen, aus denen die Menschheit entstanden ist.[10]

Kommentar: Ich erinnere mich daran, was Jakob mit dem Wassertrog machte, als er Rahel begegnete.[11] Sie wissen, er schälte Stöcke mit weißen Streifen daran und Tiere, die an der Tränke gezeugt oder empfangen wurden, bekamen diese Farbe.

K. König: Damals waren die Lebenskräfte noch so stark, dass mit einigen wenigen Hilfsmitteln solche Veränderungen hervorgebracht werden konnten.

Frage: Ich hatte Schwierigkeiten mit den von Ihnen erwähnten Elementen: Stickstoff, Sauerstoff, Wasserstoff und Kohlenstoff und frage mich, ob Sie uns ein wenig mehr über deren Beziehung zu den verschiedenen Tieren sagen könnten?

K. König: Sie müssen das selbst ausarbeiten. Dazu reicht uns jetzt die Zeit nicht. Sehen Sie, ich gebe nur diese Merkmale an. In verschiedenen Vorträgen, die Rudolf Steiner vor Ärzten hielt – es sind die ersten der zwanzig Vorträge vom März 1920[12] – bringt er klar das Herz mit Wasserstoff, die Leber mit Sauerstoff, die Niere mit Stickstoff und die Lunge mit Kohlenstoff in Verbindung. Ich erwähne dies wegen der vier Organe. Rudolf Steiner erklärt, dass die Lunge das irdische Organ in uns ist, und wie alle verhärtenden Kräfte – soweit kann ich heute gehen – in der Lunge leben. Es wird dies klar, wenn Sie zum Beispiel die Entwicklung eines Frosches aus einer Kaulquappe beobachten. Die Kaulquappe hat keine Glieder und lebt im Wasser. Sobald die Kaulquappe sich in einen Frosch verwandelt, entwickelt sich die Lunge und die vier Glieder strecken sich aus. In diesem Moment beginnt das Tierchen Laute auszustoßen, vielleicht auch nur einen rauhen Ton. Diese formgebende Kraft ist Kohlenstoff. Rudolf Steiner sagt uns sogar, dass das Hungergefühl nicht vom Magen, sondern von der Lunge kommt; wir werden durch die Lunge hungrig. Der Durst aber, kommt von der Leber her; die Leber ist mit allem Flüssigen in uns verbunden und das ist Sauerstoff. Wir atmen tätig durch die Nieren und das ist Stickstoff; die Astralisation von allem. Das Herz ist der Träger des Geistes und das ist Wasserstoff. Hilft Ihnen das? Aber bitte, sagen Sie nicht, ich hätte gesagt: *Ton und Flüssigkeit im Pferd* und jetzt sagen Sie plötzlich: *Lunge und Kohlenstoff.* Beides ist richtig. Beides *und* noch Wärme, als Wärmesinn, weil das Tier eine Einheit ist. Wir müssen auf die hervorstehenden Merkmale achten, um das Karma eines solchen Wesens zu verstehen.

Kommentar: Im Zusammenhang mit Gebeten in alten Zeiten wurde oft gesagt: *Erquicke meine Eingeweide im Herrn, erschaffe in mir ein reines Herz und erfreue dich in meiner Leber.* Ich nehme an, ein solches Gebet stand in Beziehung mit all diesen Dingen.

K. König: Ganz richtig. Es steckt ein tiefer Sinn darin, den die heutigen Menschen verloren haben und denken, die Alten seien einfältig gewesen.

Kommentar: Im Verlaufe der drei Vorträge kamen mir Bilder aus dem Buch der Offenbarung in den Sinn. Zum Beispiel verwandelt sich der Löwe von Juda in das Lamm.

K. König: Es wäre freundlich, wenn jemand von Ihnen der griechischen Mythologie nachgehen wollte. Sie fänden dort wunderbare Zusammenhänge. Die griechische Zivilisation war nichts anderes als eine Nachbildung von Atlantis und was ich ihnen hier beschrieben habe, ist nichts anderes als die atlantische Zeit. Sie werden das alles hinter den verschiedenen Göttern und Göttinnen der Griechen finden, weshalb Hinweise auf Zeus, Jason, und Poseidon besonders am Platze sind. Wohin Sie auch immer schauen – auch im alten Testament – werden Sie eine

Bedeutung in den bildhaften Beschreibungen von Tieren finden. Wie armselig ist die heutige Wissenschaft im Vergleich zu dem, was sie war.

Kommentar: Ich erinnere mich, dass Sie zu Beginn der Vorträge sagten, die Huftiere und die Wale seien eine Gruppe, das ist eine phantastische Sache.

K. König: Aber ich möchte hinzufügen, dass dies wissenschaftlich bewiesen ist. Vor zehn Jahren wurden sehr schwierige Serum- und Albumin-Untersuchungen im Serum von Huftieren, Walen und Delphinen vorgenommen.[13] Es stellte sich heraus, dass diese Stoffe gegenseitig ausgetauscht werden können, was beweist, dass sie von ein und derselben Rasse stammen.

Frage: Wurden Archaeoceten kürzlich gefunden?

Dr. König: Zum ersten Mal im Jahre 1850, aber niemand wusste, wohin und wie sie einzuordnen seien – und dann sprach das Schicksal! Rudolf Steiner beschreibt in den Vorträgen über die vorirdischen Taten der Christus-Wesenheit, dass Apollo das Abbild Michaels ist und unter ihm ist der Drache.[14] Dieser Drache ist nicht der Dinosaurier, sondern der Archaeoceten. Die ersten Skelette von Archaeoceten wurden in den Apollo-Räumen in New York ausgestellt! Ist das nicht merkwürdig? Man muss diese Dinge wissen.

Notizen für eine Ansprache in Botton Village

19.6.1964 von Karl König

Zum Vortrag, am 19. Juni 1964
in Botton-Village

I. Es ist schön, nach einem Jahr
wieder hier zu sein & alle zu sehen
& die alten Freunde zu begrüßen.
Nicht zu viel soll gesagt werden,
aber ich hatte das Bedürfnis, auf
einige Dinge hinzuweisen, die mir
in den letzten Wochen wichtig waren.
Es sind Erfahrungen & Erlebnisse
im Zusammenhang mit meinem
Aufenthalt in Deutschland während
der vergangenen Monate.
Diese aber hängen auch zusammen
mit dem Datum des gestrigen Tages:
Dem 18. Juni 1964
Es sind genau 40 Jahre, seit
die Heilpädagogik durch Rudolf Steiner
inauguriert wurde.
Davon möchte ich erzählen.

2.)

II. Am 18. Juni 1924 besuchte Rudolf Steiner den Lauenstein in Jena.
Wie das zustande kam.
Weihnachten 1923. „gründen Sie ein Heim".
Der Besuch in Jena Ernst Haeckel
Die erste praktische Verwirklichung anthroposophischer Heilpädagogik.
Rudolf Steiner kam von Breslau
Koberwitz
landwirtschaftliches Kurs.
Jugend – Ansprachen.

Von Jena nach
Dornach
Heilpädagogischer Kursus –

Der Zusammenhang zwischen
Heilpädagogik u. Landwirtschaft
1924
+33
1957
Der Dorf-Impuls
beginnt.

3.)

III.

Die Arbeit in Deutschland:

Brachenreuthe
und Hofgut

Föhrenbühl
und Obstbau

Lehenhof
und Milchwirtschaft

Alles ist eingebettet in Land
& die Arbeit mit dem Land.

Ein Heim ist schön; aber was wir
mehr & mehr schaffen müssen,
das sind Lebensgemeinschaften

Wo alt & jung, gross & klein miteinander
leben & arbeiten.

Die Familien früher: Grossfamilien
jetzt: Geistesfamilien.

(Warum?)

IV. 4.)

Wenn man als Besucher in irgend eines unserer Dörfer kommt, dann fällt einem zunächst Eines auf:

Die Fülle des Schicksals.

Alte Dörfer: gewachsene Familiengemeinschaften.

Neue Dörfer: zusammengewürfelte Schicksalsgemeinschaften.

Und es ist oft schwer zu ertragen, diese Schicksalsanhäufung, die einem entgegenkommt.

Dafür aber gibt es einen Gegenpol:

Die Schönheit der Landschaft

Eine Landschaft aber wird erst dann schön, wenn sich der Mensch mit ihr in Arbeit & Liebe verbindet.

Felder, Gärten, Wege, Bäume,

Wiesen, Hecken, Büsche, Wäldchen (cops)

Wie die Pflanzen den Sauerstoff geben, den wir Menschen atmen,
gibt die Landschaft den Segen (grace)
den das menschliche Schicksal braucht.

Die heutigen Städte & Vorstädte sind ohne Segen; Schicksal wird Verhängnis.
destiny becomes death & decay

5.)

V. Das ist der Tag des 18. Juni

Heilpädagogik + Segen der Erde

Schicksal
wird
Gnade

Das
ist der

Dorf-Impuls

Anmerkungen

Karl Königs Heilerwillen für Mensch und Erde

1 R.Steel: *Motive zum Sozialimpuls im Leben Karl Königs* in: Karl König: *Mensch unter Menschen werden,* Karl König Werkausgabe, Stuttgart 2009.

2 Siehe von Arnim: *Karl König – Heilpädagoge und Arzt* in: Karl König: *Das Seelenpflege-bedürftige Kind,* Karl König Werkausgabe, Stuttgart 2008.

3 Anke Weihs: *Leben mit Karl König,* in: Karl König: *Meine zukünftige Aufgabe,* Karl König Werkausgabe, Stuttgart, 2008, S. 156.

4 Zitiert nach Müller-Wiedemann: *Karl König. Eine mitteleuropäische Biographie,* Stuttgart 1992, Seite 93. Neuausgabe 2011 in der Karl König Werkausgabe.

5 Über die hier genannten Personen findet man Näheres in dem Buch *Anthroposophie im 20. Jahrhundert. Ein Kulturimpuls in biographischen Portraits.* Hg. Bodo von Plato, Dornach 2003.

6 Rudolf Steiner: *Geisteswissenschaftliche Grundlagen zum Gedeihen der Landwirtschaft,* Gesamtausgabe Bibl.-Nr. 327 (= GA 327), Dornach 1999 (im Folgenden als *Landwirtschaftlicher Kurs* bezeichnet).

7 GA 317, *Heilpädagogischer Kurs,* Dornach 1995.

8 In GA 217 a, *Die Erkenntnis-Aufgabe der Jugend,* Ansprache vom 17. Juni 1924, Dornach 2009.

9 Siehe Anmerk. 3, S. 99 ff.

10 Dieser besondere Brief ist bei Selg: *Koberwitz, Pfingsten 1924,* Dornach 2009, S. 59 f. abgedruckt.

11 Zum Weggang Königs siehe Karl König: *Meine zukünftige Aufgabe,* Karl König Werkausgabe, Stuttgart 2008, S. 37 ff.

12 Siehe Anmerk. 1, S. 40 ff.

13 Karl König: *Earth and Man,* Bio-Dynamic Literature, Rhode Island USA, 1982. Bis dahin waren einzelne Vortragsreihen lediglich als Privatdruck bei dem «Experimental Circle of Anthroposophical Gardeners and Farmers», Clent oder «Glencraig Printery» in Nord-Irland erhältlich.

14 Ausführlich beschrieben in Selg: *Ita Wegman und Karl König*, Dornach 2007.
15 Seine drei Bücher: *Substanzlehre*, 1942, *Ernährungslehre*, 1951 und *Heilmittellehre*, 1965 (alle Frankfurt am Main) wurden zu vielgelesenen Fachbüchern. Vergl. Selg: *Rudolf Hauschka am klinisch-therapeutischen Institut in Arlesheim, 1929 – 1941*, Arlesheim 2010.
16 Der Band *Kosmische und irdische Ernährung* erscheint auch 2010 in der Karl König Werkausgabe, Verlag Freies Geistesleben.
17 Drei sogenannte «Milch-Vorträge» von 1943, vier Vorträge von 1953 über *Die irdischen und kosmischen Ernährungsströme in Mensch und Pflanze* und sechs Vorträge über *Die meteorologischen Organe*, 1958.
18 Eugen Kolisko: *Das Wesen und die Behandlung der Maul- und Klauenseuche*, Reprint hg. von Peter Selg, Dornach 2001.
19 *Genauer Plan zur Errichtung eines heilpädagogischen Institutes in Südirland, 1938*. Unveröffentlichtes Dokument, Karl König Archiv.
20 Vortragsnotizen, die in dem Band *Kosmische und irdische Ernährung* in Faksimile wiedergegeben werden.
21 In: Karl König: *Meine zukünftige Aufgabe*, Stuttgart 2008, S. 99 ff.
22 Zit. nach Peter Selg: *Ita Wegman und Karl König. Eine biographische Dokumentation*. Dornach 2007, S. 235.
23 Siehe Fotos, S. 8 und 11.
24 Im Interview mit dem Herausgeber, 2009. Protokoll im Karl König Archiv.
25 *White House Press Release*, 7. August 1945, in *Public Papers of the Presidents*, United States Government Printing, Washington DC, 1966 (Übersetzung des Zitats von Richard Steel).
26 Bisher unveröffentlichtes Manuskript, Karl König Archiv.
27 Bericht vom «Movement Council», 28.1.1960. Unveröffentlichtes Manuskript, Karl König Archiv.
28 Karl König: *Der Impuls der Dorfgemeinschaft*, Stuttgart 1994. Dieser Satz ist allerdings hier nach der revidierten und mit den Originalunterlagen verglichenen englischen Edition *Seeds for Social Renewal*, Floris Books, 2009 neu übersetzt.
29 In diesem Band, s. S. 94 ff.
30 *Festschrift zum 30-jährigen Bestehen der Freien Landbauschule*, Lichthof, Heiligenberg 2008.
31 Die Spiele zu den Jahresfesten erscheinen 2011 in dem Band *Imaginative Dramatik*, Karl König Werkausgabe, Verlag Freies Geistesleben.
32 Über die «Geographische Medizin», November 1917 in GA 178, *Individuelle Geistwesen und ihr Wirken in der Seele des Menschen*, Dornach 1992.
33 *Über die Hüllen der Präparate*, in diesem Buch S. 134.

Der therapeutische Impuls von Koberwitz

1 Rudolf Meyer, in: Adalbert von Keyserlingk (Hg.): *Koberwitz 1924. Geburtsstunde einer neuen Landwirtschaft*. Stuttgart [1] 1974, S. 10.
2 Rudolf Steiner: *Geisteswissenschaftliche Grundlagen zum Gedeihen der Landwirtschaft. Landwirtschaftlicher Kurs*. GA 327, Dornach [8]1999, S. 11.
3 Ebd., S. 11f.
4 Ebd., S. 58f.
5 Vgl. hierzu Peter Selg: «Tode im Denken. Zur Entwicklung des Materialismus im 19. Jahrhundert». In: *Michael und Christus. Studien zur Anthroposophie Rudolf Steiners*. Arlesheim 2010, S. 241–262.
6 Vgl. hierzu Peter Selg: *Krankheit, Heilung und Schicksal des Menschen. Über Rudolf Steiners geisteswissenschaftliches Pathologie- und Therapievestándnis*. Dornach 2004, S. 31ff.
7 Rudolf Steiner: *Die Erkenntnisaufgabe der Jugend. GA 217a*. Dornach [2] 1981, S. 165.
8 Rudolf Steiner: *Meditative Betrachtungen und Anleitungen zur Vertiefung der Heilkunst*. GA 317. Dornach [4] 2003. Vgl. a. Peter Selg: *«Die Medizin muss Ernst machen mit dem geistigen Leben». Rudolf Steiners Hochschulkurse für die «jungen Mediziner»*. Dornach 2006.
9 Vgl. Peter Selg: *Koberwitz, Pfingsten 1924. Rudolf Steiner und der landwirtschaftliche Kurs*. Dornach 2009, S. 124ff.
10 Rudolf Steiner: *Geisteswissenschaftliche Grundlagen zum Gedeihen der Landwirtschaft. Landwirtschaftlicher Kurs*, S. 40f.
11 Ebd., S. 168.
12 Vgl. Peter Selg: *Helene von Grunelius und Rudolf Steiners Kurse für junge Mediziner. Eine biographische Studie*. Dornach 2003.
13 24.1.1924. Rudolf Steiner Archiv, Dornach. Erstveröffentlichung des Briefes in Peter Selg: *Koberwitz, Pfingsten 1924. Rudolf Steiner und der landwirtschaftliche Kurs*, S. 59f.
14 Rudolf Steiner Archiv, Dornach. Zu den an Rudolf Steiner gestellten Fragen vgl. a. Peter Selg: *Koberwitz, Pfingsten 1924. Rudolf Steiner und der landwirtschaftliche Kurs*, S. 63ff.
15 Ehrenfried Pfeiffer: Rudolf Steiners landwirtschaftlicher Impuls. In: M.J. Krück von Poturzyn (Hg.): *Wir erlebten Rudolf Steiner. Erinnerungen seiner Schüler*. Stuttgart [3] 1967, S. 173.
16 Ebd., S. 179.
17 Ebd., S. 173f.
18 Rudolf Meyer, in: Adalbert von Keyserlingk (Hg.): *Koberwitz 1924. Geburtsstunde einer neuen Landwirtschaft*, S. 10. Zum geschichtlichen Kontext vgl. Peter Selg: *Koberwitz, Pfingsten 1924. Rudolf Steiner und der landwirtschaftliche Kurs*, S. 16ff.

19 Ebd., S. 80ff.
20 Rudolf Steiner: *Geisteswissenschaftliche Grundlagen zum Gedeihen der Landwirtschaft. Landwirtschaftlicher Kurs*, S. 13.
21 In: Adalbert von Keyserlingk (Hg.): *Koberwitz 1924. Geburtsstunde einer neuen Landwirtschaft*, S. 62.
22 Vgl. Manfred Klett: «Der Landwirtschaftliche Kurs – ein Pfingstereignis». In: Stefan O. Mahlich (Hg.): *Identität und Offenheit auf der Suche nach einer Landwirtschaftskultur*. Dornach 2006.
23 Vgl. Herbert H. Koepf und Bodo von Plato: *Die biologisch-dynamische Wirtschaftsweise im 20. Jahrhundert*. Dornach 2001.
24 Vgl. Peter Selg: *Koberwitz, Pfingsten 1924. Rudolf Steiner und der landwirtschaftliche Kurs*, S. 88ff.

Der landwirtschaftliche Impuls und die Camphill-Bewegung

1 Die Tagung wurde von Brigitte Köber für die Dorfgemeinschaft Newton Dee und von Lieven Blockhuys für die Landwirte eröffnet.
2 *Geisteswissenschaftliche Grundlagen zum Gedeihen der Landwirtschaft*, GA 327, Dornach 1999. Dieser Kurs ist allgemein als *Landwirtschaftlicher Kurs* bekannt und wird in den weiteren Texten so angegeben.
3 Siehe Einleitung R. Steel: *Karl Königs Heilerwillen für Mensch und Erde*. Die Vorträge Königs zur Tagung 1943 in Camphill, von 1953 in Thornbury und von 1958 in Botton Village *Über die meteorologischen Organe* sind in dem Band *Kosmische und irdische Ernährung* enthalten. Nicht erwähnt hat König hier die Tagung 1947 *Über die Hüllen der Präparate* (auch in diesem Band), die ebenfalls gemeinsam mit dem «Experimental Circle» stattfand, aber in Clent – also nicht in Camphill – abgehalten wurde. Auch hat er das Thema «Milch und Honig» nach der Tagung 1943 im Rudolf Steiner House, London, Mai 1944 für die Mitglieder wiederholt. Ein Bericht über diese zwei Vorträge ist im Karl König Archiv vorhanden.
4 Die Ansprachen vom 9. und 17. Juni 1924: GA217a, *Die Erkenntnis-Aufgabe der Jugend*, Dornach 1981.
5 Jean-Jacques Rousseau, 1712 – 1778, Schriftsteller, Philosoph, Pädagoge, Naturforscher und Komponist. Über das Wirken Rousseaus sprach Steiner auch am 8.10.1906 im Vortrag *Die Aufgabe der geisteswissenschaftlichen Bewegung*. In GA 96, *Ursprungsimpulse der Geisteswissenschaft*, Dornach 1989.
6 Siehe Ausführungen in den Jugendansprachen vom 17.6.1924 in Koberwitz und vom 20.7.1924 in Arnheim, GA 217a *Erkenntnis-Aufgabe der Jugend*, Dornach 1981, und in GA 266/3 *Aus den Inhalten der esoterischen Stunden*, Dornach 1998, S. 389 ff.

7 Krück v. Poturzyn, M.J. (Hrsg.) (1977): *Wir erlebten Rudolf Steiner. Erinnerungen seiner Schüler,* 5. Aufl. Stuttgart: Verlag Freies Geistesleben, S. 173/174.

8 Dass König weiterhin die Qualität der Nahrungsmittel dennoch für wichtig hielt, wird aus seinen Äußerungen deutlich. Wie aber in der Einleitung beschrieben (R. Steel: *Karl Königs Heilerwillen für Mensch und Erde*), wollte er ab etwa 1960 dem landwirtschaftlichen Impuls innerhalb der Camphill-Bewegung einen neuen Schwerpunkt geben, der einerseits mit der Heilung der Erde selbst, andererseits mit dem Sozialen zu tun hatte. Außerdem war ihm der Zusammenhang der «kosmischen» Ernährung für die Zukunft wesentlich, die sich vom Stofflichen hin zu geistigen Prozessen entwickelt. Über dieses Thema sprach er wiederholt gerade mit den Landwirten (s. Karl König *Irdische und kosmische Ernährung)*.

9 In dem Vortrag vom 19.1.1924 in GA 234, *Anthroposophie, eine Zusammenfassung nach 21 Jahren,* Dornach 2009. Da der Zusammenhang für ein Verständnis von Königs Ausführungen hilfreich ist, sei hier weiter aus dem Vortrag Rudolf Steiners zitiert: *Diese beiden Erkenntnisse leben in dem Unterbewusstsein des heutigen Menschen. Und nun wendet sich der Mensch hin zu dem, was da lebt, aus alten Zeiten in unsere Gegenwart herein übertragen. [...] Und die Frage taucht auf: Wo ist die andere Welt, der ich angehöre?* Im Weiteren wird beschrieben, dass die alten Einflüsse von Wissenschaft, Kunst und Religion für den modernen Menschen diese Frage nicht beantworten kann. Am Ende des Vortrags heißt es dann: *So steht einmal der Mensch heute vor der Welt. Und aus dieser Empfindung heraus entstehen jene Fragen, die Anthroposophie beantworten soll. Die Herzen sprechen aus diesen beiden Empfindungen heraus. Und die Herzen sprechen: Wo ist die Welterkenntnis, welche diesen Empfindungen gerecht wird? Diese Welterkenntnis möchte Anthroposophie sein.*

10 In der Ansprache vom 17. Juni 1924 in GA 217a.

11 Dies war im Kurs für die Priester der Christengemeinschaft, der erst 1995 veröffentlicht wurde: GA 346, *Apokalypse und Priesterwirken,* S. 185.

12 Am Vorabend hatte König – wie dies halbjährlich üblich war – den Bericht vom «Movement Council» gegeben, s. S. 31 f. dieses Buches.

13 Diese Stiftung mündete dann in die heute noch existierende *Camphill Village Trust.*

Ansprache zur Begründung der Gruppe von Landwirten und Gärtnern am Bodensee

1 Erhard Bartsch, Landwirt, 1895 – 1960, war einer der Initiatoren des *Landwirtschaftlichen Kurses.*

2 *Heilpädagogischer Kurs,* GA 317, Dornach 1995.

3 Siehe. auch Vortrag Karl Königs vom 17.6.1964, im Anhang dieses Buches.
4 König bezieht sich auf Äußerungen Rudolf Steiners, z.B. in dem Vortrag vom 15.6.1915 *Gemeinsamkeit über uns, Christus in uns*, in GA 159, *Das Geheimnis des Todes*, Dornach 2005.

Über die Hüllen der Präparate: 1. und 2. Vortrag
Horn und Geweih | Der Blasen- und Nierenprozess

1 Rudolf Steiner: *Geisteswissenschaftliche Grundlage zum Gedeihen der Landwirtschaft. Landwirtschaftlicher Kurs.* Acht Vorträge, eine Ansprache und vier Fragenbeantwortungen, gehalten in Koberwitz bei Breslau vom 7. bis 16. Juni 1924. GA 327, Dornach [8]1999.
2 *Landwirtschaftlicher Kurs*, 5. Vortrag.
3 Samuel Thomas Ritter von Soemmerring, 1755 – 1830, Anatom, Anthropologe, Paläontologe und Erfinder. Seine Werke werden immer noch verlegt; die Werkausgabe in Königs Bibliothek stammt aus dem Jahre 1850, daher die – irrtümliche Annahme, das Buch sei 1850 geschrieben worden.
4 In Clent, Mittelengland, war damals das Büro des britischen biologisch-dynamischen Forschungskreises, der mit an der Organisation dieser Tagung beteiligt war. Außerdem war dort das erste britische anthroposophische heilpädagogische Heim, Sunfield; begründet von Friedrich Geuter und Michael Wilson in Birmingham und seit 1933 in Clent.

Über die Hüllen der Präparate: 3. und 4. Vortrag
Eingeweide, Gekröse und Verdauung | Der Schädel der Wirbeltiere

1 Siehe Vortrag vom 6.9.1924 in GA 346, *Apokalypse und Priesterweihen*, Dornach 1995, S. 32 ff.
2 Die Verbindung zwischen den zwölf Tierarten und dem Tierreich hatte König über viele Jahre ausgearbeitet und mehrfach ab 1928 in Kursen dargestellt. Diese Darstellungen sind z. Z. in Vorbereitung für eine Veröffentlichung in der Werkausgabe.
3 *Landwirtschaftlicher Kurs*, s. GA 327, Dornach 1999.
4 Siehe *Irdische und Kosmische Ernährung*, K. König Werkausgabe, Stuttgart 2010.
5 Gemeint ist *Ductus thoracicus* oder Brustmilchgang. Dieser Lymphgang ist der größte des menschlichen Leibes und steigt von dem Darmgebiet an der Rückwandung des Brustkorbinnenraumes auf, um oben in die linke Schlüsselbeinvene einzumünden.

6 *Landwirtschaftlicher Kurs*, S. 135.
7 Im 3. Vortrag.
8 *Landwirtschaftlicher Kurs*, S. 134.
9 *Landwirtschaftlicher Kurs*, S. 131.
10 Zu der Zeit, als König, schon während des eigenen Studiums, an der Wiener Universität Einführungskurse in Mikroskopieren gab, lehrte noch der Wiener Botaniker, Mikrobiologe und Naturphilosoph Raoul Heinrich Francé in Budapest. Der Pionier der Bodenforschung hatte 1913 den Begriff «Edaphon» geprägt und auf die wichtige Aufgabe der Mikroorganismen in der Humussphäre hingewiesen. So wird deutlich, dass auch die Brennnessel in gewisser Weise ihre «tierische Hülle» beim Reifeprozess im Erdboden bekommt. In Königs Bibliothek befinden sich mehrere der vielen Schriften Francé's.
11 Dies wurde ausfürlich von Rudolf Steiner beschrieben, vor allem in dem Vortragszyklus *Von Jesus zu Christus*, GA 131, Dornach 1988.

Über die Schwangerschaft der Rehe

1 In *Natura*, Vol. 3, 6/7 Stuttgart 1928.

Insekt und Pflanze

1 Carl Alexander Mier, einer der Pioniere der biologisch-dynamischen Landwirtschaft in England, war wissenschaftlicher Berater in Koberwitz gewesen und wurde von Daniel Dunlop nach England geholt, wo er 1929 Mitgründer der B.-D.-Vereinigung (später «B.-D. Association») wurde, dessen Sekretär er bis 1954 war. In diesem Jahr zog er in die neue und erste Camphill-Dorfgemeinschaft nach Botton, wo er die Landwirtschaft aufbaute.
2 In Oktober und November 1923: *Der Mensch als Zusammenklang des schaffenden, bildenden und gestaltenden Weltenwortes*, GA 230, Dornach 1993.
3 Hier wiedergegeben nach den Angaben Rudolf Steiners vom 12.7.1923 in den Konferenzen für Waldorflehrer, GA 300c, Dornach 1995.
4 Im Vortrag vom 4.11.1923, GA 230, s. Anm. 2.
5 Gemäß dem Englischen «walking stick» oder «stick insect», ist hier die Stabheuschrecke gemeint.
6 GA 230, s. Anm. 2. Vermutlich meint König hier die Zeichnung im Vortrag vom 2.11.1923.
7 Inzwischen gibt es interessante neurobiologische Untersuchungen, die diese Tatsache belegen. Darüber berichtete Prof. Dr. Dr. Gerald Hüther von der Universität Göttingen am 2.10.2009, s. http://www.demographie-netzwerk.de/termine/iv.-know-how-kongress-.html.

8 *Mensch und Welt. Das Wirken des Geistes in der Natur. Über das Wesen der Bienen* GA 351, Dornach 1999.
9 GA 230, s. Anm. 2.
10 Siehe auch den Vortrag Rudolf Steiners vom 1.12.1923 in *Mysteriengestaltungen,* GA 232, Dornach 1998.
11 *Von Irrtümern und der Wahrheit,* 1775 – ins Deutsche übersetzt von Matthias Claudius (2009 neu herausgegeben bei Kessinger Verlag).
12 Gemeint sind die beiden Vorträge 27. und 28. September 1911 in Neuchatel in *Das esoterische Christentum und die geistige Führung der Menschheit,* GA 130, Dornach 1995.
13 GA 230, s. Anm. 2 im Vortrag vom 4.11.1923.
14 Die Ausführungen Rudolf Steiners, die hier von König beschrieben werden, sind in dem Buch *Von Seelenrätseln* (GA 21, Dornach 1983) im Jahre 1917 erschienen und werden als die erste Beschreibung der menschlichen Dreigliederung betrachtet – vor allem in dem Anhang *Die physischen und die geistigen Abhängigkeiten der Menschen-Wesenheit.* Karl König (so die mündliche Überlieferung an den Herausgeber durch Georg von Arnim) sah den «Auftakt» dazu in dem schon 1916 erschienenen Buch *Vom Menschenrätsel* (GA 20, Dornach 1984), wo Steiner an den deutschen Idealismus und an das mitteleuropäische Geistesleben in einer besonderen Weise anknüpft.
15 Z.B. in GA 93a *Grundelemente der Esoterik,* GA 95 *Vor dem Tore der Theosophie, GA 96 Ursprungsimpulse der Geisteswissenschaft,* GA 98 *Natur- und Geistwesen,* GA 99 *Theosophie des Rosenkreuzers,* GA 100 *Die Menschheitsentwicklung und die Christus-Erkenntnis.*
16 Beschrieben von Rudolf Steiner im 2. Kapitel *Aus der Akasha-Chronik,* GA 11, Dornach 1985.
17 In *Metamorphosen des Seelenlebens, Pfade der Seelenerlebnisse,* GA 59, Dornach 1984.

Der Mensch und die Haustiere

1 Bei der Mitschrift des Vortrags wurden in der Zeichnung Bienen und Seidenraupen vertauscht, was mit dem Text zusammen zu stimmen scheint. Im Weiterarbeiten sind ihm wohl andere Gesichtspunkte erschienen.
2 Nicht der spätere Paulus, sondern der Sohn des Kisch, der im 11. Jahrhundert vor Christus lebte.
3 Eduard Hahn (1856 – 1928) studierte bei Haeckel in Jena und arbeitete ab 1887 in Berlin an dem Thema Geschichte und Geographie der Landwirtschaft. Die genannten Studien erschienen in seinem Buch *Die Haustiere und ihre Beziehungen zur Wirtschaft der Menschen,* Leibzig 1896.

4 Wie bei Moses (3,25) nachzulesen ist, war jedes siebte Jahr ein Sabbatjahr, ein sogenanntes Erlassjahr, in dem nicht geerntet und angebaut werden sollte. Nach sieben mal sieben Jahren wurde im 50. Jahr das Jobel-(=Jubel-)jahr gefeiert (bei Luther Halljahr genannt) in dem die gleichen Vorschriften galten, wie im Sabbatjahr.

5 G. K. Whitehead *The Ancient White Cattle of Britain and their Descendants,* London 1953.

6 Nicht mit dem *Burggraben* zu verwechseln, der der Verteidigung diente.

7 *Der Mensch als Zusammenklang des schaffenden, bildenden und gestaltenden Weltenwortes,* GA 230, Dornach 1993.

8 Im Gespräch des Vortags.

9 *Christus und die geistige Welt,* GA 149, Dornach 2004.

10 Das Problem der Blutgruppen im Zusammenhang mit der Magenfunktion, *Beiträge zu einer Erweiterung der Heilkunst,* Stuttgart November/Dezember 1956. (siehe. auch im Band *Irdische und kosmische Ernährung,* Vortrag 2 des Kurses 1955 für die Landwirte).

11 Genesis 30: 37 – 39.

12 *Geisteswissenschaft und Medizin,* GA 312, Dornach 1999. Karl König bespricht dies auch ausführlich in den Vorträgen *Die meteorologischen Organe des Menschen und der Erde* in *Irdische und kosmische Ernährung,* Stuttgart 2010.

13 Siehe auch Karl König: Delphine, in *Die Drei,* Nr.6/1964, beziehungsweise in dem Buch *Bruder Tier,* Stuttgart 1967.

14 *Christus und die geistige Welt,* GA 149, Dornach 2004.

Literatur

Landbau und Sozialarbeit

Hohenlohe, Marie-Gabrielle: Die Versorgung der Geisteskranken in Europa bis zur Jahrhundertwende. In: Dies. (Hg.): *Die vielen Gesichter des Wahns*, Bern 1994.
König, Karl: Ansprache zur Begründung der Gruppe von Landwirten und Gärtnern. In diesem Band.
Makarenko, Anton, S.: *Ein Pädagogisches Poem. Der Weg ins Leben*, Frankfurt a. M. 1971a.
Makarenko, Anton, S.: Erziehung zur Arbeit. In: Ders. *Eine Auswahl*, Berlin 1971b.
Pausewang, Gudrun: *Rosinkawiese. Alternatives Leben in den zwanziger Jahren*, München 1994.
Steiner, Rudolf: *Geisteswissenschaftliche Grundlagen zum Gedeihen der Landwirtschaft. Landwirtschaftlicher Kurs*, Dornach 1985.
Wilmar, Lore: «... dann kommen Sie zu uns!» Erinnerungen an Albrecht Strohschein und die Arbeit in Pilgramshain. In: Grimm, R. (Hg.): *Neues kommt nicht von selbst. Erinnerungen an die Jahre der Aufbauarbeit der Heilpädagogik*, Dornach 1999.

Die Idee Sozialer Landwirtschaft in Europa und ihre Perspektive

Braastad, B. O., Gallis, C., Sempik, J., Senni, S., van Elsen, T. (2007): COST Action 866 «Green Care in Agriculture» – a multi-disciplinary scientific network. In: Gallis, C. (Hrsg., 2007): *Green care in Agriculture: Health effects, Economics and Policies.* 1st European COST Action 866 conference. Proceedings (Vienna, Austria), University Studio Press: 13-24, Thessaloniki.
Dessein, J. (Hrsg.) (2008): *Farming for Health. Proceedings of the Community of Practice Farming for Health*, 6 – 9 Nov. 2007, Ghent, Belgium. ILVO, Merelbeke (Belgien), 195 S.

Di Iacovo, F.; O'Connor, D. (Hrsg.) (2009): *Supporting Policies for Social Farming in Europe*. Progressing Multifunctionality in Responsive Rural Areas. SoFar project: supporting EU agricultural policies. – Arsia, Florenz (Italien), 221 S.

Hassink, J., van Dijk, M. (Eds.) (2006): *Farming for Health. Green Care Farming across Europe and the United States of America*. Wageningen UR Frontis Series Vol. 13., Springer, Dordrecht (NL), 357 S.

Hermanowski, R. (2006): Soziale Leistungen der Landwirtschaft. – *Ökologie und Landbau* 139 (3): 14-16, Bad Dürkheim.

Jaenichen, A., van Elsen, T. (2010): Soziale Landwirtschaft der deutschen Camphill-Dorfgemeinschaften und ihr Beitrag zu Natur- und Landschaftsentwicklung. – *Seelenpflege in Heilpädagogik und Sozialtherapie*, Nr. 3/2010, Dornach.

Kalisch, M., van Elsen, T. (2007): Kulturlandschaft und Natur entwickeln auf dem Quellenhof. Das Landschaftsseminar in Bingenheim am 15. Februar. *Bingenheimer Bote* (Ostern 2007), Lebensgemeinschaft Bingenheim e.V.: 36–38, Echzell.

Radu, F. Kalisch, M., Van Elsen, T. (2007): Heimat, Rückzugsgebiet und Pädagogik. Seminar zum Thema Naturschutz und Kulturlandschaft auf dem Hofgut Richerode. *Hephata aktuell* 10 (31.5.2007): 7, Schwalmstadt.

Röhrig, P., Van Elsen, T., Inhetveen, H. (2003): Kulturlandschaftsentwicklung durch Ökolandbau – Was motiviert den Biobauern zur Integration von Naturschutzzielen? *Beitr. 7. Wiss.-Tagung zum Ökol. Landbau*: 579–580, Wien.

Selig, J., van Elsen, T. (2007): Potenziale ökologisch wirtschaftender Schulbauernhöfe für Naturschutz und Landschaftspflege. – *Beitr. 9. Wiss.-Tagung zum Ökol. Landbau*: 895–898, Stuttgart-Hohenheim.

van Elsen, T. (2010): Lernen auf dem Bauernhof zwischen *Social Farming* und *Circus Farming* – Erfahrungen aus der europäischen Arbeitsgemeinschaft *Farming for Health*. – BAGLoB, LJA und Hochschule Vechta (Hrsg.): *Wissenschaftliche Fundierung des Lernens auf dem Bauernhof*. 1. Fachtagung der Wissenschaftsinitiative zum Lernort Bauernhof, 10. – 12. Juni 2010: 134–146, Altenkirchen (Ww.).

van Elsen, T., Günther, A., Pedroli, P. (2006a): The contribution of care farms to landscapes of the future. A challenge of multifunctional agriculture. In: Hassink, J., Van Dijk, M. (Eds.): *Farming for Health. Green Care Farming across Europe and the United States of America*. Wageningen UR Frontis Series Vol. 13., Springer :91–100, Dordrecht (NL).

van Elsen, T., Kalisch, M. (2007): The diversity of care farms and their multifunctionality – contributions and perspectives for nature and landscape development. In: Gallis, C. (Hrsg., 2007): *Green care in Agriculture: Health effects, Economics and Policies*. 1st European COST Action 866 conference. Proceedings (Vienna, Austria), University Studio Press: 67–81, Thessaloniki.

van Elsen, T., Kalisch, M. (Red.) (2008): Witzenhäuser Positionspapier zum Mehrwert Sozialer Landwirtschaft. Erarbeitet von den Teilnehmerinnen und Teilnehmern der Tagung «Der Mehrwert Sozialer Landwirtschaft» vom 26. bis 28. Oktober 2007 in Witzenhausen. – In: Friedel, R., Spindler, E. A. (Hrsg.): *Nachhaltige Entwicklung ländlicher Räume.* VS Verlag: 209–213, Wiesbaden.

van Elsen, T., Köppl, K., Kalisch, M. (2006b): Soziale Landwirtschaft. Eine Perspektive für Natur und Kulturlandschaft. *Ökologie und Landbau* 139 (3): 22–24, Bad Dürkheim.

van Elsen, T., Rahmann, G. (2004): Naturschutz – eine Kulturaufgabe für den Öko-Landbau. – *Ökologie und Landbau* 2: 14–16, Bad Dürkheim.

An der Herausgabe haben mitgewirkt:

Dr. Thomas van Elsen, Fachgebiet Ökologischer Land- und Pflanzenbau, Fachbereich Ökologische Agrarwissenschaften, Universität Kassel, Witzenhausen.

Dipl.-Ing. German-Michael Hahn, Förster und Forstlicher Berater, Biologisch-Dynamische Waldbauberatung, Würzburg, Master of Waldorf Education Rudolf Steiner University, Oslo.

Alfons Limbrunner, Sozialpädagoge, lehrte bis 2010 an der Evangelischen Hochschule Nürnberg, Fakultät Sozialwissenschaften. Partner im Petrarca-Forschungsprojekt Soziale Landwirtschaft – Grüne Sozialarbeit. Seit 2001 freiberuflich als Berater, Coach und Supervisor tätig.

Prof. Dr. med. Peter Selg, Facharzt für Kinder- und Jugendpsychatrie und -psychotherapie, leitet das Ita Wegman Institut für anthroposophische Grundlagenforschung in Arlesheim (Schweiz) und lehrt medizinische Anthropologie an der Alanus-Hochschule für Kunst und Gesellschaft (Alfter bei Bonn) und an der Universität Witten-Herdecke.

Richard Steel absolvierte eine Ausbildung am Camphill Seminar für Heilpädagogik in Föhrenühl am Bodensee. Von 1975 – 2008 lebte er dort mit seiner Familie in einer Hausgemeinschaft mit Seelenpflege-bedürftigen Kindern und Jugendlichen und war innerhalb der Schulgemeinschaft vor allem im Aufbau der Oberstufe (Werkstufe) tätig. Ab 1980 übte er zudem parallel eine Lehrtätigkeit am Camphill-Seminar aus. Heute ist er in der Nachlassverwaltung Karl Königs tätig und betreut das Büro des Karl König-Archivs in Berlin.

Die Karl König Werkausgabe erscheint ab dem Jahre 2008 sukzessive im Verlag Freies Geistesleben (Stuttgart) sowie in englischer Sprache bei Floris Books (Edinburgh). Sie wird herausgegeben vom *Ita Wegman Institut für anthroposophische Grundlagenforschung* (Arlesheim) und dem *Karl König Archive* (Aberdeen) und berücksichtigt den gesamten, umfangreichen Nachlass Karl Königs – seine sämtlichen Bücher, Aufsätze und Manuskripte, Vorträge und Vortragsvorbereitungen, seine Tagebuch- und Notizbucheintragungen, seine künstlerischen Arbeiten und seine weitläufige Korrespondenz. Die einzelnen Bände der Werkausgabe werden in zwölf thematischen Kategorien publiziert. Es ist das Ziel der Ausgabe, Königs umfangreiches Lebenswerk in systematischer Weise zu erschließen und der Öffentlichkeit bekannt zu machen, eine Arbeit, an der zahlreiche Mitarbeiter aus verschiedenen Ländern beteiligt sind.

Die 12 Abteilungen der Werkausgabe:

1. Medizin und medizinische Menschenkunde
2. Heilpädagogik und Sozialtherapie
3. Psychologie und Pädagogik
4. Landwirtschaft und Naturwissenschaft
5. Soziale Frage
6. Camphill Bewegung
7. Christentum und Jahresfeste
8. Allgemeine Anthroposophie
9. Zum inneren Schulungsweg
10. Geistesgeschichte und biografische Arbeiten
11. Das künstlerische und literarische Werk
12. Zur Biografie Karl Königs

Karl König Archive
Camphill House
Milltimber | Aberdeen AB 13 0AN
United Kingdom
www.karl-koenig-archive.net
kk.archive@camphill.net

Ita Wegman Institut für anthroposophische Grundlagenforschung
Pfeffingerweg 1 a | 4144 Arlesheim
Schweiz
www.wegmaninstitut.ch
koenigarchiv@wegmaninstitut.ch

Karl König Werkausgabe
Abteilung 4: Landwirtschaft
und Naturwissenschaft
Herausgegeben von Richard Steel
unter Mitwirkung von Petra Kühne,
Anita Pedersen und Erdmut Schädel
407 Seiten, Leinen mit Schutzumschlag
ISBN 978-3-7725-2404-2

Karl König Werkausgabe
Abteilung 5: Die soziale Frage
Herausgegeben von Richard Steel
184 Seiten, Leinen mit Schutzumschlag
ISBN 978-3-7725-2405-9

Unmittelbar unter dem Eindruck seiner Reise zum «Herzen Mitteleuropas» – nach Prag und vor allem zur Burg Karlstein – macht Karl König auf die Notwendigkeiten der sozialen Erneuerung aufmerksam. Das soziale Bauwerk muss heute im Inneren des Menschen aktiv entwickelt werden. Nur «aus dem Geiste heraus» kann eine dem heutigen Menschen gemäße soziale Gestaltung entstehen. Doch kann König plastisch-bildhaft und in eindringlicher Weise aufzeigen, wie die Ansätze dazu im Menschen selbst veranlagt sind und im gewöhnlichen Alltagsleben durch konsequentes Üben wirksam werden können.